U0186668

朱飞虎◎著

中国民用飞机图志

1912—1949

CHINA CIVIL AIRCRAFT ATLAS

SPM 南方传媒 广东人民出版社
·广州·

图书在版编目（CIP）数据

中国民用飞机图志：1912—1949 / 朱飞虎著. —广
州：广东人民出版社，2023.8
大湾区专项出版计划
ISBN 978-7-218-15670-5

Ⅰ.①中… Ⅱ.①朱… Ⅲ.①民用飞机—中国—图集
Ⅳ.①V271-64

中国版本图书馆CIP数据核字（2022）第095234号

本书中文简体字版本由广东人民出版社有限公司及商务印书馆
（香港）有限公司在中国内地联合出版、发行。

Zhongguo Minyong Feiji Tuzhi：1912—1949
中国民用飞机图志：1912—1949
朱飞虎　著

出 版 人：肖风华

责任编辑：陈泽洪
内文设计：奔流文化
责任技编：吴彦斌　周星奎

出版发行：广东人民出版社
地　　址：广州市越秀区大沙头四马路 10 号（邮政编码：510199）
电　　话：（020）85716809（总编室）
传　　真：（020）83289585
网　　址：http://www.gdpph.com
印　　刷：佛山市迎高彩印有限公司
开　　本：889mm × 1194mm　1/16
印　　张：27.5　字　　数：520 千
版　　次：2023 年 8 月第 1 版
印　　次：2023 年 8 月第 1 次印刷
定　　价：88.00 元

如发现印装质量问题，影响阅读，请与出版社（020-87712513）联系调换。
售书热线：（020）87717307

目 录

前　言

经济的发展离不开交通，自古以来，交通发达的辐辏之地往往比偏远、闭塞的地区发展得更快、更好。随着 20 世纪初飞行器的诞生，人类进入航空时代，远程交通的时间大为缩短，运输能力逐渐增强，这就进一步打破了各地之间的藩篱，拉近了人与人之间的距离，极大促进了各个地区之间经济的联系与发展。

相较飞机在军事领域的迅速应用和普及，民用航空业的发展可谓姗姗来迟——1914 年美国出现了首个定期商业航班，一战后世界范围内的民用航空才开始踏入实用领域；而早在 1911 年，美国陆军就开始购买并装备飞机，同年，意大利的"鸽"式飞机就已用于投弹轰炸。

1912—1949 年的民国时期是中国历史上最波折的时期之一，不过民用航空业的建设和发展却并未落后于时代，早在 1920 年，中国第一条商业航线就已投入运营。虽然受政治环境、经济条件所限，这一时期中国航空公司、航线的建设磕磕绊绊、步履维艰，但却没有止步不前，而是一再攻克因技术、设备不足造成的困难，在逆境中不断抒写属于自己的传奇。20 世纪 30 年代，中国航空公司、欧亚航空公司、西南航空公司的相继成立，标志着中国民用航空业的成长，虽然中间由于全面抗战的爆发而一度停滞，但中国民用航空的发展趋势自此已不可逆转。

与同时期中国军用飞机"万国牌、规模小、型号杂、机型旧"的特点相比，民用飞机的型号相对较少，但同型装备的数量则比较多，并且受航空公司外资方的影响，装备的飞机也并未落后于时代，例如，早在 1935 年就有当时最先进的 DC-2 客机在中国的航线上飞翔。

我自幼对飞机有着强烈的兴趣，自 2016 年开始绘制、撰写《中国军机图志 1912—1949》后，一直希望能将同时期的民用飞机也依样编著成册，以将 1912—1949 年间中国曾经拥有、使用过的飞机补全。由于民用飞机使用广泛且不具有保密性，因此资料相对丰富，各种文献、照片流传较广，为研究带来了一定的便利。

由于民用飞机的型号相对较少，故本书的篇章结构与《中国军机图志 1912—1949》略有差异，不再依照政治时期排序，改以所属范围排序，如航空公司、航校、私人等。具体的篇章划分则以飞机厂商所属国、飞机厂商为区别，先后顺序则以交付中国时间为准，附录部分则包括各个时期中国民用航空建设主体的简史和所属飞机数量表。

本书收录各型飞机及亚型共约170种，配图300余幅，其中三视图是对飞机外形、细节最直观的表现方式，也是辨识各型飞机最有力的工具。我在研究、撰写本书期间，尽可能地查阅资料，力图将中国1912—1949年间的民用飞机乃至其亚型绘制出三视图，并根据照片和文献记载为其着色。但因为大部分资料图片均为黑白照片，且部分飞机因数量稀少没有照片遗存，所以部分飞机的着色可能存在偏差，另有部分飞机难以推测，故仍为黑白三视图。

本书撰写过程中参考了 *A History of Chinese Aviation-Encyclopedia of Aircraft and Aviation in China until 1949*、*The Eagles of Manchukuo1932−1945: An Illustrated History of the Civilian and Military Aviation*、*The Early Days I - CAT Operations in China 1946−48*、*Wings Over Asia*，以及《中国的天空 —— 沉默的航空战史》《中华民国飞机百年寻根》《中国飞机全书》《民国空军的航迹》《旧中国空军秘档》《中国航空的发展》《中华民国史档案资料汇编》《中华民国史史料外编》《中国季鉴》《交通年鉴》《申报》《北洋画报》《良友》《广西年鉴》《二十年湖北水灾赈济总编》《中国人生地理》《航空经济政策论》《抗战与交通》等书籍，借鉴参考了黄孝慈、陈应明、Lennart Andersson、George Eleftheriou、Kiri Domoto-Eleftheriou 等前辈的研究成果，部分图片来自互联网。

在本书写作期间，首先要感谢家人的大力支持，笔者的妻子范燕燕不仅承担大量家庭事务，同时协助校对文稿、处理图片，使笔者得以将更多精力专注于写作和绘制三视图上。在写作过程中一如既往地得到了多位朋友的鼎力相助，尤其需要感谢陈悦先生，他为本书的体例、章节分配、部分细节的处理提供了很多宝贵的指导和建议，还帮助笔者查找资料、提供图片；陈侃先生、王益恺先生、梁若然先生或为笔者提供参考资料，或帮助笔者翻译外文资料、对内容提供修改意见，使本书得以顺利完成，非常感谢上述前辈和朋友的大力支持。

由于经验有限，本书在写作、绘制中仍不免有纰漏或谬误之处，希望广大航空史研究者、爱好者喜爱本书，多多提出批评和意见，使这段历史可以更加完整地展现于世人面前。

朱飞虎

2020 年 3 月 1 日于威海

凡 例

一、 本书以飞机来华后的权属和飞机制造国划分章、节；各章节内的条目则以飞机厂商及其第一种交付中国的飞机为序排列；未能交付的飞机则依据其订购时间排序；部分交付时间不详的飞机会在行文中加以说明。

二、 本书所列飞机之名称及绰号，均采用正式名称，而不采用飞机厂商内部名称，如柯蒂斯"金莺"不采用"柯蒂斯17"，日制军用飞机不采用キ番号（日本陆军飞机设计代号）或机体略番（日本海军飞机设计代号，又称"记号"或"略符号"），仅作为备注。

三、 飞机参数资料中的机体尺寸，均为净尺寸，不含机翼两端及机尾的航行灯等。航程、升限等参数一般情况下均为标准数值，不作另行注明；最大航程、升限及滑翔机飞行速度等特殊情况在参数中单独标注。

四、 本书所列飞机各项参数均使用公制单位。

五、 飞机搭载数量参数多以常规状态为主，部分搭载数量随任务产生变化的飞机（如法国D.338），均在正文中予以特别说明。乘员数量中如出现（X～Y）+（Z～V），则X、Y代表驾驶员人数，Z、V代表乘客人数。

六、 本书所列飞机发动机均为活塞式发动机，功率参数则多为飞机正常飞行高度时的输出功率。

七、 一些较为冷门的飞机型号或亚型，参数资料难以搜集齐整，缺漏不详者，以"—"表示。

八、 "系列飞机"指同一厂商生产，拥有某种相似之处（命名、绰号、机体特点等，如史汀生SR-5C、SR-9D均属"信赖"系列）；"该型飞机"则代指"型号"（如C-47）和"亚型"（如C-47A）。

九、 本书附录中所列之航空公司与航校，均以创办时间为序。

第一章 中国航空公司使用飞机

汉德利·佩季有限公司

汉德利·佩季 O/7

Handley Page O/7

英
国
制
飞
机

机　　种：客机

用　　途：客运 / 邮运

乘　　员：2+14 人

制 造 厂：汉德利·佩季有限公司（Handley
Page Limited）

首飞时间：1917 年

机体特点：木制结构 / 不等翼展双翼布局 / 固
定式起落架

机长 / 翼展 / 机高：19.05 / 30.48 / 6.71 米

净重 / 全重：3719 / 6350 千克

引　　擎：2 台劳斯-莱斯"鹰"VIII 型 V 型
12 缸液冷发动机（Rolls-Royce
Eagle VIII），每台 360 马力

最大速度：156 千米 / 小时

航　　程：966 千米

升　　限：4000 米

装备范围：筹办航空事宜处、东三省航空处

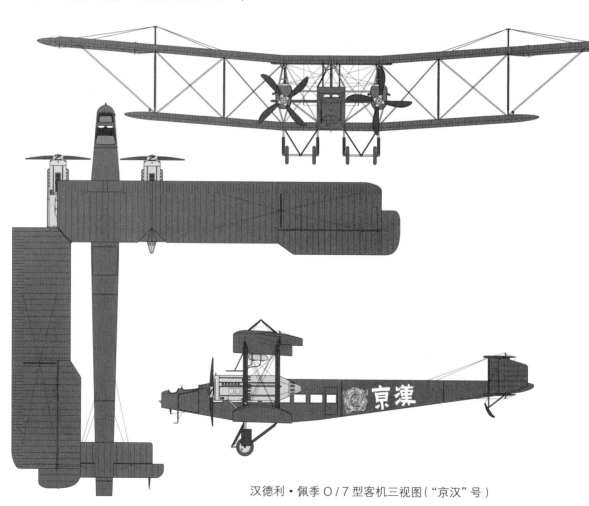

汉德利·佩季 O / 7 型客机三视图（"京汉"号）

1917 年，随着第一次世界大战的战局趋于明朗，汉德利·佩季公司为应对战后可能出现的军用飞机滞销问题，决定将其生产的 O/400 型重型轰炸机改造为民用飞机。为此，该公司向英国兵器局回购 16 架还未出厂的 O/400，其中 4 架已制造完成，只能用于空投邮件，另外 12 架则改造为客机，特点是将原安装于机身中部上方的油箱改装于机舱地板下方和向后延长的发动机短舱内，原布置于机身内部的舵面操纵线改为机身外侧，改造后，机舱内可搭载 12 名乘客，机首原射击员舱也可容纳 2 名乘客。机翼、尾翼则延续了 O/400 的设计，机翼可向后折叠 90 度，以便存储、机库维护和拖运。这 12 架飞机命名为 O / 700，后改称 O / 7，其中 6 架售予中国，另外 3 ~ 4 架（一说为 6 架）则交给该公司旗下的印缅空运公司（Handley Page Indo-Burmese Transport Ltd.）营运，其中注册号 G-EAAF 的 O / 7 是航空史上首架安装无线电的客机。

1918 年，为经营、开发西北，中华民国北京政府（北洋政府）交通部成立了筹办航空事宜处，以备建设北京—库伦（今蒙古首都乌兰巴托）的京库航线，同时筹备开办京津（北京—天津）、京沪（北京—上海）、京汉（北京—武汉）航线。同年 12 月 13 日，交通部向英商福公司（Peking Syndicate）订购汉德利·佩季 O / 7 型客机和阿弗罗 504J 型教练机各 6 架，以及附带的备用零件、器材和修理工具等，并聘请英籍飞行教官和机械师各 2 人。1919 年 2 月 24 日，合同正式签署，首架 O / 7（注册号 G-EAGN / 生产序号 HP-1）于 8 月 25 日运抵上海，11 月运抵北京南苑，组装后于 12 月 6 日首飞。其余 5 架（生产序号 HP-2 至 HP-6）则在 9 月 20 日前运往中国，后于次年 3 月前组装完成。这 6 架 O / 7 以中国的 6 条铁路干线命名，分别为"京汉""京奉""京绥""津浦""陇海"和"道清"号，其中 3 架存放于南苑机场，另外 3 架未组装（一说此 3 机停驻于蒙古边界）。与此同时，筹办航空事宜处一面在南苑航校第一、二期毕业学员中选取 12 人，交由英籍教官训练，一面招收新生，并从南口京绥铁路局调拨优秀铁工、木匠 30 人，向英籍机械师学习维护修理飞机。硬件设施方面，则于平地泉、库伦两地开设航空站，途中的滂江、乌德、叨林等地修建机场和加油站以备开航。

汉德利·佩季 O / 7 的客舱内部

组装测试中的 O／7 客机，机身侧面和垂直尾翼上漆有显著的生产序号

　　1920 年 4 月 24 日，英籍飞行员 A·麦肯锡上尉（Capt.A Mackenzie）驾驶 1 架 O／7 试航京沪航线京津段，5 月 8 日正式开航，该型飞机因此成为中国航空史上第一种投入营运的民航飞机，也是全面抗战爆发前中国获得的尺寸最大的飞机。该航线为上午从北京飞往天津，下午飞返北京，主要提供客运和邮件服务。因当时中国民航刚刚起步，无论是邮件还是乘客都较少，因此航线并不稳定，时常停飞。1920 年 7 月的直皖战争结束后，6 架 O／7 被直系和奉系军阀瓜分，京库航线开发计划被迫弃置。

　　奉系军阀于 1921 年 4 月成立东三省航空处，1922 年 5 月第一次直奉战争后，奉系军阀为训练飞行员的远程飞行能力，责令东三省航空处兼办民航。航空处遂使用 5 架飞机开办了奉天（今沈阳）至营口的邮运航线，其中包括 2 架 O／7（共获得 3 架，其中 1 架于 1922 年在山海关附近坠毁）、2 架布雷盖 Br.14T Bis 客机和 1 架型号不详的飞机，并计划陆续开启奉哈（奉天—哈尔滨）、奉吉（奉天—吉林）、奉黑（奉天—黑龙江）等航线。1924 年 3 月 1 日，航空处飞机开始试航奉营邮运航线，并由奉天交涉公署通知日本领事馆妥为保护，后于 4 月 1 日正式开航，每星期二、五由奉天飞往营口，每星期三、六飞返，途经辽阳、海城时将该地的邮件空投。同年 6 月 20 至 22 日，营口赛马期间，东三省航空处不失时机地开航了客运航线，并在机上提供汽水、葡萄干供乘客饮食。

　　直系军阀获得的 3 架 O／7 型飞机则交给保定航空队使用，1921 年 6 月 27 日曾试航北京—济南航线，7 月 1 日开航，但不久后就因经费困难且机场设备较差而停飞。

维克斯有限公司

维克斯"商用维梅"（大维梅）

Vickers Vimy Commercial (VIMY)

机　　种：客机 / 运输机

用　　途：客运 / 邮运 / 观光 / 包机

乘　　员：2+10 人

制 造 厂：维克斯有限公司

　　　　　（ Vickers Limited ）

首飞时间：1919 年

机体特点：混合结构 / 等翼展双翼布局 / 固定

　　　　　式起落架

机长 / 翼展 / 机高：13 / 20.47 / 4.46 米

净重 / 全重：3537 / 5670 千克

引　　擎：2 台劳斯–莱斯"鹰"VIII 型 V 型

　　　　　12 缸液冷发动机（ Rolls-Royce

　　　　　Eagle VIII ），每台 360 马力

最大速度 / 巡航速度：157 / 135 千米 / 小时

航　　程：724 千米

升　　限：3200 米

装备范围：北洋政府航空署、直隶航空处

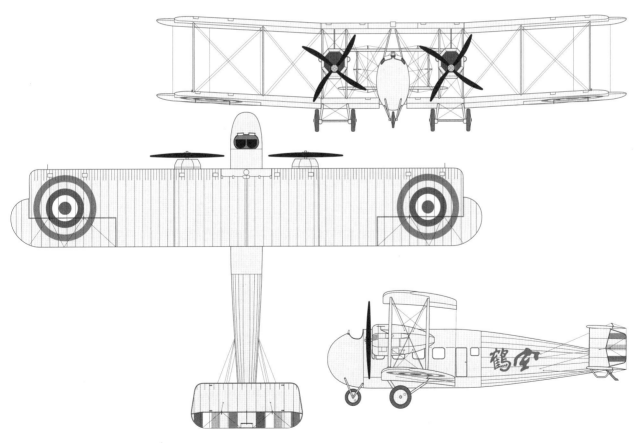

维克斯"商用维梅"运输机三视图（"玄鹤"号）

"商用维梅"（维克斯公司编号 66）是维克斯公司以 F.B.27 "维梅"型重型轰炸机为基础研发的客机 / 运输机。该型飞机的研发初衷与汉德利·佩季 O / 7 相同，均为应对一战后可能出现的军用飞机市场萎缩、销量锐减等问题。

"商用维梅"的原型机于 1919 年 9 月 13 日首飞成功，其机翼、尾翼、发动机和起落架与 F.B.27 相同，采用全新设计的流线飞艇形大型机身取代 F.B.27 原本狭长的机身，舱内空间高大宽敞，可安置 10 张大型藤椅或沙发式皮椅，也可将座椅拆除以搭载 5.6 立方米、最多 1134 千克货物。

由于"商用维梅"的机身大幅扩大，以致阻力增加，而在发动机功率没有增加的同时载油量减少，遂导致航程缩短，飞行性能反不如 F.B.27。且该型飞机的改造费用过高，无法与一些仅通过简单改造即可进入民用市场的军机竞争，销量不佳。"商用维梅"共制造 43 架，在欧洲市场仅售出 3 架，其中最著名的 1 架（注册号 G-EASI）为英国航空公司所购，用于克罗伊登至布鲁塞尔的航线，1920 年到 1934 年共搭载乘客超过千人。在民用市场黯淡的情况下，维克斯公司又以该型飞机为基础制造了"维梅流动医院"（Vimy Ambulance）型救护机和"弗农"（Vernon）型运输机供英军使用。

1919 年 8 月 12 日，经反复协商后，中华民国北京政府（北洋政府）陆军部与维克斯公司签订了总额约 180.32 万英镑的《中英航空贷款合同》，用于订购 40 架"商用维梅"运输机（生产序号 1 至 40）、25 架"教学器"高级教练机和 20 架阿弗罗 504K 初级教练机及相关备件，以开办国内航线。其中"商用维梅"运输机原计划订购 100 架，后削减至 40 架，每架 11500 英镑，同时还购买了 23 台劳斯－莱斯"鹰"VIII 型发动机作为"商用维梅"和"教学器"的备件。为区分音译同为"维梅"的"教学器"型高级教练机，"商用维梅"通常被称为"大维梅"。

这 40 架大维梅于 1920 年 4 月至 1921 年 2 月陆续制造完成，首批 2 架于 1920 年 6 月 17 日运往中国，截至年底共有 24 架运达，最终于 1921 年 8 月后全部交付，维克斯公司同时派遣了 2 名飞行员和 8 名机械师前往中国协助组装测试。这些飞机运抵中国后交由清河飞机工厂，由厂长潘世忠主持验收组装后，在清河机场成立训练小组进行整备训练，准备投入由航空署规划的 5 条重要航线进行营运，其中包括：京沪航线（北京—上海）、京粤航线（北京—广州）、京哈航线（北京—哈尔滨）、京蜀航线（北京—成都）和原定使用汉德利·佩季 O / 7 开办的京库航线（北京—库伦）。

1921 年 4 月 2 日，E·R·麦克马林（E R McMullin）、W·E·F·琼斯（W E F Jones）和 A·C·坎贝尔－奥德（A C Campbell-Orde）驾驶 1 架大维梅开辟了空中游览北京的观光航线，但当月 13 日的暴雨冲垮了机棚，这架飞机被压毁。同年 6 月，首批 7 架训练完毕的大维梅开始投入商业运营，分别命名为"乘风""大鹏""正鹄""舒

"摩云"号大维梅客机

大维梅的客舱内部

雁""玄鹤""摩云"和"腾鸿"号。6月27日,英籍飞行员 W・E・F・琼斯驾驶"大鹏"号,帕特森(Patterson)和中国飞行员曹中尉驾驶"正鹄"号开辟了京沪航线京济段(北京—济南),提供客运、邮运服务,7月1日又使用"舒雁"号开辟了周末的京戴航线(北京—北戴河),8月11日京沪航线京津段也开始运营。1921年10月1日,由赵云鹏主持的直隶航空处大维梅训练班成立,直到1923年11月,仍有8到10位学员在清河机场训练,并进行一些夜航培训。

由于济南发生水灾导致机场设备受损,且邮件和乘客较少,经费入不敷出,京济航线于1921年7月停飞,京戴航线在旅游季结束后不久停航,京津航线则因客货不足难以维持而中止。航空署原计划开办的5条重要航线均名存实亡,大维梅仅供部分不定期航线或观光飞行、包机等使用。

1922年5月第一次直奉战争后,直系军阀把持了北洋政府,将4架大维梅运至保定航校武装后作为轰炸机使用,此后剩余的大维梅多改作轰炸机或军用运输机,历经军阀混战,数易其主,最终编入奉系东北空军第一重轰炸机队,其残存者于"九一八"事变后被日军掳获。

德·哈维兰 DH.80A "猫蛾"、满航三式

De Havilland DH.80A Puss Moth/Manko Type 3

机　　种：通用飞机

用　　途：客运 / 邮运 / 包机

乘　　员：1+（1～2）人

制 造 厂：德·哈维兰飞机有限公司
（De Havilland Aircraft Company
Limited）
满洲航空株式会社
（Manchukuo National Airways）

首　　飞：1929 年

特　　点：混合结构 / 上单翼布局 / 固定式起
落架

机长 / 翼展 / 机高：7.62 / 11.2 / 2.13 米

净重 / 全重：574 / 930 千克

引　　擎：1 台德·哈维兰 "吉普赛" III 型
倒置直列型 4 缸气冷发动机（De
Havilland Gipsy III），120 马力

最大速度 / 巡航速度：206 / 174 千米 / 小时

航　　程：483 千米

升　　限：5335 米

装备范围：满洲航空株式会社、
惠通航空公司、
伪中华航空股份有限公司

英国制飞机

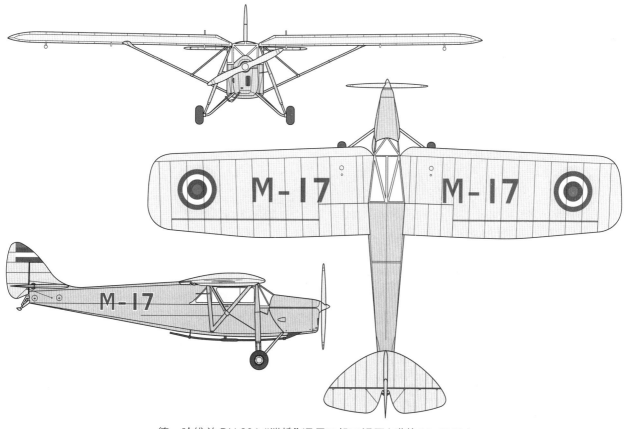

德·哈维兰 DH.80A "猫蛾" 通用飞机三视图（满航 M-17 号）

停放于哈尔滨机场的满航 M-17 号 DH.80A

1935 年停放于牡丹江民用机场的 M-27 号满航三式

20 世纪 20 年代后期，英国国内的私人飞行运动方兴未艾，DH.80 "猫蛾" 即为德·哈维兰公司为满足市场需求而研发的通用飞机。该型飞机在设计中侧重于飞行性能和乘坐的舒适性，其原型机于 1929 年 9 月 9 日首飞成功，次年以 DH.80A 的型号投产，截至 1933 年停产共制造 284 架。具有飞行速度快、容易操控、易于维护、飞行员视野良好、乘坐舒适、机翼可向后折叠等特点，是当时飞行性能最好的私人飞机之一，一经推出即广受欢迎，曾创下多个飞行记录。该型飞机主要作为私人飞机使用，也有部分小型航空公司将其用于客运、邮运或包机等业务，部分 DH.80A 在二战期间还曾供英军作为通讯飞机使用。

1932 年 11 月，伪满洲国的 "满洲航空株式会社" 通过日本三井物产株式会社购得 12 架 DH.80A，第一批 6 架于同年 12 月交付，第二批 2 架和第三批 4 架分别于次年 4 月、5 月运抵，由日本工程师中川清负责组装测试，注册号 M-11 至 M-22。这些飞机主要用于运送满航高级行政人员或公司包机，南满洲铁道株式会社、满洲重工业开发株式会社均曾以其作为包机使用。此外，这批飞机也供日军执行侦察、联络、要人运输等任务，曾参与 1933 年的热河战役 (热河抗战)、1936 年的百灵庙战役 (绥远抗战) 和 1939 年的诺门罕战役。在热河战役中，日本关东军征用该型飞机参战，他们在驾驶舱地板上开了 1 个 30 厘米的孔，将由迫击炮弹改造的炸弹用绳子悬挂在孔下，由机械师负责投放轰炸。

1934 年，满航向日本航空输送株式会社购买的通用航空 GA-43 客机未交付即坠毁，日方遂将 1 架 DH.80A 作为补偿交付满航，注册号 M-38。由于 DH.80A 已于 1933 年 3 月停产，满洲飞行机制造株式会社通过三井物产向德·哈维兰公司购买了螺旋桨和发动机各 15 份，并在未经许可的情况下仿制了 15 架，命名为满航三式，注册号 M-23 至 M-37。截至 1938 年 6 月 20 日，除租借给惠通公司的该型飞机外，仍有 11 架 "猫蛾" / 满航三式在满航序列中。

由日本实际控制的惠通航空公司于 1936 年 11 月 7 日成立后，有 4 架自满航租借的 DH.80A 投入营运 (M-13、M-22、M-24、M-28)，主要用于天津—北京—承德航线，惠通航空解散后，这几架飞机移交新组建的伪中华航空股份有限公司 (日本与其在华扶植的各傀儡政权 "合资" 成立的商业公司) 使用。

德·哈维兰 DH.85 "豹蛾"

De Havilland DH.85 Leopard Moth

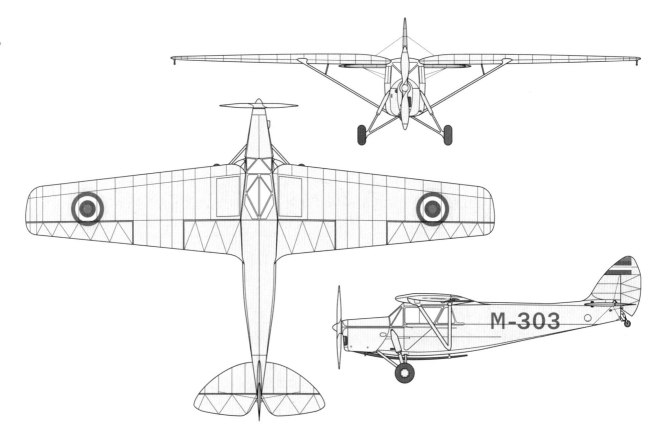

德·哈维兰 DH.85 "豹蛾" 通用飞机三视图（满航 M-303 号）

机　　种：	通用飞机	净重 / 全重：	586 / 1009 千克
用　　途：	—	引　　擎：	1 台德·哈维兰 "大吉普赛" 型直列型 4 缸气冷发动机（De Havilland Gipsy Major），130 马力
乘　　员：	1+2 人		
制 造 厂：	德·哈维兰飞机有限公司（De Havilland Aircraft Company Limited）		
首　　飞：	1933 年	最大速度 / 巡航速度：	221 / 192 千米 / 小时
特　　点：	木制结构 / 上单翼布局 / 固定式起落架	航　　程：	1151 千米
		升　　限：	6560 米
机长 / 翼展 / 机高：	7.47 / 11.43 / 2.67 米	装备范围：	满洲航空株式会社

DH.85 "豹蛾" 小型三座通用飞机推出于 1933 年，以 DH.80 "猫蛾" 为基础研发，是 DH.80 的后继机，二者的外形和布局非常相似。"豹蛾" 机身改用轻质胶合板组成的木制结构，使飞行速度、航程都获得提升，机翼同样可向后折叠，以便存储或运输。其原型机于 1933 年 5 月 27 日首飞，具有结构简单、易于维护、飞行性能良好等特点。同年 7 月，1 架由德·哈维兰公司创始人杰弗瑞·德·哈维兰驾驶的 DH.85 以 224.5 千米/小时的时速赢得了国王杯冠军，从而名噪一时，投产后受到多个国家的军、民用户欢迎，截至 1936 年停产共制造 133 架。直至 2009 年，英国仍有 6 架 DH.85 完好可飞。

1933 年，日本航空输送株式会社向德·哈维兰公司购得 1 架 DH.85（生产序号 7010），后转售满洲航空株式会社（注册号 M-303）。该机使用状况不详，截至 1938 年，其飞行时长共计 983 小时。

上海的 L·W·利尔蒙特少校（L W Learmount）购有 1 架 DH.85（生产序号 7063）作为私人飞机，该机于 1934 年 6 月 21 日获得适航证书，后于 1935 年 5 月 13 日在吉隆坡注册，注册号 VR-RAE，但未知其是否曾在中国使用。

1936 年 6 月 7 日满航开放日，停放于奉天东机场的 M-303 号 DH.85，远处是 M-145 号"超级通用"

进行澳门首次邮运飞行的"迪莉"号 DH.85

　　1934 年 10 月 25 日，葡萄牙飞行员亨伯托·达·克鲁兹（Humberto da Cruz）和机械师安东尼奥·贡萨尔维斯·洛巴托（António Gonçalves Lobato）驾驶 1 架 DH.85 "迪莉"号（Dilly，生产序号 7083、注册号 CR-GAA）从葡萄牙阿马多拉出发，于 11 月 7 日抵达东帝汶，11 月 20 日飞抵澳门。在澳门停留期间，一位中国画家在该机机首两侧分别画上了龙、凤图案，并在机身中部两侧写有 4 个字，左侧为"富贵"，右侧则可能是"长寿"。亨伯托和安东尼奥驾驶该机离开澳门时携带了 2 个邮包共 323 封信件，后于 12 月 21 日抵达葡萄牙里斯本，是澳门首次邮运飞行。

德·哈维兰 DH.89 "迅龙"

De Havilland DH.89 Dragon Rapide

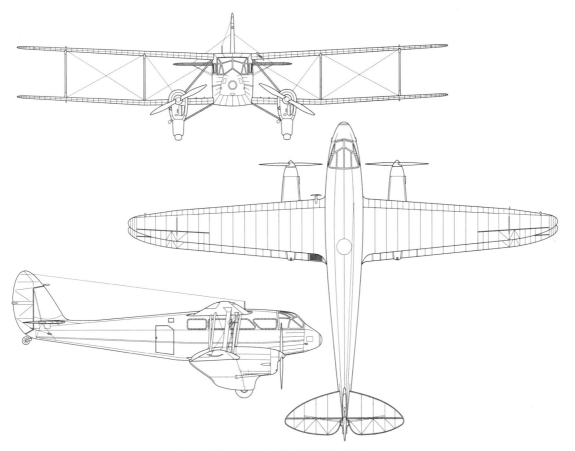

德·哈维兰 DH.89 "迅龙" 客机三视图

机　　种： 客机

用　　途： 客运 / 邮运

乘　　员： （1～2）+（6～8）人

制 造 厂： 德·哈维兰飞机有限公司
（De Havilland Aircraft Company
Limited）

首　　飞： 1937 年

特　　点： 木制结构 / 等翼展双翼布局 / 固定
式起落架

机长 / 翼展 / 机高： 10.52 / 14.64 / 3.12 米

净重 / 全重： 1487 / 2727 千克

引　　擎： 2 台德·哈维兰 "吉普赛" Ⅵ 型
直列型 6 缸气冷发动机（De
Havilland Gipsy Ⅵ），每台 200
马力

最大速度 / 巡航速度： 253 / 212 千米 / 小时

航　　程： 895 千米

升　　限： 5950 米

装备范围： 中国航空公司

15

DH.89 是德·哈维兰公司为取代老旧的 DH.84 "龙" 而研发的双翼支线客机。该型飞机研发于 20 世纪 30 年代初，由工程师亚瑟·欧内斯特·哈格（Arthur Ernest Hagg）领衔设计，大量参考 DH.84 和 DH.86 "迅捷" 的成熟技术。为节约成本，DH.89 未采用当时新兴的全金属结构，而是使用相对原始但经济耐用的胶合板结构，机身设计延续 DH.84，而锥形机翼、与发动机一体化的流线型起落架裙罩则与 DH.86 相同，舱内最多可搭载 8 名乘客。1934 年 4 月 17 日，DH.89 的原型机首飞成功，同年投入量产，各亚型共制造 727 架，由于其具有优美的流线形外观、坚实耐用的结构、低廉的价格、舒适的乘坐体验，而广受英国各航空公司和私人使用者的欢迎，堪称 20 世纪 30 年代英国最成功的支线客机，直到二战后才被 DH.104 "鸽子" 取代。DH.89A 是 1937 年推出的改良型，特点是下翼加装襟翼以改善着陆性能，同时加装向下的识别灯，换装金属螺旋桨，机舱增加供暖设施。

1939 年 1 月，国民政府空军将 1937 年购得的 6 架 DH.89（生产序号 6385、6388 至 6392）中的 1 架移交中国航空公司，是中航第 38 号机。同年，中航又购得 1 架该型飞机（生产序号 6444），其出口许可证为 1939 年 5 月 11 日签发，7 月运抵香港，次年 1 月 25 日飞抵重庆，命名为中航 43 "涪陵" 号。这 2 架 DH.89 在中航的服役时间都很短暂，1940 年 1 月 27 日，38 号机因机库火灾焚毁，"涪陵" 号机则于同年转售新加坡。

DH.89 客机客舱内部

布雷盖 Br.14T Bis

Bréguet Br.14T Bis

法国制飞机

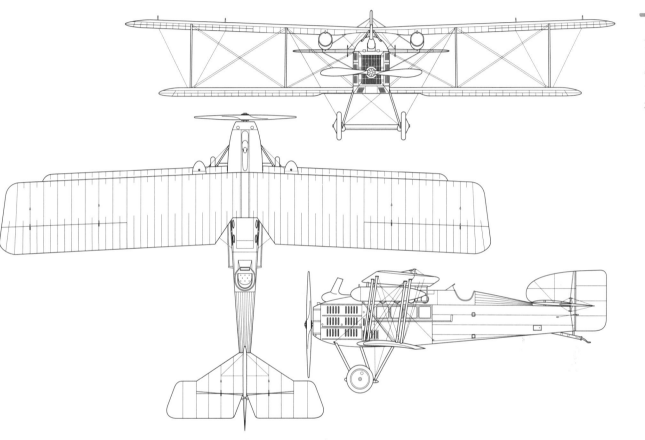

布雷盖 Br.14T Bis 型客机三视图

机　　种： 客机	机长 / 翼展 / 机高： 9 / 14.36 / 3.3 米
用　　途： 客运 / 邮运	净重 / 全重： 1328 千克 / 1984 千克
乘　　员： 1+3 人	引　　擎： 1 台雷诺 12Fe 型 V 型 12 缸液冷
制 造 厂： 路易斯·布雷盖航空公司	发动机(Renault 12Fe)，300 马力
(Société des Ateliers d'Aviation	最大速度 / 巡航速度： 161 / 125 千米 / 小时
Louis Bréguet)	航　　程： 460 千米
首飞时间： 1921 年	升　　限： 3960 米
机体特点： 混合结构 / 不等翼展双翼布局 / 固	装备范围： 东三省航空处、国民革命军第八
定式起落架	路总指挥部航空处

17

1921 年 9 月 13 日首飞的 **Br.14T Bis** 型客机是 **Br.14T2** "沙龙" 的改良型，其母型是法国一战中著名的 **Br.14** 系列轰炸机（又称 **Bre.14**）。**Br.14T Bis** 与 **Br.14T2** 均沿用 **Br.14** 的机翼、尾翼和发动机，机身前部直径增加，机背大幅加高，几乎与上翼齐平，机身油箱和前部驾驶舱被拆除，改为封闭式客舱，也可拆除座椅以搭载货物或担架，驾驶舱后移至原侦察／射击员舱位置，油箱悬挂于上翼下方，起落架可换装浮筒。**Br.14T2** 和 **Br.14T Bis** 的区别是后者的客舱主视窗安装位置较低，上方有小圆窗，舱内可搭载 3 位乘客；**Br.14T2** 的客舱视窗位于上部，仅可搭载 2 位乘客。由于机背高度增加和驾驶舱位置后移，导致飞机起降时飞行员的视线较差，对飞行安全造成一定影响。布雷盖公司为推销该型飞机，曾派其先后成功飞越地中海、撒哈拉沙漠，并环绕非洲大陆飞行，创造了多项飞行记录。

　　1923 年，奉系军阀通过法商元利洋行（Boixo Freres）购得 12 架 **Br.14** 系列飞机，同年 11 月 28 至 29 日运抵牛庄，其中包括 2 架 **Br.14T Bis**。这 2 架飞机后被东三省航空处用于开办奉天—营口的邮运航线，以训练飞行员的远程飞行能力，同时用于此航线的还有 2 架汉德利·佩季 O／7 和 1 架型号不详的飞机。

　　1927 年，广东当局派林伟成和陈卓林前往苏联购买飞机，以期增强空军实力，但苏联因政治原因拒售，二人后于次年在法国购得 17 架飞机，其中包括 2 架 **Br.14T Bis**。由于这 17 架飞机大多为老旧型号，不适合作战，且价格高昂，一时间成为丑闻，林、陈二人也因涉嫌受贿而去职。1929 年 4 月，陈济棠任国民革命军第八集团军总司令后，计划由其任总指挥的"讨逆军第八路总指挥部"航空处分期开办两广商业航线，其中包括东航空线（广州—惠州—汕头）、西航空线（广州—梧州—南宁）、南航空线（广州—海口）和沪粤线（上海—广州），这 2 架 **Br.14T Bis** 即被用于西航空线的运营。1930 年 12 月 1 日，该航线的广梧段正式开航，颇受当地民众欢迎，次年 1 月 15 日甚至连库存的 1 角 5 分航空邮票都销售一空。航空处原计划继续开航其他航线，但因政治原因被迫暂停，广梧段则于 1931 年 5 月 5 日停航，飞机收归军用。

Br.14T Bis 型客机客舱近景

容克飞机与发动机制造公司

容克 F 13ge

Junkers F 13ge

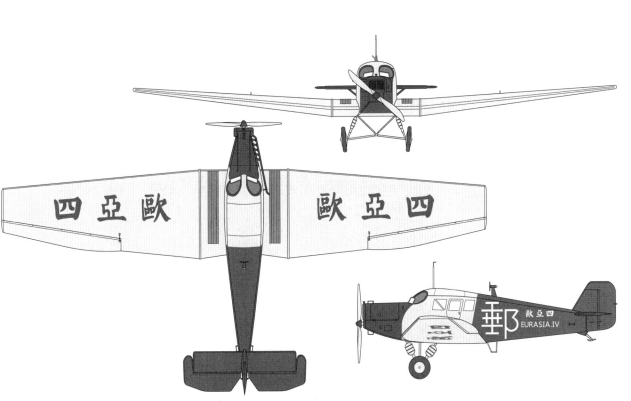

容克 F 13ge 客机三视图（"欧亚四"号）

德国制飞机

机　种：	客机	机长 / 翼展 / 机高：	9.8 / 17.75 / 4.1 米	

机　种： 客机

用　途： 客运 / 邮运

乘　员： 2+4 人

制 造 厂： 容克飞机与发动机制造公司
（Junkers Flugzeug-und
Motorenwerke AG）

首　飞： 1925 年

特　点： 金属结构 / 下单翼布局 / 固定式起
落架

机长 / 翼展 / 机高： 9.8 / 17.75 / 4.1 米

净重 / 全重： 1415 / 2300 千克

引　擎： 1 台容克 L 5 型直列型 6 缸液冷
发动机（Junkers L 5），310 马力

最大速度 / 巡航速度： 160 / 170 千米 / 小时

航　程： 980 千米

升　限： 5500 米（F 13ge）

装备范围： 欧亚航空公司

19

研发于 20 世纪 20 年代初的容克 F 13（最初命名为 J 13）是容克公司的第一种民用飞机，也是航空史上第一种采用金属结构的民用飞机，在世界民航史上占有非常重要的地位。该型飞机于 1919 年 6 月 25 日首飞，采用在当时非常先进的设计，外形简洁，没有支柱或张线等增大阻力的设施，封闭式客舱内装有灯光照明设施，乘坐舒适，可搭载 4 位乘客或 689 千克货物，起落架可以换装浮筒或滑橇。该型机自推出即广受欢迎，各亚型共制造 314 ~ 328 架，先后销往 30 多个国家，部分飞机更是直至 1954 年仍在使用。F 13ge 是 1925 年推出的改良型，特点是换装大功率发动机和金属螺旋桨，尺寸扩大，垂直尾翼改为方形，飞行性能和运载量提高。

1931 年 2 月，由中华民国南京国民政府交通部与德国汉莎航空公司（Deutsche Lufthansa AG）合组的欧亚航空公司成立后，通过汉莎航空购得 F 13ge 和 W 33 各 2 架，并聘请了 4 名德籍飞行员和 2 位机械师来华。这些飞机于同年 3 月初抵达上海，4 月初组装测试，2 架 F 13ge 的编号分别为"欧亚三"（生产序号 747 / 原汉莎航空"斑尾林鸽"号 / 原注册号 D-600）和"欧亚四"（生产序号 746 / 原汉莎航空"鹪鸫"号 / 原注册号 D-436）。

F 13 客机客舱内部

这 2 架 F 13ge 投入运营后，其中 1 架于 5 月 31 日开辟了自上海经北平（今北京）、满洲里、苏联西伯利亚至德国柏林的国际航线的国内段，同时用于该航线的还有 2 架 W 33。1931 年 7 月，发生了蒙古军队击伤并扣留飞机和德籍飞行员的事件，加之不久后"九一八"事变爆发，上海—满洲里航线被迫关闭，2 架 F 13ge 和 1 架 W 33 改用于运营南京—兰州和洛阳—北平的航线。1932 年 12 月 15 日，"欧亚三"号在上海起飞时，因德籍飞行员格拉夫·沙克（Graf Schack）忽视机翼结冰强行起飞，导致飞机坠毁，幸运的是机上乘员没有受伤。"欧亚四"号则直到 1937 年 6 月底仍在服役。1937 年 7 月全面抗战爆发后，交通部下令欧亚航空将总部和维修站自上海迁往西安，该机由于正在修理被迫滞留，后被日军飞机炸毁。

1928 年初，山东当局雇用的原沙俄飞行员安德烈楚克（Andreychuk）曾起草一份航空项目，计划利用山东航空队装备的容克 F 13 开办天津—济南—上海航线，但因北伐战事的发展而放弃。同年 11 月 20 日，武汉民用航空股份有限公司注册成立后，曾计划通过德商禅臣洋行（Siemssen & Company）订购 F 13 和 W 33 各 5 架，后因价格过高改购瑞安 B-1 型客机。

发生着陆事故的"欧亚四"号

容克 W 33 、 W 33c

Junkers W 33 / W 33c

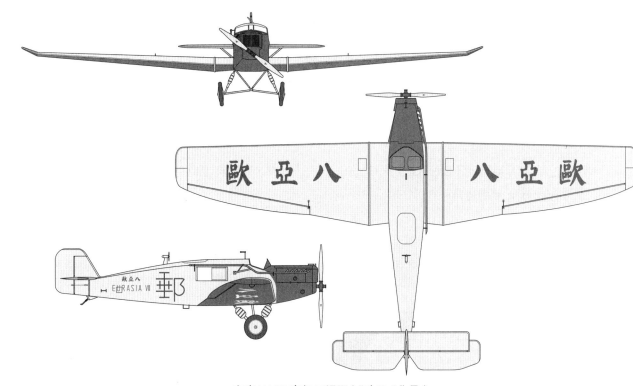

容克 W 33 客机三视图（"欧亚八"号）

（容克 W 33 参数）

机　　种： 运输机

用　　途： 邮运

乘　　员： 2～3 人

制 造 厂： 容克飞机与发动机制造公司
（ Junkers Flugzeug-und
Motorenwerke AG ）

首　　飞： 1926 年

特　　点： 金属结构 / 下单翼布局 / 固定式起
落架

机长 / 翼展 / 机高： 10.5 / 17.75 / 3.53 米

净重 / 全重： 1220 / 2500 千克

引　　擎： 1 台容克 L 5 型直列型 6 缸液冷
发动机（ Junkers L 5 ），310 马力

最大速度 / 巡航速度： 180 / 150 千米 / 小时

航　　程： 1000 千米

升　　限： 4300 米

装备范围： 欧亚航空公司

20 世纪 20 年代中期，容克公司在容克 F 13 基础上推出了 W 33 作为后继机，实际上是 F 13 的现代化版本。其结构和布局与 F 13 相似，取消了 F 13 的拱形机背，外形更加简练，舱内可搭载 4.8 立方米的货物。不过，W 33 的设计目的主要是用于货物运输和航空摄影，因此部分该型飞机两侧没有舷窗。其原型机于 1926 年 6 月 17 日以水上飞机的形式首飞成功，各亚型共制造 199 架，曾创造多个飞行记录，完成了首次不间断飞越大西洋的客运飞行，被多个国家的航空公司和空军广泛使用，直到 1952 年仍有部分机型在使用。W 33c 是在 W 33 基础上将机翼结构强化的亚型。

中德合资的欧亚航空公司于 1931 年 2 月成立后，通过汉莎航空购得 W 33 和 F 13ge 各 2 架用于运营，并聘请了 4 名德籍飞行员和 2 位机械师。这 4 架飞机中有 1 架是 W 33c（生产序号 2545 / 原汉莎航空 "金牛座" 号 / 原注册号 D-1696），编号为 "欧亚一"；有 1 架是 W 33（生产序号 2560 / 原汉莎航空 "特兰西瓦尼亚" 号 / 原注册号 D-1827），编号为 "欧亚二"。

这 2 架飞机与 1 架 F 13ge 一起，用于上海—北平—满洲里—西伯利亚—柏林国际航线的国内段运营。1931 年 7 月 2 日，德籍飞行员约翰尼斯·拉杰（Johannes Rathje）和机械师奥托·科尔伯（Kölber）驾驶 "欧亚二" 号自蒙古东部上空飞往满洲里时，被蒙古边防卫队击伤迫降，科尔伯腿部重伤截肢。二人被蒙古军队逮捕，后经德国反复交涉才得以获释，飞机则被蒙古军方扣留。此事件与不久后的 "九一八" 事变令欧亚航空被迫停航上海—满洲里航线，同年 12 月 1 日，上海—北平航线也因 W 33 和 F 13ge 的液冷发动机难以适应低温而停航。为开辟新的通往欧洲的航线，12

采用黑、白相间后期涂装的 "欧亚八" 号客机

月 20 日，欧亚航空用"欧亚一"号试航北平经新疆至欧洲的航线，期间曾因燃油匮乏而迫降，所幸寻得由瑞典人斯文·赫定（Sven Hedin）率领的探险队补充燃油，后于 24 日飞抵迪化（今乌鲁木齐），这是中国航空史上首次飞越西部。

1932 年 4 至 5 月间，欧亚航空使用"欧亚一"号和 2 架 F 13ge 开辟了南京经洛阳、西安至兰州和洛阳—北京的航线，年底又开通了兰州—迪化航线。为弥补此前损失的"欧亚二"号，欧亚航空又向汉莎航空购买 2 架 W 33，分别为"欧亚五"（生产序号 2561 / 原汉莎航空"巴拉顿湖"号 / 原注册号 D-1839）和"欧亚六"（生产序号 2563 / 原汉莎航空"高塔特拉"号 / 原注册号 D-1855）。

由于后勤保障条件较差，且 W 33 使用的液冷发动机难以维护，这些飞机多失事损坏。"欧亚一"号于 1932 年 8 月 26 日在试飞兰州—肃州（今属酒泉）航线时迫降损坏；"欧亚六"号于 1932 年 9 月 1 日在兰州起飞时坠毁；"欧亚五"号于 1933 年 2 月坠毁于西安，后送回德国修理。其后接替的"欧亚七"号（W 33，生产序号 2564 / 原注册号 D-1894）和"欧亚八"号（W 33，生产序号 2543 / 原汉莎航空"巴尔干"号 / 原注册号 D-1695）分别于 1933 年 2 月和 3 月运抵中国，且直到 1937 年 6 月底仍在使用。1937 年 7 月 7 日全面抗战爆发后，交通部下令欧亚航空将总部和维修站自上海迁往西安，"欧亚八"号因待修而无法迁移，于 8 月 15 日被日军飞机炸毁。"欧亚七"号则被航空委员会征用，因受损送至香港维修，1941 年 12 月 8 日在香港被日军飞机炸毁。

武汉民用航空股份有限公司曾对 W 33 和 F 13 有浓厚兴趣，并计划通过禅臣洋行订购 5 架，但因价格过高而取消。

起飞中的"欧亚一"号 W 33c，该机是欧亚航空最初的 4 架客机之一，其涂装与 F 13ge 相同，均为黑、白、绿相间的早期涂装

容克 W 34 、 W 34gi 、 W 34hi

Junkers W 34 / W 34gi / W 34hi

（容克 W 34hi 参数）

机　　种： 客机 / 运输机	**机长 / 翼展 / 机高：** 10.27 / 17.75 / 3.53 米
用　　途： 客运 / 邮运	**净重 / 全重：** 1700 / 3200 千克
乘　　员： 2+6 人	**引　　擎：** 1 台宝马 132A 型星型 9 缸气冷
制 造 厂： 容克飞机与发动机制造公司	发动机（BWM 132A），650 马力
（Junkers Flugzeug-und	**最大速度 / 巡航速度：** 265 / 233 千米 / 小时
Motorenwerke AG）	**航　　程：** 900 千米
首　　飞： 1926 年	**升　　限：** 6300 米
特　　点： 金属结构 / 下单翼布局 / 固定式起	**装备范围：** 欧亚航空公司、中央航空运输
落架	公司

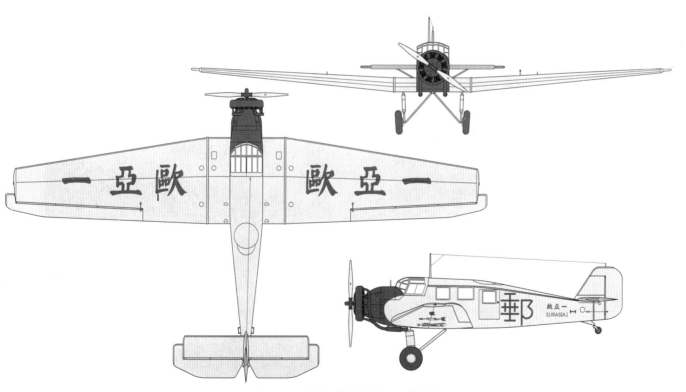

容克 W 34 客机三视图（"欧亚一"号）

W 34 型客机与 W 33 同时推出，均是容克公司为取代老旧的 F 13 而研发的。该型飞机的结构、布局与 W 33 相同，特点是换装了 420～660 马力的气冷发动机，货舱更加宽敞，并可以非常便捷地转换为客舱，最多可搭载 6 位乘客。W 34 的原型机于 1926 年 7 月 7 日首飞，投产后广泛运用于多个国家的航空公司和空军，曾创造多个飞行记录，其中一架隶属加拿大航空公司的该型飞机直到 1962 年才停止使用。W 34gi 是 1933 年推出的改良型，特点是换装宝马"大黄蜂"型发动机；W 34hi 是产量最多的亚型，多为军方使用，装有 1 台宝马 132A 型发动机，并配备有改良的无线电设施和方向搜索装置，共制造 908 架。

由于 W 33 和 F 13ge 所使用的液冷发动机及敞开式驾驶舱不适于中国西北部高海拔地区的飞行，1933—1935 年，欧亚航空共购得 7 架 W 34 以代替。其中 1933 年共接收 4 架，第一架（W 34gi，生产序号 2737 / 原注册号 D-4）尚未交付，即于同年 4 月 29 日坠毁于德国特劳恩施泰因，欧亚航空的经理施密特（Schmidt）和机械师艾肯陶夫（Eichentopf）等身亡；第二、三架则于同年 5 月 31 日自德国柏林起飞，6 月 10 日

"欧亚六"号 W 34hi 客机

飞抵上海，编号分别为"欧亚一"（W 34，生产序号 2738 / 原注册号 D-5）和"欧亚二"（W 34gi，生产序号 2739 / 原注册号 D-7），其中"欧亚二"号虽多次历经迫降损坏，且被日军飞机炸伤却得以幸存，还在 1941 年 6 月 22 日开辟了成都—雅安航线，并于 1943 年欧亚航空破产后移交国民政府空军；"欧亚三"（W 34gi，生产序号 2743 / 原注册号 D-4）则于 9 月交付，后于 1935 年 2 月 22 日在长沙着陆时坠毁，德籍飞行员 K·卡伦贝格（K Kahlenberg）遇难。另外 3 架该型飞机于 1935 年交付，其中"欧亚五"（W 34hi，生产序号 2746 / 原汉莎航空"水星"号 / 原注册号 D-UPOL）和新"欧亚三"（W 34，生产序号 2763 / 原汉莎航空"猎户座"号 / 原注册号 D-UKAM）于 3 月交付使用，"欧亚五"后于 1935 年 11 月 27 日坠毁于西安附近，"欧亚三"则于同年 5 月 11 日在广州失事；5 月交付的"欧亚六"（W 34hi，生产序号 2830）是欧亚航空接收的最后 1 架 W 34，全面抗战爆发后因受损送至香港维修，1941 年 12 月 8 日被日军飞机炸毁。

1944 年 9 月 8 日，国民政府空军将原"欧亚二"号移交中央航空运输公司，编号"中十六"，该机直至二战结束前仍正常营运。二战结束后，随着央航购得大量美制 C-46 和 C-47 运输机，"中十六"报废除役。

正在加油的"欧亚六"号客机，美国记者哈里森·福尔曼（Harrison Forman）拍摄

容克 Ju 160、Ju 160 A-0、Ju 160 D-0

Junkers Ju 160 / Ju 160 A-0 / Ju 160 D-0

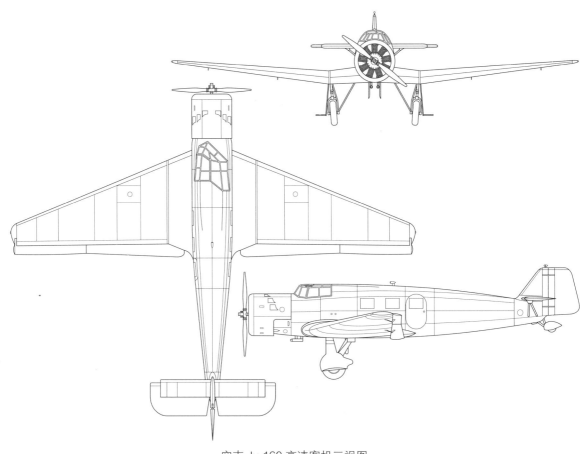

容克 Ju 160 高速客机三视图

（Ju 160 参数）

机　　种：客机

用　　途：客运 / 邮运

乘　　员：2+6 人

制　造　厂：容克飞机与发动机制造公司

　　　　　（Junkers Flugzeug-und

　　　　　Motorenwerke AG）

首　　飞：1934 年

特　　点：金属结构 / 下单翼布局 / 可收放起

　　　　　落架

机长 / 翼展 / 机高：12 / 14.32 / 4 米

净重 / 全重：2320 / 3450 千克

引　　擎：1 台宝马 132A2 型星型 9 缸气

　　　　　冷发动机（BMW 132 A2），660

　　　　　马力

最大速度 / 巡航速度：340 / 315 千米 / 小时

航　　程：1200 千米

升　　限：5200 米

装备范围：欧亚航空公司、满洲航空株式会社

德国制飞机

28

Ju 160 是 1932 年推出的 Ju 60 型高速客机的后继机，主要为与亨克尔 He 70、洛克希德"奥利安"等机型争夺高速客机市场。容克公司在研发期间充分总结了 Ju 60 与 He 70 竞争失败时暴露的缺点，为 Ju 160 安装大功率发动机，换装光滑铝制蒙皮，起落架收放方式和部分气动布局改良，尾橇改为尾轮，阻力显著减少。Ju 160 的原型机于 1934 年 1 月 30 日首飞，同年投入量产，各亚型共制造 47 架。Ju 160 A-0 是安装宝马 132E 型发动机的亚型；Ju 160 D-0 是 1936 年推出的改良型，特点是换装宝马 132E-1 或宝马 132E-2 型发动机，驾驶舱窗口扩大，机舱内部改良，乘坐舒适度提高，最大起飞重量增加 100 千克。

1935 年，欧亚航空通过汉莎航空购得 1 架 Ju 160（生产序号 4215/ 原汉莎航空"黄鼬"号 / 原注册号 D-UVUX）用于营运，编号为"欧亚十六"号，该机于同年 8 月交付，次年 1 月坠毁于上海，因无法维修送回德国。

1937 年，伪满的满洲航空株式会社向日本陆军购得 1 架 Ju 160 A-0（生产序号 4205 / 注册号 M-129）和 1 架 Ju 160 D-0（生产序号 4248 / 原注册号 D-UZUL / 注册号 M-130）。这 2 架 Ju 160 均为日本陆军于 1935 年所购，曾作为陆军航空队的救护机使用，命名为"爱国 128"和"爱国 129"号。由于该型飞机的起降性能较差，满航购得这 2 架飞机后主要用于研究，曾多次在奉天—新京（今吉林长春，时为伪满洲国首都）—哈尔滨航线上进行飞行测试，未用于商业运营。

Ju 160 客机客舱内部

停放在大连机场机库前的满航 Ju 160（画面左侧）和惠通航空 AT-2；Ju 160 机身上并无满航注册号，机翼仍为日军机徽

容克 Ju 52 / 3M、
Ju 52 / 3M ge、Ju 52 / 3M te

Junkers Ju 52/3M, Ju 52/3M ge, Ju 52/3M te

（Ju 52/3M、Ju 52/3M ge 参数）

机　种：客机 / 运输机

用　途：客运 / 邮运

乘　员：2+17 人

制 造 厂：容克飞机与发动机制造公司
（Junkers Flugzeug-und
Motorenwerke AG）

首　飞：1932 年（Ju 52 / 3M），1934 年
（Ju 52 / 3M ge）

特　点：金属结构 / 下单翼布局 / 固定式起
落架

机长 / 翼展 / 机高：18.9 / 29.25 / 6.1 米

净重 / 全重：5970 / 9210 千克（Ju 52 / 3M），
6000 / 10000 千克（Ju 52 / 3M ge）

引　擎：（Ju 52 / 3M）3 台宝马"大黄蜂"
型星型 9 缸气冷发动机（BMW
Hornet），每台 575 马力；
（Ju 52 / 3M ge）3 台宝马 132A
型星型 9 缸气冷发动机（BMW
132A），每台 667 马力

最大速度 / 巡航速度：271 / 222 千米 / 小时（Ju
52 / 3M），290 / 248 千米 / 小时
（Ju 52 / 3M ge）

航　程：950 千米（Ju 52 / 3M）

升　限：5200 米（Ju 52 / 3M），5100 米
（Ju 52 / 3M ge）

装备范围：欧亚航空公司、中央航空运输公司

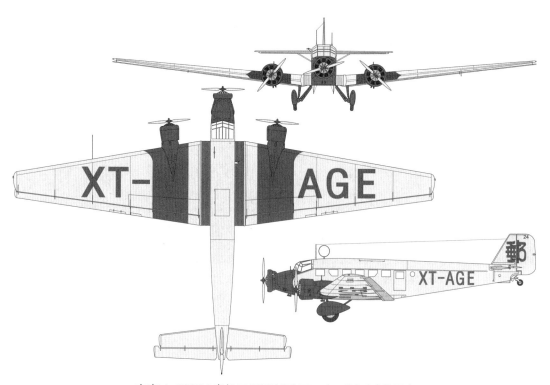

容克 Ju 52/3M 客机三视图（"欧亚二十四""哈密"号）

昵称为"容克大婶""钢铁安妮"的 Ju 52/3M 是容克公司研发的最著名的运输机，也是航空史上最著名的运输机之一，其原型机 Ju 52 于 1930 年 10 月 13 日首飞，发动机为 1 台 690 马力宝马 VIIAu 型。由于 Ju 52/1M 的功率不足，容克公司仅仅生产了 7 架，随即推出了安装 3 台普惠"大黄蜂"型气冷发动机的 Ju 52/3M。该型飞机具有结构坚固、飞行平稳、用途广泛、起降距离短、可在未经整修的机场起降以及起落架可换装浮筒或滑橇等特点，一经问世即广受欢迎，各亚型共制造 4845 架，共有约 40 个国家的航空公司和空军使用，有些甚至服役至 20 世纪 80 年代，至今仍有完好可飞者。Ju 52/3M ge 是 1934 年推出的改良型，装有 3 台宝马 132A 型发动机，主要供航空公司使用，共制造约 200 架；Ju 52/3M te 于 1937 年推出，是该型飞机中最后一种民用亚型，特点是换装 3 台 947 马力的宝马 132K 型发动机，最大速度可达 300 千米 / 小时。

　　1934 年 9 月 6 日，德国航空部将 1 架 Ju 52/3M ge（生产序号 4044 / 原汉莎航空"埃米尔·图伊"号 / 原注册号 D-ABAN）送至中国展销，被南京国民政府购得作为蒋介石专机。"欧亚十五"号（"肃州"号 / 生产序号 5329 / 原汉莎航空"威廉·施密特"号 / 原注册号 D-ANYK）于 1935 年 9 月运抵中国，是欧亚航空获得的首架

欧亚航空使用的首架 Ju 52/3M "欧亚十五"号（"肃州"号），其机身两侧仍保留在汉莎航空服役期间的机名"威廉·施密特"

德
国
制
飞
机

Ju 52/3M。此后直至全面抗战爆发前,又相继有 5 架 Ju 52/3M 交付欧亚航空(见下表)。这些飞机最初为欧亚航空向汉莎航空租赁,1937 年 8 月 10 日改租为购。

交付时间	编号	型号	名称	生产序号	原汉莎航空名称	原注册号
1935 年 10 月	欧亚十七	Ju 52/3M	兰州	5104	奥托·基森伯斯	D-AGES
1936 年 1 月	欧亚十八	Ju 52/3M	—	5294	沃尔克马尔·冯·阿尼姆	D-AMAK
1936 年 7 月	欧亚十九	Ju 52/3M ge	成都	5472	卡尔·阿门罗德	D-AGEI
1937 年 3 月	欧亚二十	Ju 52/3M	—	5502	约阿希姆·冯·施罗德	D-ALUE
1937 年 5 月	欧亚二十一	Ju 52/3M	—	5087	—	D-ASEV

"欧亚十五"号于 1938 年 9 月 5 日在香港外海被 3 架日军飞机围攻,侥幸脱险,1939 年 4 月 8 日在昆明机场被日军炸伤,修复后又于 1941 年 12 月 11 日被日军击毁。1937 年 8 月 17 日,"欧亚十七"号在南京被日军炸伤,经修复后投入使用,1938 年 9 月 6 日被 3 架日军飞机击伤后迫降于长江边,经过长达 6 个月的修复后方可使用,

Ju 52/3M 客机客舱内部

最终于 1939 年 5 月 6 日在陕西汉中被日军飞机炸毁。"欧亚十八"号于 1937 年 8 月 1 日因发动机故障坠毁于昆明。"欧亚十九"号是其中最为幸运的，1939 年 4 月 13 日，该机自越南河内飞往昆明时，被 3 架日军轰炸机攻击，迫降于中越边境一座小山的山腰上，机上乘员除飞行员拉斯杰（Rathje）外均未受伤，欧亚航空派出了抢修小组前往维修，并动用了大量民夫在山上开辟临时跑道，终于使该机于 10 月 15 日飞回昆明。"欧亚二十"号于 1938 年 1 月在河南周家口军用机场被日机炸伤，后用火车运至香港，一年多后修复，1940 年 12 月 30 日在成都机场被日军战斗机击毁。"欧亚二十一"号则于 1938 年 7 月 16 日在汉口降落时坠毁。

为弥补损耗，欧亚航空又通过汉莎航空购得 4 架 Ju 52/3M 和备份器械，其中包括：

交付时间	编号	型号	名称	生产序号	原名称	原注册号
1938 年 3 月	欧亚二十二	Ju 52/3M	重庆	4068	埃里希·阿尔布雷希特	D-ABIZ
1938 年 9 月	欧亚二十三	Ju 52/3M ge	交通 1	4074	威廉·库诺	D-ASIS
1939 年 2 月	欧亚二十四	Ju 52/3M	哈密	4072	弗里兹·埃布	D-AMIP
1940 年 10 月	欧亚二十五	Ju 52/3M te	—	6014	海因里希·马西	D-ASFD

但在惨烈的战争中，这几架飞机难以缓解日渐严苛的运营局面，1941 年 12 月 8 日，"欧亚二十二"号和"欧亚二十四"在香港被日军飞机炸毁；"欧亚二十三"号于 1939 年 3 月 12 日坠毁于贵州威宁；1940 年 10 月 26 日，刚交付尚未投入营运的"欧亚二十五"号被 3 架日军战斗机击伤迫降，后起火焚毁。截至 1941 年底，欧亚航空仅剩"欧亚十九"号完好可飞。此时中、德已断交，欧亚航空与汉莎航空的合同被废止，所幸备用发动机还有 9 台，该机遂由 5 组机组成员担负起营运重庆—兰州—肃州—哈密、重庆—昆明、重庆—桂林、重庆—成都航线的任务。

1943 年 2 月 26 日，欧亚航空宣布破产，原"欧亚十九"号被新注册的中央航空运输公司接收，编号"中五"（注册号 XT-ATA），1944 年 1 月因缺乏备件、难以维修而停用，次年报废。

1939 年，中苏航空公司成立后，中方曾计划使用 2 架欧亚航空的 Ju 52/3M 开辟汉口—哈密—阿拉木图—莫斯科的客货运输和邮运航线，并由中方人员驾驶，而苏方则打算使用 2 架道格拉斯 DC-3 运营。同年 3 月 24 日，中方人员驾驶的 1 架自欧亚航空租赁的 Ju 52/3M 进行了哈密—阿拉木图航线的试航，但由于中苏航空公司的决策权和经营权均由苏方控制，因此最终该航线仍由 DC-3 运营。

山间临时跑道上的"欧亚十九"号 Ju 52/3M ge，该机虽命途多舛，却是欧亚航空的所有 Ju 52/3M 中使用时间最久的一架

容克 Ju 86 Z-2

Junkers Ju 86 Z-2

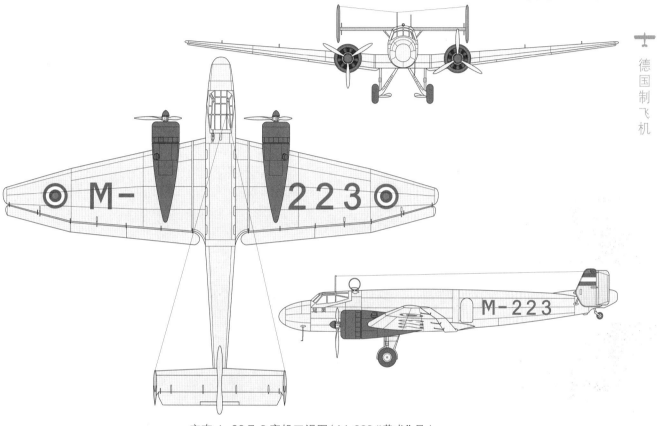

容克 Ju 86 Z-2 客机三视图（M-223"黄龙"号）

机　种：	客机 / 运输机	机长 / 翼展 / 机高：	17.6 / 22.5 / 4.7 米
用　途：	客运 / 邮运	净重 / 全重：	5200 / 8200 千克
乘　员：	4+10 人	引　擎：	2 台宝马 132Dc 型星型 9 缸气
制 造 厂：	容克飞机与发动机制造公司		冷发动机（BMW 132 Dc），每台
	（Junkers Flugzeug-und		840 马力
	Motorenwerke AG）	最大速度 / 巡航速度：	375 / 315 千米 / 小时
首　飞：	1936 年	航　程：	1000 千米
特　点：	金属结构 / 下单翼布局 / 可收放起	升　限：	6900 米
	落架	装备范围：	满洲航空株式会社

Ju 86 是容克公司应德国航空部要求研发，同时用作德国空军的中型轰炸机和汉莎航空的高速客机，其竞争者即为著名的亨克尔 He 111。首架原型机 Ju 86 V1 于 1934 年 11 月 4 日首飞成功，是军用轰炸机型，民用原型机 Ju 86 V2 则于 1935 年 3 月 22 日首飞，特点是机身油箱移至机翼，以客舱取代炸弹舱，可搭载 10 名乘客或 12.2 立方米的货物，配备有洗手间和强制通风系统，天花板上有嵌入式灯具，光线良好，但客舱内高度较低且通道狭窄，乘务员和个头较高的乘客乘坐不舒适。Ju 86Z 是 1936 年推出的民用出口型，共有 Z-1 至 Z-7 等多种亚型，区别多为发动机的不同，共制造 38 架，Ju 86 Z-2 是换装宝马 132Dc 或宝马 132H 型发动机的亚型，也是民用出口型中产量最多的一种，主要用户是伪满洲国、瑞士和智利。

Ju 86 客机客舱内部，可见其座位间的过道非常狭窄

　　1937 年，为增强伪满洲国国内远程航线的运营效率，提升机队的现代化程度，满洲航空株式会社计划购买飞行性能更优良的全金属客机。迫于日本关东军的压力，满航并未像日本其他航空公司那样选择美制客机，而是选择了较易改造为轰炸机的德制 Ju 86。同年 8 月，日本海军购得 1 架 Ju 86 Z-2（机体略番 LXJ1），测试后移交满航，是满航获得的首架该型飞机，注册号 M-211。此后，满航共向容克公司订购了 12 架该型飞机，正式合同于 1938 年 9 月签署，均使用东北大豆和其他产品以易货交易的形式购买（一说 1937 年 10 月，满航向容克公司订购了 3 架 Ju 86 Z-2，次年 9 月增购 10 架，1939 年又增购 4 架，有 3 架因二战爆发未交付，这 3 架的订单于 1941 年撤销）。9 月 7 日，12 架 Ju 86 Z-2 经海运抵达大连港，后由火车运至奉天，由德国工程师舒尔茨（Schulz）和欧宝（Opel）监督组装，注册号 M-212 至 M-223。这些飞机中，M-211 名为“龙凤”号、M-213 名为“翔龙”号、M-220 名为“银龙”号、M-222 名为“升龙”号、M-223 名为“黄龙”号。1939 年 1 月 1 日，该型飞机正式投入佳木斯—哈尔滨—新京—奉天—大连的商业运营，同年 10 月又开辟了新京—京城（日据朝鲜时汉城的名

M-211“龙凤”号 Ju 86 Z-2 客机

称，今韩国首尔）—米子（日本鸟取县）—大阪—东京的国际航线，后又开通奉天—锦州—天津—北京、承德—张家口—大同—包头、承德—多伦—厚和（厚和特别市，伪蒙疆联合自治政府对归绥的改名，今呼和浩特）—张家口等多条航线。

满航的 Ju 86 Z-2 除供商业运营外，也供日军执行军政要人运输等任务，被日军征用的该型飞机大多取消满航标志和注册号的"M-"前缀，仅剩机名和注册号数字，机翼改为日军机徽。1939 年夏，日本与苏联之间爆发"诺门罕战役"，双方在伪满与蒙古边境交战。日本关东军曾计划将 6 架 Ju 86 Z-2 改造为轰炸机投入前线使用，其中 1 架已加装武器并进行测试，但不久后就放弃了这个计划。据 1 位满航乘务员回忆，曾在大连机场看见 1 架该型飞机机首加装轰炸瞄准具，机腹增加炸弹舱和机枪架，不久后又改回客机状态。1939 年 1 月，M-214 号因在地面滑行时撞上机场边缘的砖墙而严重受损，经过历时一年的修复后方可使用；M-213"翔龙"号于 1941 年 6 月 21 日在香港新界粉岭迫降坠毁；另有 1 架该型飞机于 1944 年 9 月自东京起飞后，在米子—京城之间因大雾和发动机失效迫降于海面，所幸机上乘员均得以生还。二战期间，满航无法获得新的备用零件，其所拥有的 Ju 86 Z-2 的轮胎大多更换为日本制品，有 3 架 Ju 86 Z-2 还换装了三菱生产的 1075 马力 14 缸气冷发动机。二战结束后，残存的该型飞机被苏军掳获。

被日军征用的 M-223"黄龙"号客机，其机翼上已改饰日军机徽，机身两侧的"M-"编号和垂直尾翼上的满航标志均被去除，仅剩"223"

梅塞施密特 Bf 108B "台风"

Messerschmitt Bf 108B Taifun

机　　种：通用飞机　.

用　　途：运输 / 包机

乘　　员：（1～2）+（2～3）人

制 造 厂：巴伐利亚飞机制造公司

　　　　　（Bayerische Flugzeugwerke）

首　　飞：1935 年

特　　点：金属结构 / 下单翼布局 / 可收放起
　　　　　落架

机长 / 翼展 / 机高：8.3 / 10.5 / 2.3 米

净重 / 全重：889 / 1380 千克

引　　擎：1 台阿格斯 As 10C 型倒置 V 型 8
　　　　　缸气冷发动机（Argus As 10C），
　　　　　240 马力

最大速度 / 巡航速度：305 / 265 千米 / 小时

航　　程：1000 千米

升　　限：4800 米

装备范围：满洲航空株式会社

德国制飞机

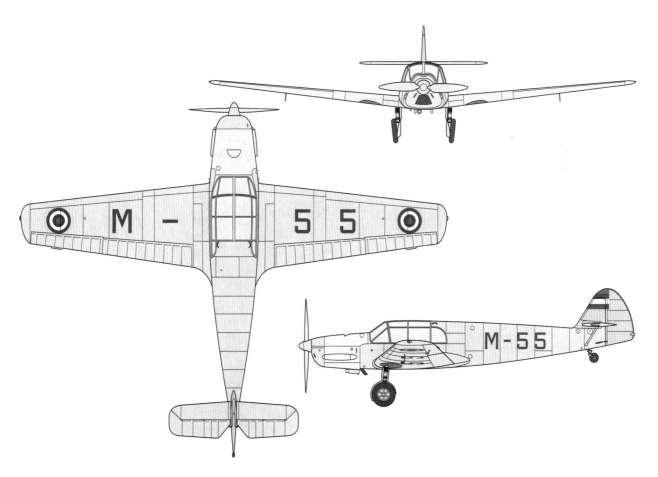

梅塞施密特 Bf 108B "台风" 通用飞机三视图（M-55 号）

Bf 108 是著名飞机设计师威利·梅塞施密特（Willy Messerschmitt）于 20 世纪 30 年代研制的轻型通用飞机，与著名的 Bf 109 型战斗机有着密切的关系。该型飞机最初命名为 BFW M 37，于 1934 年首飞成功，同年投产，具有飞行平稳、易于操控、燃料消耗率低、起降性能好等特点。截至二战结束，Bf 108 各亚型共制造约 885 架，二战后法国又生产了 285 架。该型飞机的用途非常广泛，除供德国空军用于人员运输、联络、通讯外，也供民间用于运动飞行、旅行、商务包机、私人使用等，由于其驾驶舱装有双套控制系统，因此也可用于训练飞行员。1936 年 8 月 6 日，德国著名女飞行员艾莉·贝因霍恩（Elly Beinhorn）驾驶 1 架该型飞机在一天内飞越 3 大洲，因此为该机命名"台风"，此后"台风"成为 Bf 108 的正式绰号。Bf 108B 是 1935 年底推出的改良型，也是产量最多的亚型，主要特点是换装大功率的阿格斯 As 10C 或 As 10E 型发动机，翼展扩大，尾橇改为尾轮，共制造约 682 架。

1937 年，为取代逐渐老化的德·哈维兰 DH.80A 和满航三式，满洲航空株式会社向巴伐利亚公司购得 19 架 Bf 108B，其中第一批 6 架于同年交付，其余 13 架则于次年交付，每架耗资 6 万日元。这 19 架飞机中，有 13 架的注册号分别是 M-51 至

Bf 108 客舱内部

M-63，其余 6 架中，有 3 架可能供日本陆军使用，分别命名为"爱国 258"至"爱国 260"号，另外 3 架根据 1937 年 10 月 26 日德国驻大连领事馆向柏林外交部和东京大使馆发的电报推测，可能供南满洲铁道株式会社用于行政运输。

满航飞行员对 Bf 108B 的飞行稳定性、可操控性和维护简便性赞誉有加。这些飞机除用于运输、包机等商业用途外，也供日本关东军用于联络、要人运输等任务。1938 年 11 月 28 日，满航的 1 架 Bf 108B 在搭载 2 名关东军情报局官员飞往海拉尔（今内蒙古呼伦贝尔市海拉尔区）途中，因驾驶员遵循日军官员的错误判断，导致油尽迫降。1939 年的"诺门罕战役"中，日军征用了数量不详的该型飞机参战，有 1 架被苏军战斗机击落焚毁。1940 年 2 月 11 日，在日本神武天皇登基 2600 周年的纪念活动中，1 架满航租给伪满洲国陆军航空队的 Bf 108B 因发动机故障在新京坠毁。1941 年 6 月 9 日，1 架搭载有关东军官员的该型飞机在视察黑龙江省东宁市附近的日军部队时误入苏联境内，被苏军战斗机击伤迫降，机上乘员被苏军俘获，后经谈判释放。二战结束前，满航仍有数架该型飞机完好可飞，后被苏军掳获。

M-55 号 Bf 108B 通用飞机

亨克尔 He 116A-0

Heinkel He 116A-0

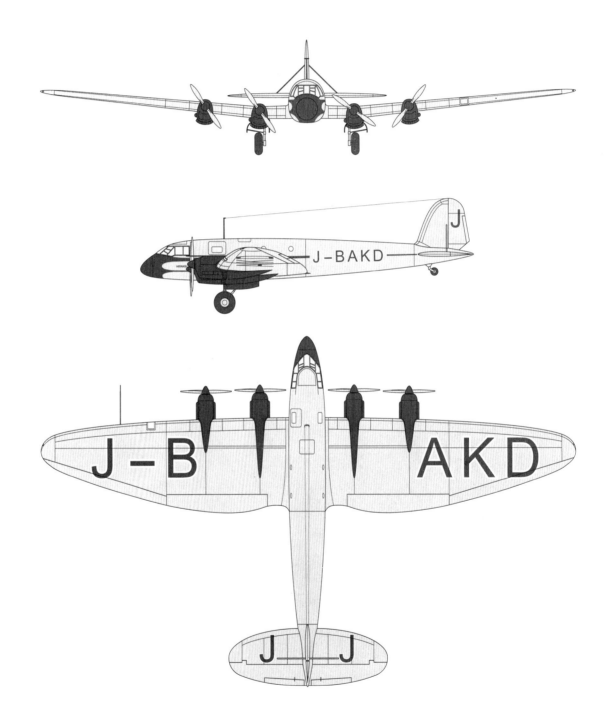

亨克尔 He 116A-0 远程邮机三视图（"乃木"号）

机　种：　邮机
用　途：　运输
乘　员：　4 人
制 造 厂：　亨克尔飞机公司
　　　　　（Heinkel Flugzeugwerke）
首　飞：　1937 年
特　点：　金属结构 / 下单翼布局 / 可收放起
　　　　　落架
机长 / 翼展 / 机高：　13.7 / 22 / 3.3 米

净重 / 全重：　4050 / 7130 千克
引　擎：　4 台西斯 HM 508C 型倒置 V
　　　　　型 8 缸气冷发动机（Hirth HM
　　　　　508C），每台 270 马力
最大速度 / 巡航速度：　325 / 300 千米 / 小时
航　程：　4100 千米
升　限：　6600 米
装备范围：　国际航空株式会社、满洲航空株
　　　　　式会社

　　1937 年，为建设从德国直达日本的国际邮运航线，亨克尔公司应汉莎航空要求推出了 He 116 型远程邮机。该型飞机于 1936 年开始研发，由于汉莎航空规划的远东航线需穿越帕米尔高原，因此 He 116 的设计更侧重于高空飞行性能和远程飞行的安全性。其结构和外形与 He 70 "闪电" 型高速客机非常相似，机身设计强化了水密性，出现意外状况时可迫降于水面；发动机最初计划使用单台 500 马力的高海拔型，后改为 4 台 270 马力的西斯 HM 508C，以确保飞行过程中不会因单台发动机故障危及安全。该型飞机共制造 14 架，He 116A-0 为汉莎航空使用的高速邮机型，共制造 8 架，其中

"乃木" 号 He 116A-0 邮机

2 架后被改造为德国空军的 He 116B-0 型远程侦察机。

1937 年，为应对南京国民政府和汉莎航空合资的欧亚航空，伪满的满洲航空株式会社与汉莎航空谈判，计划建立柏林（德国）—罗德斯岛（希腊）—巴格达（伊拉克）—喀布尔（阿富汗）—西安—新京—奉天—东京（日本）的国际航线和连结北京、郑州、兰州、宁夏、包头、上海的远东航线。为此，同年 5 月 20 日，满航成立了子公司国际航空株式会社（1938 年 12 月与大日本航空株式会社合并），向亨克尔公司购得 2 架 He 116A-0，并于 7 月 22 日派遣 4 名飞行员、2 名机械师、2 名无线电通讯员经海路前往德国接收飞机。这 2 架飞机分别命名为"乃木"号（日本航空局注册号 J-BAKD / 原 He 116V-5）和"东乡"号（关东厅通信局注册号 J-EAKF / 原 He 116V-6）。1938 年 4 月 23 日，"乃木"号由飞行员加藤敏雄、中尾纯利，机械师冈本虎男，无线电通讯员清都诚一驾驶；"东乡"号由飞行员横山八男、松井胜吾，机械师石川金吾，无线电通讯员盐田阳三驾驶，自柏林飞往东京，并于 4 月 29 日抵达，总航程 15340 千米，共着陆 6 次，总飞行时间 143 小时 43 分。此前，加藤、横山、冈本、石川、清都 5 人曾驾驶"乃木"号于 2 月 21 日参加由意大利赞助的第三届撒哈拉沙漠飞行竞赛，期间由于 3 号发动机的螺旋桨脱落并将 4 号发动机的螺旋桨击毁，导致该机紧急降落并花了 1 个月时间返回德国维修。

5 月 11 日，"乃木"号和"东乡"号自东京飞往新京。由于全面抗战爆发，原定的柏林—东京国际航线不得不修改路线，由途经西安改为途经伪蒙疆联合自治政府控制的地区，并最终将航线改为柏林—莫斯科—伊尔库茨克—新京—东京。随着 1941 年德国入侵苏联，柏林—东京航线建设被永久搁置，这 2 架飞机此后主要用于新京—东京的邮运。1939 年 1 月 25 日，"乃木"号曾由日本立川市飞往泰国曼谷进行"亲善访问"，受到当地日立学校的热烈欢迎，2 月 4 日飞返。"乃木"号直到 1945 年仍在使用。

亨克尔 He 111 A-0

Heinkel He 111 A-0

德
国
制
飞
机

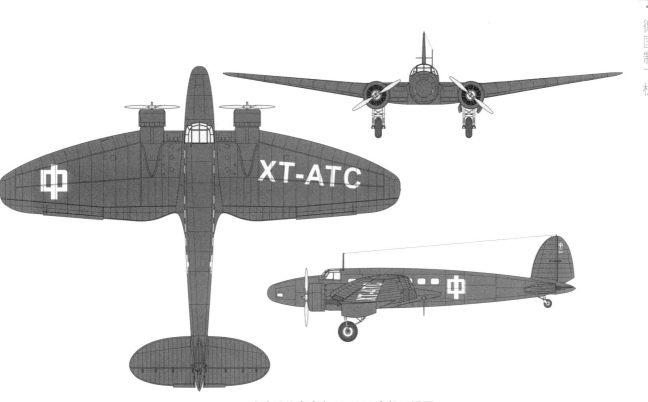

改造后的亨克尔 He 111 客机三视图

机　种：	轰炸机
用　途：	—
乘　员：	2+10 人
制 造 厂：	亨克尔飞机公司（Heinkel Flugzeugwerke）
首　飞：	1935 年
特　点：	金属结构 / 下单翼布局 / 可收放起落架

机长 / 翼展 / 机高： 17.5 / 22.6 / 4.1 米

净重 / 全重： —

引　擎： 2 台莱特 R-1820 "飓风" 型星型 9 缸气冷发动机（Wright R-1820 Cyclone），马力：—

装备范围： 中央航空运输公司

改造后的"中二"号 He 111 客机

He 111 是二战期间德国空军使用的最著名的中型轰炸机之一，曾执行多种军用任务，与容克 Ju 87、Ju 88 齐名。该型飞机最初以民用运输机的名义研发，设计师是亨克尔公司工程师齐格弗里德·金特（Siegfried Günter）和沃尔特·金特（Walter Günter）兄弟，在研发中大量参考了著名的 He 70 "闪电"高速客机，因此又称为"双发闪电"（Doppel-Blitz）。He 111 A-0 是 He 111 的首款轰炸型号，系由 He 111V-3 改装而成，由于发动机功率不足，导致飞行速度慢且操控性较差，而被德国空军拒收，其中 8 架（一说 6 架）在拆除轰炸瞄准镜、无线电导航和自毁装置后，于 1935 年 9 月通过德商保庇洋行（F. Feld & Co.）售予陈济棠主政的中国广东当局，1936 年"两广事变"后并入国民政府空军。

1943 年 6 月 25 日，国民政府空军将仅剩的 1 架 He 111 A-0 轰炸机（原 1902 号机，曾在 1938 年 5 月对日本本土进行的"纸片轰炸"中担任后勤支援和联络任务）与 2 架伏尔梯 V-1A、1 架中岛九七式输送机一起拨予新成立的中央航空运输公司，He 111 A-0 编号为"中二"（注册号 XT-ATC）。该机于同年 12 月自成都飞往昆明进行改造，拆除了全部武器设备和机首轰炸瞄准舱，机身两侧各增加 2 个舷窗，机舱内部的军用设施拆除，改为可搭载 10 名乘客的客舱。同时，由于其使用的宝马 VI 6.0 Z 型液冷发动机维护困难且缺少配件，此次改造特意换装了莱特 R-1820 "飓风"型发动机（一说为中央航空运输公司前身欧亚航空库存的原 Ju 52/3M 使用的宝马"大黄蜂"型发动机）。1944 年 12 月 25 日，该机在昆明机场试飞时坠毁。

瑞安航空公司

瑞安 B-1 "布鲁厄姆马车"

Ryan B-1 Brougham

机　　种：　客机

用　　途：　邮运 / 观光

乘　　员：　1+4 人

制 造 厂：　瑞安航空公司（Ryan
　　　　　　Aeronautical Company）

首　　飞：　1927 年

特　　点：　混合结构 / 上单翼布局 / 固定式起
　　　　　　落架

机长 / 翼展 / 机高：8.46 / 12.8 / 2.67 米

净重 / 全重：　848 / 1497 千克

引　　擎：　1 台莱特 J-5 "旋风" 型星型
　　　　　　9 缸气冷发动机（Wright J-5
　　　　　　Whirlwind），225 马力

最大速度 / 巡航速度：201 / 177 千米 / 小时

航　　程：　1130 千米

升　　限：　4900 米

装备范围：　武汉民用航空股份有限公司、
　　　　　　云南商业航空筹备委员会

美国制飞机

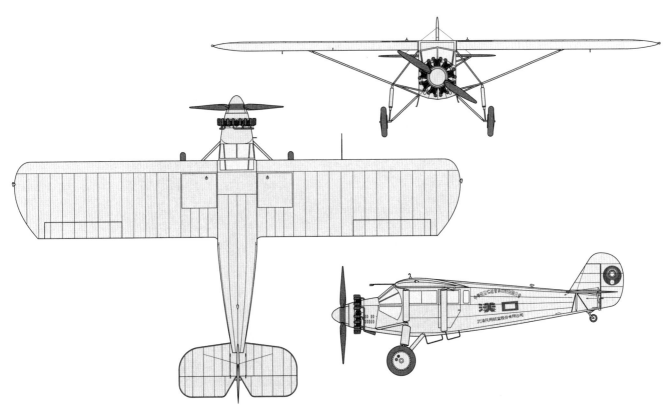

瑞安 B-1 "布鲁厄姆马车" 客机（"汉口" 号）三视图

B-1是"布鲁厄姆马车"系列小型客机中的第一种型号，也是瑞安公司生产的最著名的客机。该型飞机以此前生产的M-1、M-2为基础研发，主要特点是驾驶舱和客舱改为全封闭式，起落架可换装浮筒，售价9700美元。1927年，著名飞行员查尔斯·林白（Charles Lindbergh）成功飞越大西洋，其驾驶的"圣路易斯精神"号瑞安NYP实质上就是1架经过改造的B-1，加上著名飞行员弗兰克·霍克斯（Frank Hawks）的宣传，"布鲁厄姆马车"系列飞机声名大振，广受小型航空公司欢迎，各型共制造约230架，B-1是其中产量最大的型号，共生产约150架。

1928年11月，受广东空军"广州"号B-1飞机在国内长途飞行的影响，武汉民用航空股份有限公司通过美商美信洋行（L. E. Gale Company）购得5架B-1（生产序号168至172 / 原注册号7720至7724），次年1月底运抵汉口，其中包括3架陆机（"武昌""汉口"和"汉阳"号）和2架水机（一说这5架飞机分别命名为"汉口""襄阳""长沙""宜昌"和"长江"号）。这些飞机交付后即用于开办汉口至西安的空中航线，初期开通汉口至襄阳及老河口航段，意在促进当地的商业发展。但据西方资料称，武汉航空公司的B-1型飞机仅进行了一两次汉口至襄阳的邮运飞行，更多是用于观光游览。

女飞行员鲍会秩（右）与张惠长的夫人薛锦回（左）合影，后方为"汉口"号客机；张惠长为国民革命军空军中将，曾致力于发展中国航空事业

值得一提的是，1929年2月，"汉口"号由女飞行员鲍会秩驾驶，成功进行了汉口至广州的邮运飞行，开中国女飞行员驾驶飞机进行商业运输之先河，《良友》画报曾对其进行了大篇幅报道。同年夏，武汉航空公司因政治原因解体，所属飞机被南京国民政府接收。

云南商业航空筹备委员会于1928年成立后，次年2月11日通过美信洋行购得1架B-1（生产序号可能是178 / 原注册号7730），同年4月，该机由美信洋行代表厄尔·F·巴斯基（Earl F Baskey）运抵香港，在启德机场组装测试后交付云南代表刘沛泉、张汝汉、陈有谷。4月27日，三人驾机携载邮件自香港飞回云南。该机被命名为"昆明"号，原计划用于开辟云南—四川、云南—广西的商业航线，因政治原因未成，改为规划省内航线，其中包括迤南航线（昆明—蒙自—开化—广南—富县）、迤东航线（昆明—寻甸—东川—昭通—盐津）和迤西航线（昆明—楚雄—大理—永昌—腾越）。据《蒙自县志》记载，该机在云南省内飞往大理、楚雄、蒙自等地时，"来回均义务代邮局携带邮件"。

由于战乱，云南商业航线始终无法开航，云南商业航空筹备委员会也于1929年5月31日宣告撤销，"昆明"号与其后购得的1架B-5"布鲁厄姆马车"客机一并拨给云南空军使用。

"汉口"号瑞安 B-1 客机

瑞安 B-5 "布鲁厄姆马车"

Ryan B-5 Brougham

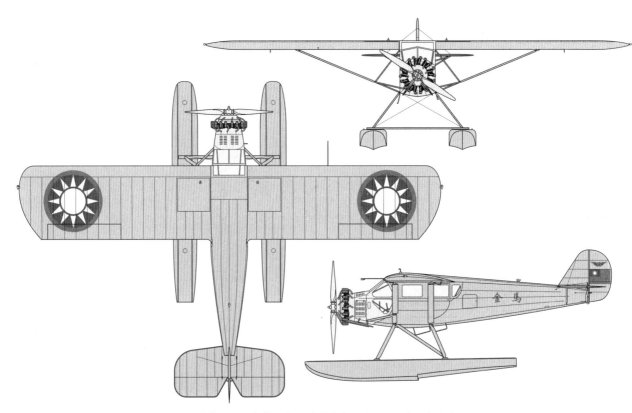

瑞安 B-5 "布鲁厄姆马车" 客机三视图（"金马" 号）

机　种：	客机		净重 / 全重：	1020 / 1814 千克
用　途：	—		引　擎：	1 台莱特 J-6-9 "旋风" 型星型
乘　员：	1+6 人			9 缸气冷发动机（Wright J-6-9
制 造 厂：	瑞安航空公司（Ryan			Whirlwind），300 马力
	Aeronautical Company）		最大速度 / 巡航速度：	222 / 193 千米 / 小时
首　飞：	1929 年		航　程：	1207 千米
特　点：	混合结构 / 上单翼布局 / 固定式起		升　限：	5486 米
	落架		装备范围：	云南商业航空筹备委员会
机长 / 翼展 / 机高：	8.63 / 12.9 / 2.67 米			

B-5 "布鲁厄姆马车"是瑞安公司在 B-3 基础上推出的改良型，也是"布鲁厄姆马车"系列小型客机中产量仅次于 B-1 的型号。该型飞机的结构和外形与此前生产的"布鲁厄姆马车"系列并无二致，起落架同样可以快速换装浮筒，特点是换装 300 马力的莱特 J-6-9 型发动机和可在地面调整桨距的金属螺旋桨，同时扩大客舱容积，可搭载 6 位乘客，并安装有隔音、通风和加温等设施，乘坐舒适度提升。B-5 于 1929 年投产，共制造 61 架，每架售价 14350 美元。

云南商业航空筹备委员会于 1928 年成立，次年通过美信洋行购得 1 架装有浮筒的 B-5，命名为"金马"号，计划与此前购买的"昆明"号 B-1 一起用于开辟商业航线。该机于 1929 年秋季运抵香港，交付云南代表刘沛泉和陈栖霞。由于云南商业航空筹备委员会已于 5 月 31 日撤销，该机遂被移交给云南空军。

刘、陈二人接收飞机后并未立即驾机返回昆明，而是效仿广东空军"广州"号进行长途飞行，先是飞往杭州参加全国博览会，后于 9 月飞抵广州。恰逢此时，张发奎在广东与桂系联合发动反蒋战争，广东当局在征得云南方面同意后，借"金马"号运送一位师长前往梧州前线，降落时因发动机故障坠毁，广东当局后买下 1 架波泰茨 32 赔偿云南，命名为"碧鸡"号。

"金马"号 B-5 客机

美国制飞机

51

瑞安 PT-22 "新兵"

Ryan PT-22 Recruit

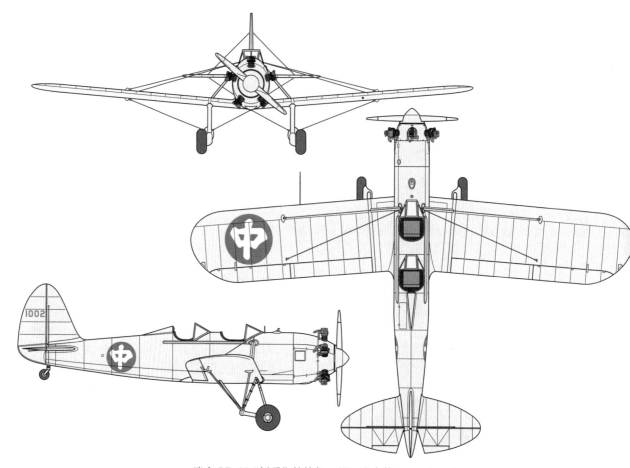

瑞安 PT-22 "新兵" 教练机三视图（中航 1002 号机）

机　　种：	教练机	净重 / 全重：	593 / 844 千克
用　　途：	训练	引　　擎：	1 台金纳 R-450-1 型星型 5 缸气
乘　　员：	2 人		冷发动机（Kinner R-450-1），
制 造 厂：	瑞安航空公司（Ryan		160 马力
	Aeronautical Company）	最大速度 / 巡航速度：	200 / 160 千米 / 小时
首　　飞：	1941 年	航　　程：	371 千米
特　　点：	混合结构 / 下单翼布局 / 固定式起	升　　限：	4700 米
	落架	装备范围：	中国航空公司
机长 / 翼展 / 机高：	6.9 / 9.17 / 2.18 米		

PT-22 是瑞安公司以 ST 系列民用教练机为基础研发的军用教练机，也是 ST 系列中产量最多的一型。该型飞机与 PT-21 非常相似，特点是换装金纳 R-450-1 型发动机。由于二战爆发后美军急需大量新的教练机，因此 PT-22 试飞成功后就迅速投入量产，共制造 1023 架，其中 250 架换装 R-540-3 型发动机改造为 PT-22C。为便于维护，减少故障，后期生产的 PT-22 取消了起落架整流罩。

　　1943 年 4 至 8 月，美国根据《租借法案》，共将 70 架 PT-22（原美军注册号 41-15177 至 41-15216、41-15298 至 41-15327）运至印度，交付中国空军军官学校驻印分校用于训练。抗战结束后，部分该型飞机移交中国航空公司使用。

中航 1002 号 PT-22

柯蒂斯"知更鸟"B/C

Curtiss Robin B/C

美国制飞机

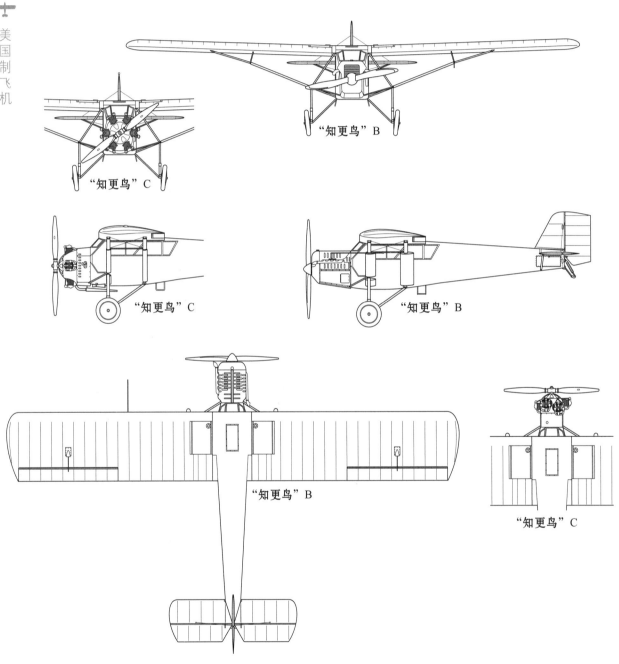

"知更鸟"C

"知更鸟"B

"知更鸟"C

"知更鸟"B

"知更鸟"B

"知更鸟"C

柯蒂斯"知更鸟"B/C 客机三视图

（"知更鸟"B 参数）

机　　种：客机
用　　途：观光/训练
乘　　员：1+2 人
制 造 厂：柯蒂斯飞机与发动机公司
　　　　　（Curtiss Aeroplane and Motor
　　　　　Company）
首　　飞：1928 年
特　　点：混合结构/上单翼布局/固定式起
　　　　　落架

机长/翼展/机高：7.83 / 12.5 / 2.37 米
净重/全重：668 / 1107 千克
引　　擎：1 台柯蒂斯 OX-5 型 V 型 8 缸液
　　　　　冷发动机（Curtiss OX-5），90
　　　　　马力
最大速度/巡航速度：161 / 135 千米/小时
航　　程：772 千米
升　　限：3109 米
装备范围：沪蓉航线管理处、中国航空公司

　　1927 年，著名飞行员查尔斯·林白（Charles Lindbergh）成功飞越大西洋，在美国国内掀起一股"飞行热"，越来越多的人希望驾驶自己的飞机。柯蒂斯公司根据市场需求，推出了"知更鸟"小型客机（柯蒂斯 50）。其原型机于 1928 年 8 月 7 日首飞，同年投入量产，由于价格低廉、结构坚固耐用、操控容易、性能安全可靠而备受私人用户欢迎，是 20 世纪二三十年代最成功的私人飞机之一。"知更鸟"B 是最初的量产型，发动机为价格低廉、性能可靠的柯蒂斯 OX-5，共制造约 325 架；"知更鸟"C 是 1929 年推出的改良型，特点是换装 170～185 马力"挑战者"型星型 6 缸气冷发动机，飞行性能显著提升，但航程缩短，共制造约 50 架。

　　1929 年 1 月 26 日，柯蒂斯公司将 4 架飞机运至中国上海展销，其中包括"知更鸟"B（生产序号 84 / 原注册号 169E）、"知更鸟"C（生产序号 80 / 原注册号 46E）、柯蒂斯"猎鹰"侦察/攻击机和爱尔兰 N-2B"海王星"水陆两栖客机各 1 架。这些飞机于 3 月中旬抵达上海，3 月 27 日，柯蒂斯公司飞行员艾尔·L·斯隆尼格（Eyer L Sloniger）驾驶其中一架"知更鸟"在虹桥机场进行了飞行表演，并搭载乘客进行观光飞行。南京国民政府于 3 月 30 日将这 4 架飞机买下，2 架立即交付，另外 2 架则在数日后飞往南京。其中一架"知更鸟"于 1931 年 7 月移交中国航空公司（1935 年 12 月出版的《交通年鉴》记载，该机为沪蓉航线管理处以国币 24000 元购得），主要充作教练机训练飞行员使用，另一架则编入国民政府空军驻汉口的第 1 中队。1934 年 11 月，中航购得 1 架受损的斯蒂尔曼教练机，将"知更鸟"以国币 21714 元的价格售出。

柯蒂斯"画眉鸟"J

Curtiss Thrush J

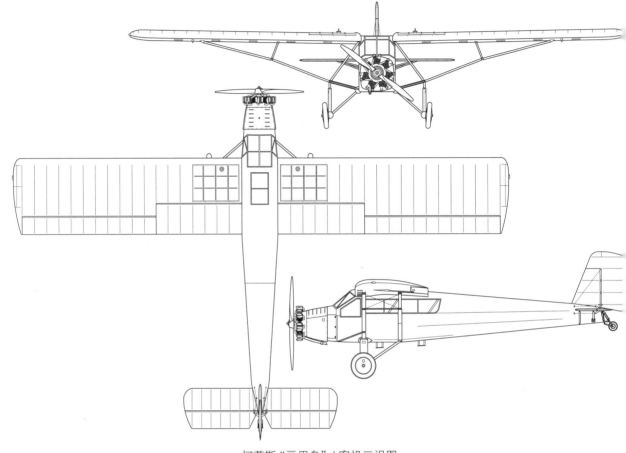

柯蒂斯"画眉鸟"J 客机三视图

机　　种：客机

用　　途：—

乘　　员：（1～2）+6 人

制 造 厂：柯蒂斯飞机与发动机公司

　　　　　（Curtiss Aeroplane and Motor

　　　　　Company）

首　　飞：1929 年

特　　点：混合结构 / 上单翼布局 / 固定式起

　　　　　落架

机长 / 翼展 / 机高：9.93 / 14.63 / 2.82 米

净重 / 全重：1025 / 1724 千克

引　　擎：1 台莱特 J-6-7 "旋风" 型星型

　　　　　7 缸气冷发动机（Wright J-6-7

　　　　　Whirlwind），225 马力

最大速度 / 巡航速度：196 / 167 千米 / 小时

航　　程：1400 千米

升　　限：4000 米

装备范围：中国航空公司

20 世纪 20 年代末，柯蒂斯公司以"知更鸟"为基础研发了"画眉鸟"（柯蒂斯 56）轻型 6 座客机。该型飞机实质上是"知更鸟"的放大型，其结构、外形和布局与"知更鸟"非常相似，发动机为 1 台与"知更鸟"C 相同的"挑战者"型。

"画眉鸟"的原型机于 1929 年首飞后发现存在发动机功率不足的缺陷，为此柯蒂斯公司为后续制造的该型飞机换装莱特 J-6-7 型发动机，型号改为"画眉鸟"J。该型飞机产量较少，生产了 3 架原型机和 10 架"画眉鸟"J，其中 2 架是原型机改造而成。"画眉鸟"J 投入市场后多作为包机和短程支线客机使用，曾创多个飞行记录。1933 年 12 月 20 至 30 日，美国女飞行员海伦·里奇（Helen Richey）和弗朗西丝·玛莎莉丝（Frances Marsalis）驾驶 1 架"画眉鸟"J，在 1 架"知更鸟"的空中加油协助下，创造了留空时间 237 小时 42 分钟的飞行记录。

1929 年，（前）中国航空公司向柯蒂斯公司订购了 12 架"画眉鸟"J，原定于次年 1 月运往中国，但因同时期（前）中航遭遇诸多问题而未交付，仅有 1 架该型飞机于 1930 年运往中国，下落不详。

"画眉鸟"J 客机的客舱内部

洛宁航空工程公司

洛宁 C-2H "空中游艇"

Loening C-2H Air Yacht

机　　种： 水陆两栖客机

用　　途： 客运 / 邮运

乘　　员： (1～2)+(6～7) 人

制 造 厂： 洛宁航空工程公司 (Loening Aeronautical Engineering Corporation)

首　　飞： 1928 年

特　　点： 木制结构 / 等翼展双翼布局 / 可收放起落架

机长 / 翼展 / 机高： 10.57 / 13.72 / 3.89 米

净重 / 全重： 1754 / 2676 千克

引　　擎： 1 台普惠 "大黄蜂" 型星型 9 缸气冷发动机 (Pratt & Whitney Hornet)，525 马力

最大速度 / 巡航速度： 199 / 165 千米 / 小时

航　　程： 885 千米

升　　限： 4300 米

装备范围： (前) 中国航空公司、中国航空公司

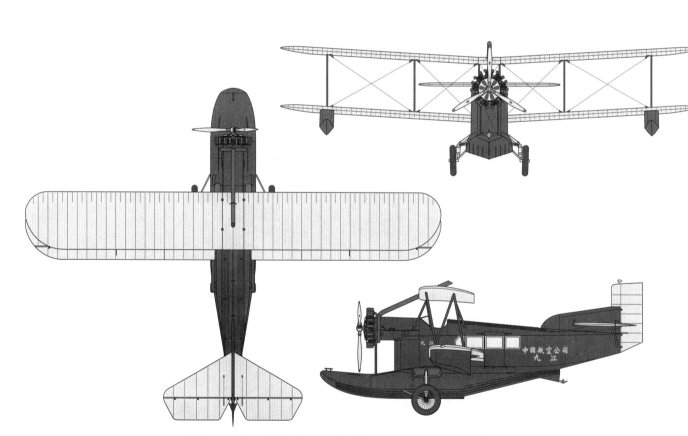

洛宁 C-2H "空中游艇" 水陆两栖客机三视图 (中航 4 "九江" 号)

中航 4 "九江" 号客机

　　C-2 "空中游艇" 是洛宁公司在洛宁 OL 型水陆两栖侦察 / 观测机基础上研发的水陆两栖客机，于 1928 年首飞成功，其结构、外形和布局与 OL 非常相似，特点是取消了后部观察员 / 射击员舱，前部驾驶舱改为并列双座式，驾驶舱下增加了 1 个可容纳 6 名乘客的封闭式客舱。据称其乘坐舒适度较差，在水上起飞时客舱门会进水，且发动机噪音较大，飞行时乘客需使用棉球塞耳。C-2H 是安装普惠 "大黄蜂" 发动机的亚型（H 代表 "大黄蜂"），共制造 14 架，其中 1 架由 C-2C 改造而成。1930 年美国奥克兰湾大桥竣工前，空中渡轮公司购买了 2 架 C-2H 用于奥克兰至旧金山的跨海客运，将原需 40 分钟的渡轮时间缩短至 6 分钟，极大提高了效率。

　　1929 年，（前）中国航空公司通过柯蒂斯飞机出口公司（Curtiss Airplane Export Corporation）购得 5 架 C-2H，用于开办上海—成都、上海—北平和上海—广州航线。这 5 架飞机于同年 9 至 11 月间运抵中国，分别命名为中航 1 "沙市" 号、2 "安庆" 号、3 "汉口" 号、4 "九江" 号、5 "武昌" 号（生产序号依次为 238 至 242），其中前 3 架于 10 月 12 至 13 日组装测试，并进行了上海—汉口航线的试航。10 月 21 日，美籍飞行员比格尔·约翰森（Birger Johnsen）驾驶 "汉口" 号，搭载孙科夫妇和 0.45 千克邮件自上海起飞，正式开通上海—汉口航线。

　　1930 年，（前）中国航空公司、沪蓉航线管理处和中国飞运公司合并为新的中国航空公司，5 架 C-2H 均移交中航，编号和名称延用。该型飞机和史汀生 SM-1F 是中航最早的两种机型，也是 20 世纪 30 年代中航使用时间最长的两种客机。同年 9 月，中航又购得 1 架 C-2H，编号为中航 6 "重庆" 号（生产序号 220 / 原注册号 NC9773）。9 月 12 日，"九江" 号开始试航汉口—宜昌—重庆航线，但就在中航试图拓展航线时，先后遭遇数起事故。12 月 9 日，由美籍飞行员保罗·贝尔（Paul Baer）驾驶的 1 架 C-2H 自上海龙华起飞后因遭遇乱流下坠，与河中帆船桅杆相撞，机翼折断，飞机坠河，造成伤亡事故；同月 24 日，国民政府武汉行营向中航预订了 25 日上午 8 点的汉口—南京航线的全部席位，并要求飞机延迟至 9 点起飞，因美籍机场经理疏忽，导致次日包括蒋介石在内的官员前来乘机时，飞机已飞离；次年 2 月又有 1 架该型飞机坠毁。为此，中航一方面整顿人事，一方面聘请中国航空工业奠基人之一、著名飞机设计师王助担任总工程师，将坠毁受损的飞机修复。由于上海—汉口航线沿途均为江面起降，王助遂将用于此航线的 C-2H 的陆用起落架拆除，不但减轻了重量，还令飞行性能和搭载量提升。

1931 年 4 月 1 日和 10 月 21 日，上海—汉口航线相继延伸至宜昌、重庆，次年 1 月 8 日，中航首席飞行员恩斯特·M·艾里森（Ernest M Allison）驾驶 1 架 C-2H 试航了汉口—襄阳航线。1934 年，中航曾计划购买费尔柴尔德 91 型水陆两栖客机替代 C-2H，因故取消。中航原有的 6 架 C-2H 中，"汉口" 号于 1931 年 8 月 11 日在汉口降落时坠毁沉没，是中航损失的第一架飞机；"九江" 号于 1937 年 9 月 25 日在武陵被日军飞机炸沉；1938 年汉口撤退时，"武昌" 号被弃置于东湖；剩余的 3 架飞机编入国民政府空军后备第 3 中队待命参战，1938 年 5 月 20 日开辟了重庆—乐山航线，1941 年 5 月 20 日废弃出售。

停泊在江边的中航 6 "重庆" 号客机

洛宁 C-4C、
基斯顿–洛宁 K-85 "空中游艇"

Loening C-4C/Keystone-Loening K-85 Air Yacht

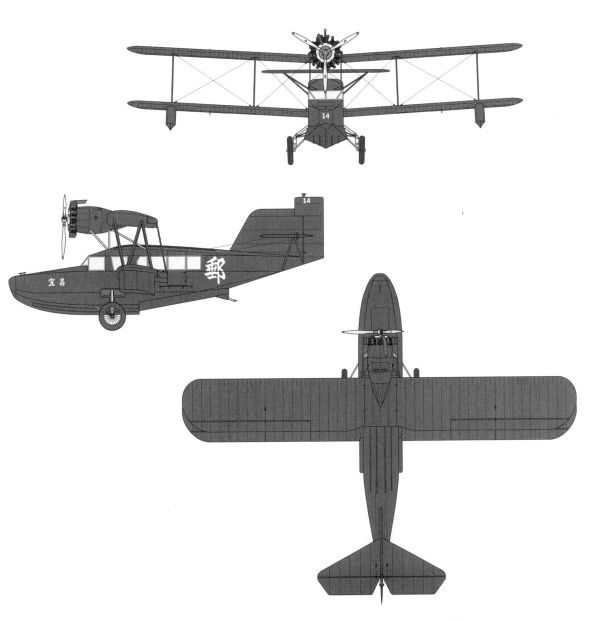

基斯顿–洛宁 K-85 "空中游艇" 客机三视图（中航 14 "宜昌" 号）

机　　种： 水陆两栖客机

用　　途： 客运 / 邮运

乘　　员： 1+6 人（C-4C），1+7 人（K-85）

制 造 厂： 洛宁航空工程公司
（Loening Aeronautical
Engineering Corporation）
（C-4C），基斯顿−洛宁公司
（Keystone-Loening）（K-85）

首　　飞： 1928 年（C-4C），1931 年（K-85）

特　　点： —

机长 / 翼展 / 机高：10.59 / 13.92/—（C-4C），
11.33/14.22 / 4.8 米（K-85）

净重 / 全重：1909 / 3311 千克（K-85）

引　　擎： 1 台普惠"黄蜂"型星型 7 缸气冷
发动机（Pratt & Whitney Wasp）
（C-4C），425 马力；
1 台莱特"飓风"型星型 7 缸气
冷发动机（Wright Cyclone）（K-
85），525 马力

最大速度 / 巡航速度：193 / 156 千米 / 小时
（C-4C），209 / 172 千米 / 小时
（K-85）

航　　程： 1046 千米（C-4C），805 千米
（K-85）

升　　限： 4206 米（K-85）

装备范围： 中国航空公司

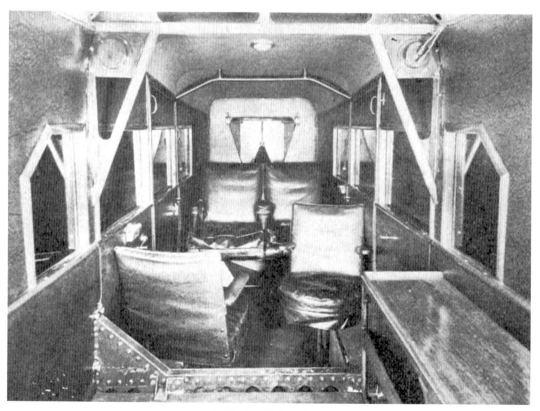

K-85 客机的客舱内部

1928 年，洛宁公司创始人格鲁弗·洛宁（Grover Loening）在 C-1 "空中游艇" 型水陆两栖客机基础上研发了 C-4C。该型飞机装有 1 台 425 马力的普惠 "黄蜂" 型发动机，可搭载 6 名乘客，机身采用常规的船体型结构，而未采用洛宁公司传统的 "鞋拔子" 型浮筒设计，共制造 2 架。K-85 是洛宁公司和基斯顿公司合并后在 C-4C 基础上改良的型号，其机身长度和翼展都有所扩大，换装 525 马力的莱特 "旋风" 型发动机，可搭载 7 名乘客，同样仅制造 2 架，其中 1 架可能是 C-4C 换装发动机改造而成。

1931 年，为保持经营规模，中国航空公司向洛宁公司购得 2 架 K-85，命名为中航 14 "宜昌" 号和 15 "万县" 号，这 2 架飞机分别于同年 8 月 3 日、7 日交付，主要用于上海—汉口—重庆航线运营。1932 年 12 月 12 日，"万县" 号在汉口不慎焚毁，所幸该机此前曾在美国投保，从而获得赔偿金国币 120990.2 元。此后，中航于 1933 年 3 月又购入 1 架 C-4C，命名为 16 "成都" 号（生产序号 299 / 原注册号 NC10588）。1935 年 3 月，"宜昌" 号停用报废，同年 5 月 18 日，"成都" 号在龙华机场附近坠毁。

中航 15 "万县" 号客机，其涂装为白、绿相间，与 "宜昌" 号不同

史汀生 SM-1F、SM-1FS "底特律人"

Stinson SM-1F/SM-1FS Detroiter

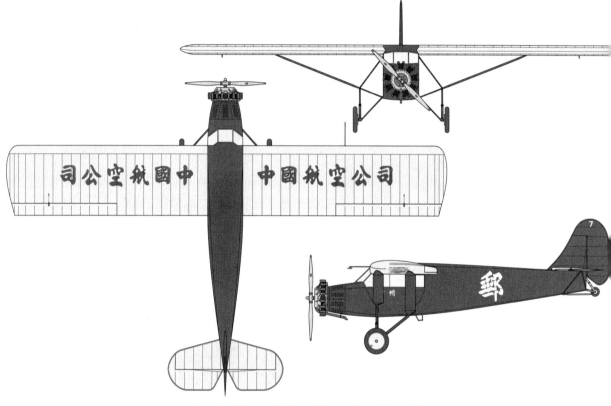

史汀生 SM-1F 客机三视图（中航 7 "沧州"号）

（SM-1F 参数）

机　　种：客机

用　　途：客运 / 邮运

乘　　员：1+6 人

制 造 厂：史汀生飞机公司（Stinson Aircraft
　　　　　Company）

首　　飞：1929 年

特　　点：混合结构 / 上单翼布局 / 固定式起
　　　　　落架

机长 / 翼展 / 机高：9.95 / 14.22 / 2.74 米

全　　重：1950 千克

引　　擎：1 台莱特 J-6-9 "旋风"型星型
　　　　　9 缸气冷发动机（Wright J-6-9
　　　　　Whirlwind），300 马力

最大速度 / 巡航速度：212 / 169 千米 / 小时

航　　程：1094 千米

升　　限：4876 米

装备范围：沪蓉航线管理处、中国航空公司

SM-1 是史汀生公司以 SB-1 "底特律人" 型双翼客机为基础研发的 6 座小型客机，其中 S 代表史汀生公司，M 则代表 "单翼机"。该型飞机装有 1 台与 SB-1 相同的 220 马力莱特 J-5 型发动机，机身与 SB-1 非常相似，客舱扩大，可容纳 6 名乘客，同时保留了 SB-1 的客舱供暖等设施。SM-1 的原型机于 1927 年 4 月 27 日首飞成功，飞行性能良好，投产后主要供美国布兰尼夫航空公司（Braniff Air Lines）和西北航空公司（Northwest Airways）使用。SM-1F 是 1929 年推出的改良型，特点是换装 300 马力的莱特 J-6 型发动机，单架售价 11000 ～ 13500 美元；SM-1FS 是在 SM-1F 基础上换装浮筒的亚型，售价 15000 美元；SM-1F 和 SM-1FS 共生产约 26 架。

1929 年 3 月 17 日，南京国民政府交通部航空筹备委员会为筹办上海—南京—成都航线，通过美国驻南京领事购得 4 架 SM-1，其中包括 3 架 SM-1F（生产序号 M510 至 M512）和 1 架换装陆用起落架的 SM-1FS（生产序号 M509）。同年 5 月 22 日，这些飞机由史汀生公司飞行员 W·R·亨德森（W R Henderson）、J·B·马歇尔（J B Machle），机械师阿诺德·维尔（Arnold Weier）运至上海，在虹桥机场组装后交付，命名为 "沪蓉 1" 至 "沪蓉 4" 号。由于这些飞机是南京国民政府的财产，因此机翼、机身上饰有军用机徽。

同年 7 月 8 日，亨德森、马歇尔、阿诺德驾驶 "沪蓉 1" 号开航了上海—南京的邮运航线，8 月 26 日客运航线也开始运营，10 月又开辟了飞往汉口的航线。1929 年 10 月，为扩大经营规模，南京国民政府又订购了 2 架 SM-1F 和 2 架 SM-2 "朱尼尔" 小型客机，其中 SM-2 供国民政府空军使用，SM-1F 被空军短暂征用后交付沪蓉航线管理处，这 2 架飞机涂装为红色，机首装有发动机整流罩，命名为 "沪蓉 5" "沪蓉 6" 号。11 月 2 日，管理处又购买了一些配件和 2 套浮筒，以供九江—汉口航线水上起降。12

中航 9 "天津" 号客机，机首装有发动机整流罩

中航 12 "蚌埠" 号客机

云南航空司令刘沛泉与其妻王素贞在空中婚礼后走出 "沪蓉 6" 号客机

月 25 日，云南航空司令刘沛泉与王素贞在"沪蓉 6"号上举办了别开生面的空中婚礼，"沪蓉 5"号则先行起飞盘旋，《申报》《益世报》《良友》等报刊均对此进行了报道。

1930 年，沪蓉航线管理处、（前）中国航空公司和中国飞运公司合并为新的中国航空公司后，沪蓉航线管理处的 6 架 SM-1F 并入中航，改名为中航 7 "沧州"、8 "北平"、9 "天津"、10 "济南"、11 "徐州" 和 12 "蚌埠" 号。次年 3 月，为试航南京—北平航线，"天津" 号机于 3 月 5 日飞抵天津，7 日抵达北平南苑机场，后于 12 至 13 日飞回南京。南京—徐州—济南—天津—北平的邮运航线于 4 月 14 日正式运营，但由于飞机发动机频繁出现故障，航线于 6 月 8 日被迫暂停，直至更换发动机后才于 9 月 12 日再次开航，10 月 15 日又开办了客运航线。1931 年 11 月 19 日，中航 10 "济南" 号自南京飞往北平途中，因大雾撞毁于济南开山，机上乘员全部罹难，其中包括 2 名驾驶员和著名诗人徐志摩。另有 2 架该型飞机则于 11 至 12 月间受损，南京—北平航线一度被迫停航，直到 1932 年 1 月 10 日才重新开航，但同年 1 月 28 日日军突袭上海，"一·二八" 事变爆发，令航线再次停运。1933 年 1 月 10 日，中航使用 SM-1F 开航上海—北平航线，同年 6 月 4 日又开办了汉口—重庆航线。由于该型飞机使用频繁，而维护保养不足，导致飞机状态日益下降，1934 年 6 月中航曾计划购买 2 架洛克希德"伊莱克特拉"取代上海—汉口航线的 SM-1F，因财政原因未成，老旧的"底特律人"仍在坚持服役，并于 1937 年 12 月 3 日开办了汉口—长沙航线。

1939 年 11 月 4 日，日军空袭成都，"徐州" 号被炸毁，"沧州" 号受损，修复后于 1941 年 1 月 14 日被日军炸毁，"北平""天津" 和 "蚌埠" 号则于 1940 年 1 月 27 日因机库火灾被焚毁。

史汀生 SR "信赖"

Stinson SR Reliant

机　　　种：客机

用　　　途：客运 / 邮运

乘　　　员：1+3 人

制 造 厂：史汀生飞机公司（Stinson Aircraft Company）

首　　　飞：1933 年

特　　　点：混合结构 / 上单翼布局 / 固定式起落架

机长 / 翼展 / 机高：8.23 / 13.18 / 2.6 米

净重 / 全重：939 / 1431 千克

引　　　擎：1 台莱康明 R-680 型星型 9 缸气冷发动机（Lycoming R-680），215 马力

最大速度 / 巡航速度：214 / 185 千米 / 小时

航　　　程：740 千米

升　　　限：4267 米

装备范围：西南航空公司

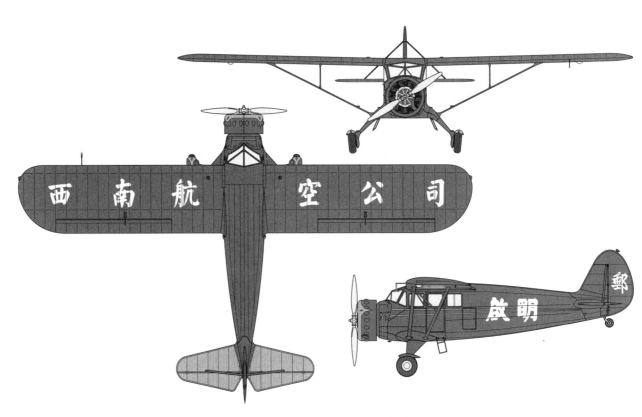

史汀生 SR "信赖" 客机三视图（西南航空 "启明" 号）

20 世纪 30 年代初，为取代因经济大萧条而销量不佳的史汀生 R 型客机，史汀生公司推出了 SR "信赖" 系列小型客机，SR 是该系列飞机的第一种型号。该型飞机以史汀生 S 和史汀生 R 为基础研发，外观和布局与史汀生 R 非常相似，装有 1 台与其相同的莱康明 R-680 型发动机，制造成本大幅降低，售价由史汀生 R 的 5595 美元 / 架降至 3995 美元 / 架，因此颇受小型航空公司欢迎。SR 投产后主要用于客货运输或作为公务机使用，共制造 88 架，其中包括 2 架安装 240 马力莱康明 R-680 型发动机的 SR 特殊型。

1933 年 9 月 15 日，西南航空公司筹备委员会成立后，计划购买 11 架 SR "信赖" 系列小型客机开办广州—龙州、梧州—贵阳、南宁—云南府（今昆明）、广州—福州和广州—钦州的航线。同年 10 月，筹备委员会通过美国航空公司购得 4 架二手的 SR "信赖" 系列客机，其中包括 3 架 SR（生产序号 8780、8782、8783）和 1 架 SR-5D，第一批 2 架 SR 于同年底或次年 1 月交付，命名为 "启明" 和 "长庚" 号，另 1 架 SR 和 SR-5D 则于 1934 年 4 月 27 日运抵香港，命名为 "南奎" 和 "北斗" 号。

"启明" 号客机

1934 年 3 月 7 日、8 日，西南航空机航组组长胡锦雅率飞行员郭良弼、陈公平驾驶"启明"号试航了广州—梧州—南宁—龙州的航线，之后义务运送了 14 天的邮件、报纸等。该航线后于 5 月 1 日开航，5 月 16 日投入正式邮运，6 月 1 日开始客运。不久后，西南航空又用该型飞机试航了广州—茂名—琼州（今海口）—北海—南宁的航线，并于 8 月 9 日和 8 月 29 日分别开通了广州—梧州—南宁—龙州和广州—海南岛航线。11 月又试航了南宁—贵阳航线。

"南奎"号于 1934 年 10 月前就报废注销，是西南航空公司损失的第一架飞机；"启明"号于 1935 年在地面测试发动机时起火被焚毁，所幸没有造成人员伤亡；"长庚"号（一说为"北斗"号 SR-5D）于 1937 年 6 月 7 日在广州石牌跑马场失事坠毁，机翼折断，飞行员受伤。

著名女飞行员李霞卿和"启明"号客机

史汀生 SR-5C、SR-5D "信赖"

Stinson SR-5C/SR-5D Reliant

美国制飞机

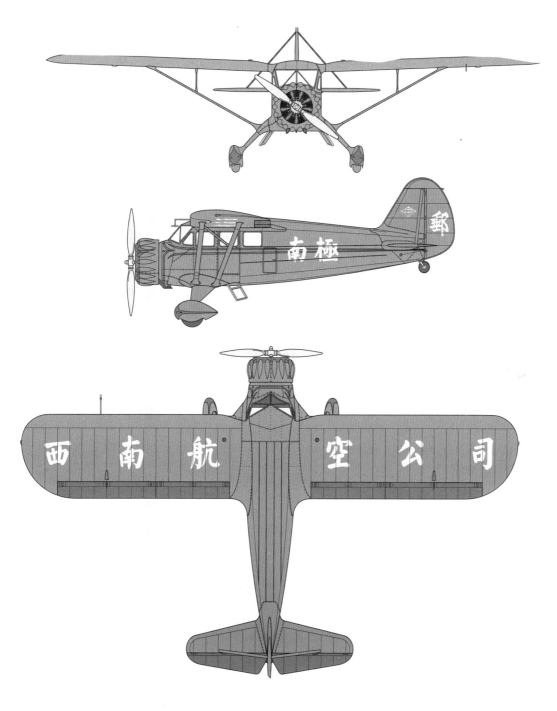

史汀生 SR-5C "信赖" 客机三视图（西南航空 "南极" 号）

机　种：客机

用　途：客运 / 邮运

乘　员：1+3 人

制造厂：史汀生飞机公司（Stinson Aircraft Company）

首　飞：1934 年

特　点：金属结构 / 上单翼布局 / 固定式起落架

机长 / 翼展 / 机高：8.28 / 12.49 / 2.56 米（SR-5C），8.23 / 13.18/—米（SR-5D）

净重 / 全重：998 / 1610 千克（SR-5C），896 / 1451 千克（SR-5D）

引　擎：（SR-5C）1 台莱康明 R-680-5 型

星型 9 缸气冷发动机（Lycoming R-680-5），260 马力；（SR-5D）1 台莱康明 R-680 型星型 9 缸气冷发动机（Lycoming R-680），215 马力

最大速度 / 巡航速度：212 / 193 千米 / 小时（SR-5C），209 / 185 千米 / 小时（SR-5D）

航　程：740 千米

升　限：4419 米（SR-5C），4267 米（SR-5D）

装备范围：西南航空公司

　　SR-5 是史汀生公司于 1934 年在 SR-4 基础上推出的改良型，也是"信赖"系列小型客机第一种大量投产的型号。该型飞机的外观和布局与此前推出的 SR 系列非常相似，各亚型共制造约 150 架，单价约 5775 美元。SR-5C 是安装 260 马力莱康明 R-680-5 型发动机、加装襟翼的亚型，共制造至少 6 架；SR-5D 是安装 215 马力莱康明 R-680 型发动机并换装小型尾翼、木制螺旋桨的货运亚型，仅制造 1 架。

　　1933 年 10 月，西南航空公司筹备委员会通过美国航空公司购得 4 架二手的 SR "信赖"系列客机，其中包括 1 架 SR-5D（生产序号 9211A）。次年 4 月 27 日，该机和"南奎"号 SR 一起运抵香港，被命名为"北斗"号。1935 年，因运营航线的需要，西南航空又通过香港鱼航空公司（Fish Air Company）购得 3 架 SR-5C（生产序号 9339A、9344A、9347A），分别是同年 5 月 10 日运抵香港的"紫薇""南极"和交付时间不详的"星宿"号。这些飞机交付后主要用于广州—梧州—南宁—龙州的航线，1936 年 6 月 8 日至 7 月 4 日，曾多次试航龙州至越南河内的航线，并于 7 月 10 日正式开航广河南线（广州—梧州—南宁—龙州—河内），1937 年 4 月 4 日又开航了广州—广州湾（今湛江）—北海—河内的广河北线。"星宿"号可能于 1936 年 3 月坠毁；"北斗"号（一说为"长庚"号 SR）于 1937 年 2 月 21 日由飞行员詹道宇驾驶，搭载化学家、汽油专家吴伯藩自广州飞往桂林，因大雾坠入广东三水附近的西江，詹道宇和吴伯藩罹难；"紫薇"和"南极"号则在西南航空停业后被南京国民政府的航空委员会接收。

1934年，广东省茂名县县长缪任仁搭乘"北斗"号 SR-5D 客机巡视县城前留影

"南极"号 SR-5C 客机

史汀生 SR-9D "信赖"

Stinson SR-9D Reliant

机　　种： 客机

用　　途： 客运 / 邮运 / 航拍测绘

乘　　员： 1+4 人

制 造 厂： 史汀生飞机公司（Stinson Aircraft Company）

首　　飞： 1937 年

特　　点： 金属结构 / 上单翼布局 / 固定式起落架

机长 / 翼展 / 机高： 8.56 / 12.77 / 2.64 米

净重 / 全重： 1179 / 1837 千克

引　　擎： 1 台莱特 R-760-E1 "旋风" 型星型 9 缸气冷发动机（Wright R-760-E1 Whirlwind），285 马力

最大速度 / 巡航速度： 244 / 225 千米 / 小时

航　　程： 1013 千米

升　　限： 4419 米

装备范围： 西南航空公司

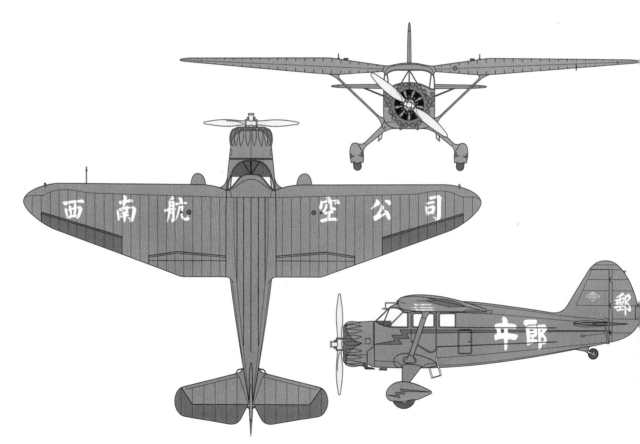

史汀生 SR-9D "信赖" 客机三视图（西南航空 "牛郎" 号）

SR-9 推出于 1936 年，是"信赖"系列小型客机的最后两种型号之一。该型飞机延续了自 SR-7 开始采用的新设计"鸥翼"，驾驶舱风挡玻璃改为弧形，机身外形更加简练，各亚型共制造约 200 架。SR-9D 是 1937 年生产的亚型，特点是在 SR-9C 基础上换装莱特 R-760-E1 型发动机，共制造 22 架，每架售价 12000 美元。

1937 年，西南航空公司购得 2 架 SR-9D（生产序号 5220、5221），同年 5 月运抵香港启德机场，5 月 7 日送至广州，分别命名为"牛郎"和"织女"号。这 2 架飞机交付后先供广东省政府用于航拍测绘、地理勘探，任务结束后用于客运、邮运。1938 年西南航空停业后，"牛郎"号被航空委员会接收，"织女"号的机身和残破的机翼直至 1938 年 8 月仍在香港机库中，可能是因事故送至香港维修。

"牛郎"号客机

史汀生A

Stinson Model A

机　　种：客机

用　　途：客运 / 邮运

乘　　员：2+8 人

制 造 厂：史汀生飞机公司（Stinson Aircraft Company）

首　　飞：1934 年

特　　点：金属结构 / 下单翼布局 / 可收放起落架

机长 / 翼展 / 机高：11.22 / 18.29 / 6.51 米

净重 / 全重：3370 / 4636 千克

引　　擎：3 台莱康明 R-680-5 型星型 9 缸气冷发动机（Lycoming R-680-5），每台 260 马力

最大速度 / 巡航速度：290 / 262 千米 / 小时

航　　程：790 千米

升　　限：5180 米

装备范围：西南航空公司

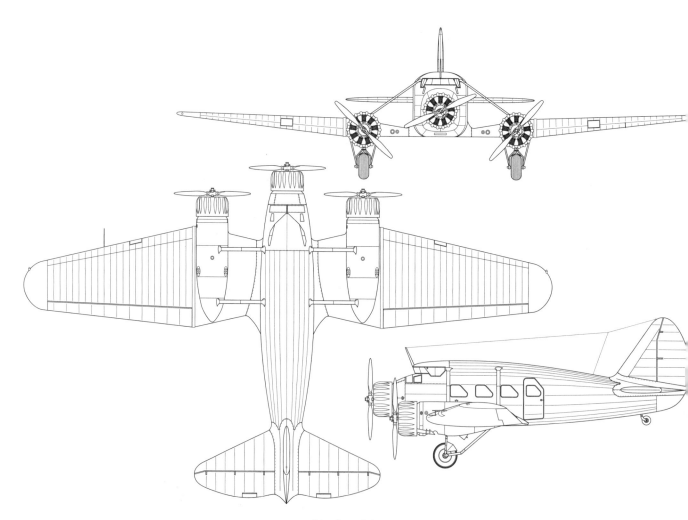

史汀生 A 客机三视图

1938 年存于香港机库中的西南航空"天津"号，右侧是"织女"号 SR-9D

史汀生 A 客机客舱内部

史汀生 A 是史汀生公司为取代史汀生 SM-6000 而研发的三发支线客机。该型飞机于 1933 年 11 月开始研发，采用金属结构，机身后部、尾翼和外部机翼覆以蒙布，是美国最后一种外覆蒙布的客机。史汀生 A 的机翼外形采用颇为独特的双锥形，主起落架在收起状态时仍然半露于发动机舱外，以防飞行员在着陆时忘记放下起落架。其原型机于 1934 年 4 月 27 日首飞成功，具有结构坚固、低速飞行性能优良、可短距起降等特点，客舱内壁装有隔音材料，可搭载 8 名乘客，并有供暖设施和洗手间。由于当时波音 247 和道格拉斯 DC-2 已试飞，因此史汀生 A 的价格虽非常低廉，每架仅37500 美元（DC-2 每架 65000 美元），但仍未获市场青睐，仅生产 31 架，主要供达美航空（Delta Air Lines）、美国航空（American Airlines）和中央航空（Central Airlines）使用，并在不久后被淘汰转售。

1936 年 4 月，为开辟广州—龙州—河内航线，西南航空公司计划购买比"信赖"系列更大的客机，但可能因财政限制而搁置。次年 3 月 13 日，西南航空以香港美国东方航空公司（American Eastern Aviation Company）的名义购得 1 架二手的史汀生 A（生产序号 9105 / 原注册号 NC15105），命名为"天津"号（"天津"意为传说中天河的渡口）。该机于 1937 年 5 月运抵香港，5 月 25 日由史汀生公司飞行员沃尔特·J·卡尔（Walter J Carr）在启德机场试飞后飞往广州，6 月交付西南航空，涂装为全黄色。该机在西南航空的服役短暂且坎坷，同年 7 月曾因事故严重受损，所幸被修复；11 月24 日自南宁飞往河内时，因遭遇大雨返航，后在龙州附近迫降坠毁，飞行员庄迪华、郑厚邦被烧伤，明晨光和报务员王炳均被烧死。该机和"织女"号后送往香港维修，但因西南航空于 1938 年停业，二机直至当年 8 月仍存放于香港机库中。

史汀生 L-5、L-5C "哨兵"

Stinson L-5/L-5C Sentinel

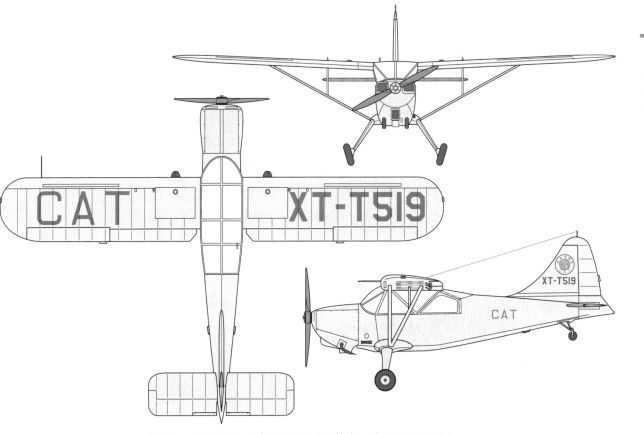

史汀生 L-5 "哨兵" 联络机三视图（民航空运队 XT-T519 号）

（L-5 参数）

机　　种：	联络机	
用　　途：	救援	
乘　　员：	1+1 人	
制 造 厂：	史汀生飞机公司（Stinson Aircraft Company）	
首　　飞：	1942 年	
特　　点：	混合结构 / 上单翼布局 / 固定式起落架	
机长 / 翼展 / 机高：	7.34 / 10.36 / 2.41 米	

净重 / 全重：　702 / 916 千克

引　　擎：　1 台莱康明 O-435-1 型对列型 6 缸气冷发动机（Lycoming O-435-1），185 马力

最大速度 / 巡航速度：262 / 220 千米 / 小时

航　　程：　603 千米

升　　限：　4815 米

装备范围：　中央航空运输公司、民航空运队

1948 年 4 月 13 日潍县撤离行动中民航空运队的 L-5 联络机

拆解后正在装入 C-46 运输机的民航空运队 XT-T519 号 L-5 联络机

L-5 以史汀生 105 "旅行者" 为基础研发，是二战期间美国生产最多的军用联络机之一，数量仅次于派珀 L-4 "蚱蜢"。该型飞机于 1942 年 12 月投产，具有结构简单坚固、飞行平稳、容易操控、易于维护等特点，由于其起降性能非常出色，可在未经整修的简易机场起降，因此也被亲切地称为 "飞行吉普"。二战后，大量流入民用市场的 L-5 被广泛运用于航空摄影、广告宣传、运输、飞行训练、搜索救援、医疗救护、农药喷洒等领域，部分该型飞机直至 20 世纪 70 年代仍在使用。L-5 是最初的量产型，也是产量最多的亚型，共制造 1853 架，其中包括 275 架供美军使用的 O-62、1538 架 L-5 和 40 架供英军使用的 "哨兵" I。L-5C 是在 L-5B 基础上加装 K-20 照相机的侦察型，共制造 200 架。

1946 年，中央航空运输公司向驻华美军清理物资委员会购得江湾机场的 150 架飞机和大量器材物资，其中包括 1 架 L-5C。民航空运队也拥有 1 架 L-5（注册号 XT-T519），主要利用其良好的起降性能执行救援任务。解放战争期间，1948 年 3 月 18 日，民航空运队首席飞行员埃里克·希林（Eric Shilling）驾驶该机前往山西临汾，在 1 架 C-46 的掩护下救出了 2 名被困城中的民航空运队人员。同年的山东潍县撤离行动中，民航空运队共派出 3 架 L-5 参与，其中除 XT-T519 外，1 架借自美国海军陆战队，1 架则由青岛当地情报部门提供。美国海军陆战队借出的 L-5 于 4 月 12 日在降落时撞毁；另外 2 架在执行数次疏散任务后，分别于 13、15 日在起降时撞毁。

瓦克飞机公司

瓦克 RNF

Waco RNF

机　　种：运动/教练机

用　　途：邮运

乘　　员：3 人

制 造 厂：瓦克飞机公司

（Waco Aircraft Company）

首　　飞：1930 年

特　　点：混合结构/不等翼展双翼布局/固定式起落架

机长/翼展/机高：6.29 / 8.99 / 2.54 米

净重/全重：521 / 860 千克

引　　擎：1 台华纳"圣甲虫"型星型 7 缸气冷发动机（Warner Scarab），125 马力

最大速度/巡航速度：180 / 153 千米/小时

航　　程：643 千米

升　　限：4572 米

装备范围：美信洋行

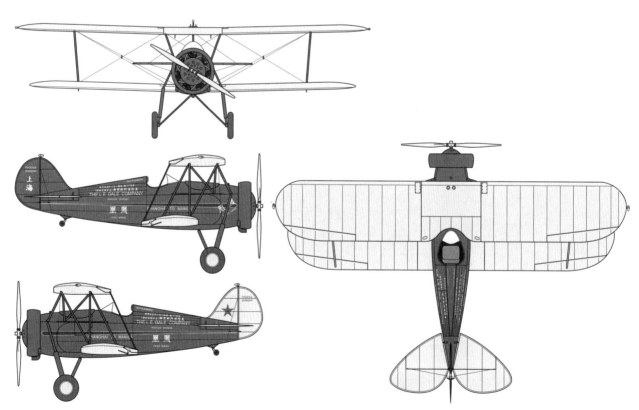

瓦克 RNF 运动/教练机四视图（美信洋行"凤凰"号）

瓦克 F 是瓦克公司研发于 20 世纪 20 年代末的一系列三座双翼教练机，主要用于取代瓦克 O 系列。其机身比 O 系列更小，重量减轻，具有良好的飞行性能和承载能力，且使用成本较低，因此迅速成为 20 世纪三四十年代美国最流行的运动 / 教练机之一，广受私人用户和航校欢迎。RNF 是瓦克 F 系列中最初投产的型号之一，单架售价 4195～4450 美元，共制造 150 余架。

1930 年，美信洋行将 3 架瓦克飞机运往中国展销，其中包括 1 架 RNF（生产序号 3359）、1 架 MNF 和 1 架 CSO。次年初，美信洋行计划开办上海—菲律宾马尼拉的邮运航线，并派试飞员格伦·沃伦·布罗菲（Glenn Warren Brophy）驾驶 RNF 试航。该机命名为"凤凰"号，前部座舱改造为油箱，机内增加充气气囊、救生筏，以防跨海飞行时坠海沉没，机身则同时用中、英文书写飞机名称、飞行员姓名、发动机马力、航线等字样。布罗菲于 1931 年 1 月 17 日驾驶该机自上海起飞，历经数次波折于 2 月 18 日飞抵广州，后顺利抵达澳门。由于天气状况较差，布罗菲在澳门逗留了一周，期间曾三次试图继续飞行，均因天气原因被迫折返。3 月 19 日，布罗菲驾驶 RNF 再次尝试自澳门飞往菲律宾，机上携载有来自上海、福州、汕头、香港和澳门的近千封邮件。不幸的是该机起飞不久后失踪，美国海军应美信洋行要求，派出多艘军舰前往相关海域进行搜救，始终未果。美信洋行开办邮运航线的计划也因此失败。

"凤凰"号 RNF，机前即为美信洋行试飞员格伦·沃伦·布罗菲

西科斯基飞机公司

西科斯基 S-38B 、 S-38BH

Sikorsky S-38B/S-38BH

美
国
制
飞
机

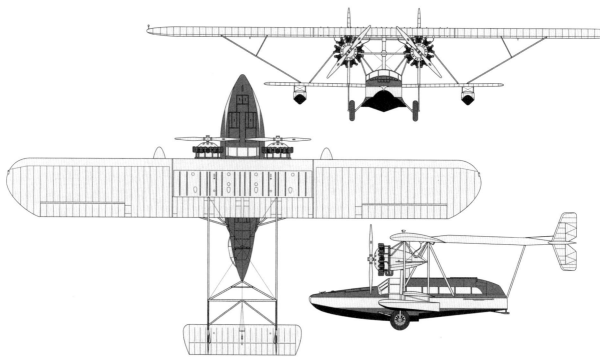

西科斯基 S-38B 水陆两栖客机三视图

机　　种：　水陆两栖客机

用　　途：　客运 / 邮运

乘　　员：　2+10 人

制 造 厂：　西科斯基飞机公司
（Sikorsky Aircraft Corporation）

首　　飞：　1928 年（S-38B），1929 年
（S-38BH）

特　　点：　木制结构 / 不等翼展双翼双尾撑
布局 / 可收放起落架

机长 / 翼展 / 机高：12.32 / 21.84 / 4.22 米

净重 / 全重：2970 / 4753 千克（S-38B ）

引　　擎：　（S-38B）2 台普惠 R-1340 "黄蜂"
型星型 9 缸气冷发动机（Pratt &

Whitney R-1340 Wasp），每台
420 马力；

（S-38BH）2 台普惠 "大黄蜂" B
型星型 9 缸气冷发动机（Pratt &
Whitney Hornet B），每台 575
马力

最大速度 / 巡航速度：201 / 175 千米 / 小时
（S-38B ），230 / 193 千米 / 小时
（S-38BH）

航　　程：　1207 千米（S-38B），965 千米
（S-38BH）

升　　限：　5500 米（S-38B ）

装备范围：　中国航空公司

84

S-38 客机客舱内部

　　S-38 是西科斯基公司在 S-36 基础上研发的双发双翼水陆两栖客机，也是该公司第一种大量生产的水陆两栖飞机。该型飞机在设计中侧重于飞行安全性和乘坐舒适性，装有 2 台大功率发动机，可在 1 台发动机出现故障的情况下持续飞行，并且装有空中紧急泄油装置，可在出现意外时释放燃油避免迫降起火；其零部件的组装均不使用焊接，而是采用螺栓固定，以增强可靠性；客舱内部宽敞明亮，天花板覆盖有吸音材料，地面铺设地毯，并有咖啡桌、橱柜、沙发、热水器和冰箱等设施，乘坐舒适度可与游艇媲美。

　　S-38 的原型机于 1928 年 6 月底首飞成功，同年投入量产，各亚型共制造 111 架。S-38B 是 1929 年推出的改良型，也是产量最多的亚型，共制造 76 架，单价 50000 美元起，特点是换装 420 马力的"黄蜂"发动机，增加了 1 对座椅，可搭载 10 位乘客；S-38BH 是在 S-38B 基础上换装普惠"大黄蜂"型发动机的亚型，其中"H"代表"大黄蜂"发动机，共制造 2 架，均为 S-38B 改造而成，每架售价 53000 美元。

　　1933 年，为开辟上海—广州航线，中国航空公司向泛美航空订购了 3 架 S-38，其中包括 2 架 S-38BH 和 1 架 S-38B，并向泛美航空聘请 4 名飞行员和 3 位机械师。

编号	飞机型号	生产序号	原注册号
17	S-38BH	314-20	NC16V
18	S-38BH	414-8	NC17V
19	S-38B	514-4	NC40V

　　这 3 架飞机中有 2 架于 1933 年 6 月运往中国（一说为 1 架），6 月 26 日运抵上海。7 月 1 日，17 号机组装测试完成，两天后进行了飞往广州的试航，回航时应港英当局要求自九龙机场携载邮件。10 月 24 日，上海—广州的邮运航线开始试运营，每周往返 2 次；11 月 24 日，上海—温州—福州—厦门—汕头—广州的客运航线由 17 号

机正式开航，不幸的是由于大雾，该机在杭州湾迫降损毁，所幸机上乘客没有伤亡。
11 月 28 日，中航使用 18 号 S-38BH 重开该航线。1934 年 4 月 10 日，罗伯特·H·加斯特（Robert H Gast）和詹姆斯·弗林克（James Frink）驾驶 18 号机在杭州湾因大雾坠毁，上海—广州航线被迫再度暂停。为此，中航在增设地面电台预报天气的同时，强化了飞行员的仪表飞行训练，后又向泛美航空购买道格拉斯"海豚"客机取代 S-38。
1935 年 8 月 13 日，中航仅剩的 19 号机在汉口因遭遇暴风雨沉没。

中航 S-38 客机，后方是 1 架基斯顿–洛宁 K-85

停在机库内的中航 19 号 S-38B 客机（图左阴影中），机库门处则为新运抵的"福建"号"海豚"客机机翼（画面正中）

西科斯基 S-43W "小飞剪"

Sikorsky S-43W Baby Clipper

机　　种：水陆两栖客机

用　　途：客运 / 邮运

乘　　员：2+（18～25）人

制 造 厂：西科斯基飞机公司（Sikorsky Aircraft Corporation）

首　　飞：1937 年

特　　点：金属结构 / 高单翼布局 / 可收放起落架

机长 / 翼展 / 机高：15.93 / 26.21 / 5.38 米

净重 / 全重：—

引　　擎：2 台莱特 SGR-1820-F52 "飓风" 型星型 9 缸气冷发动机（Wright SGR-1820-F52 Cyclone），每台 760 马力

最大速度 / 巡航速度：299 / 285 千米 / 小时

航　　程：1247 千米

升　　限：5791 米

装备范围：中国航空公司

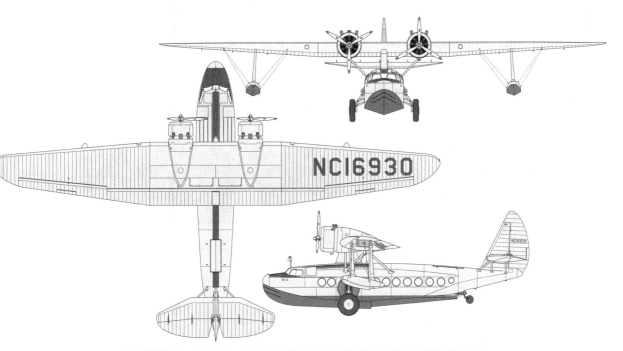

西科斯基 S-43W "小飞剪" 水陆两栖客机三视图（中航 30 "浙江" 号）

　　S-43 是西科斯基公司为取代 S-38 和 S-41 而研发的双发单翼水陆两栖客机。该型飞机以 S-42 "飞剪" 为基础研发，实质上是后者的缩小型，因此得名 "小飞剪"。S-43 的原型机于 1935 年首飞成功，有着流线形外观和优良的飞行性能，可搭载 18～25 名乘客或 450 千克货物。同年 11 月，该型飞机获得适航证书并投产，各亚型共制造约 53 架。1937 年 1 月，由鲍里斯·谢尔吉耶夫斯基（Boris Sergievsky）驾驶的 1 架 S-43

曾创造携载 500 千克货物飞抵 8519 米高空的飞行记录。S-43W 和 S-43WB 是 1937 年制造的亚型，特点是换装莱特 SGR-1820-F52 型发动机，S-43WB 是没有安装陆用起落架的水机型，这两种亚型共制造 4 架。

1936 年 12 月 18 日，中国航空公司通过联合飞机出口公司（United Aircraft Exports Corporation）购得 2 架 S-43W，第一架（生产序号 4320 / 原注册号 NC16929）于次年 1 月底运抵上海并在龙华机场组装测试，随即被国民政府征用为宋美龄专机；另一架（生产序号 4321 / 原注册号 NC16930）则于 2 月底运抵上海，命名为中航 30 "浙江"号，用于上海—广州—香港航线。1937 年 8 月 8 日，"浙江"号由埃德·史密斯（Ed Smith）和乔治·奥恩伯格（George Ohrnberger）驾驶，自香港起飞后因天气恶劣坠海，史密斯和 7 名乘客获救，奥恩伯格和机上通信员、空乘员失踪。

S-43 客机客舱内部

被国民政府征用的 S-43W 和 "浙江"号，这 2 架飞机的机翼上仍保有原注册号，画面右侧可能是 1 架道格拉斯 DC-2

通用航空 GA-43

General Aviation GA-43

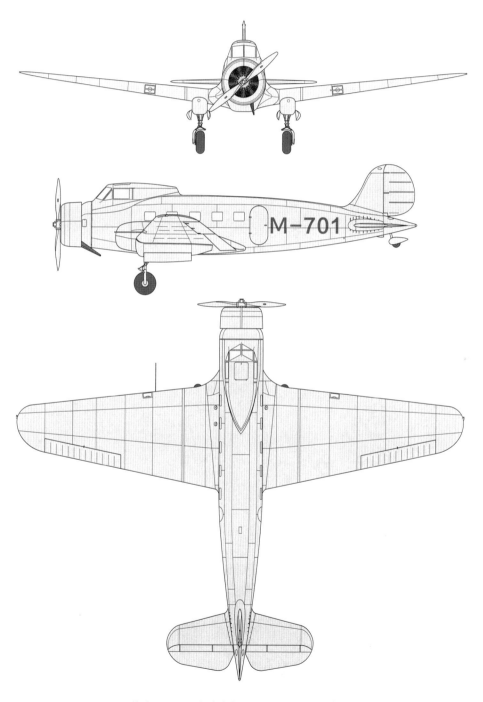

美国制飞机

通用航空 GA-43 高速客机三视图（满航 M-701 号）

机　　种：客机
用　　途：客运
乘　　员：2+10 人
制 造 厂：通用航空公司（General Aviation）
首　　飞：1932 年
特　　点：金属结构 / 下单翼布局 / 可收放起
　　　　　落架
机长 / 翼展 / 机高：13.13 / 16.15 / 3.89 米

净重 / 全重：2581 / 3969 千克
引　　擎：1 台莱特 R-1820-F3 "飓风" 型
　　　　　星型 9 缸气冷发动机（Wright
　　　　　R-1820-F3 Cyclone），700 马力
最大速度 / 巡航速度：312 / 295 千米 / 小时
航　　程：680 千米
升　　限：—
装备范围：满洲航空株式会社

　　GA-43 是通用航空收购的费尔柴尔德公司 "美国朝圣者部门" 研发的高速客机，由维珍纽斯·E·克拉克（Virginius E Clark）设计，因此又称朝圣者 150（Pilgrim 150）、费尔柴尔德 150（Fairchild 150）或克拉克 GA-43（Clark GA-43）。GA-43 的原型机（注册号 NX775N）于 1932 年 5 月 22 日首飞，装有当时非常先进的电子设备，可搭载 10

坠毁于东京羽田机场的 M-701 号客机

名乘客，乘坐舒适，并有 1 个厕所和 3 个存放邮件、行李的隔间。其最初设计采用安装整流罩的固定式起落架，客舱仅有右侧舱门，后改为可收放式起落架，并在左侧增加舱门。由于 GA-43 直到 1934 年才投入量产，此时速度更快、性能更先进的 DC-2 和波音 247 均已投产，因此没有获得商业成功，仅制造 5 架。

1932 年 9 月，GA-43 的原型机 NX775N 被售予通用航空，后经日本三井物产株式会社转售日本航空输送株式会社，注册号 J-BAEP。1934 年 1 月，又被伪满的满洲航空株式会社购得，注册号改为 M-701。5 月 18 日，该机在日本东京羽田机场进行高速飞行测试，着陆时因飞行员对着陆高度的误判导致主起落架与混凝土海堤相撞，飞机从机身后部断为两截，无法修复，后送交日本东京大学航空研究所用于测试。由于 M-701 未能如约交付满航，日方将 1 架德·哈维兰 DH.80A "猫蛾" 作为补偿交付。

GA-43 的原型机 NX775N，起落架最初为固定式

斯蒂尔曼 6H "云童"

Stearman Model 6H Cloudboy

美国制飞机

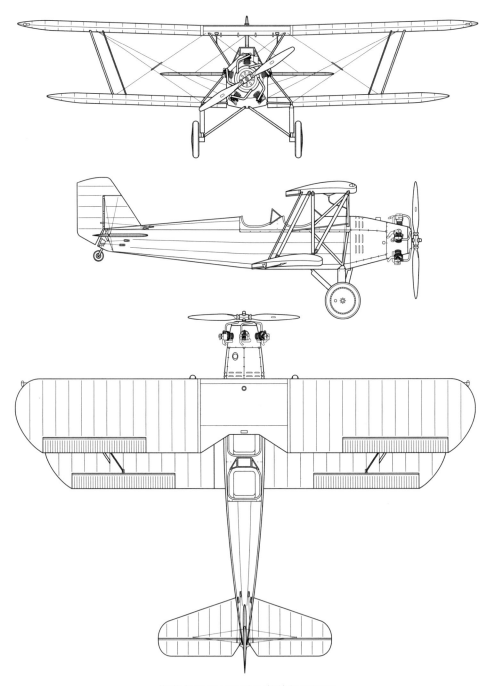

斯蒂尔曼 6H "云童" 教练机三视图

机　　种：教练机
用　　途：训练
乘　　员：2 人
制 造 厂：斯蒂尔曼飞机公司（Stearman Aircraft Corporation）
首　　飞：1931 年
特　　点：混合结构 / 不等翼展双翼布局 / 固定式起落架

机长 / 翼展 / 机高：7.29 / 9.76 / 2.92 米
净重 / 全重：821 / 1123 千克
引　　擎：1 台金纳 C-5 型星型 5 缸气冷发动机（Kinner C-5），210 马力
最大速度：191 千米 / 小时
航　　程：804 千米
升　　限：4632 米
装备范围：中国航空公司

　　20 世纪 30 年代初，斯蒂尔曼公司针对军用和民用市场推出了斯蒂尔曼 6 型教练机。该型飞机即为著名的"西点军校生"系列教练机的前身，美军型号是 YPT-9。斯蒂尔曼 6 共有 10 多个亚型，每型都仅生产两三架，多为其他亚型改造而成。斯蒂尔曼 6H 是安装金纳 C-5 型发动机的亚型，共制造 2 架，注册号分别是 NC564Y、NC786H。由于当时美国正处于经济大萧条时期，导致该型飞机销量较差，仅售出 4 架军用型和 3 架民用型。

　　1934 年 11 月，中国航空公司从一位来华的国外飞行冒险家手中购得 1 架斯蒂尔曼教练机，次年 1 月交付，供中航航校培训飞行员使用。该机被命名为"龙华"号，编号 20，可能是 1 架斯蒂尔曼 6H 或 C3R"商业快车"，1940 年捐赠给中央大学。根据 1935 年 12 月出版的《交通年鉴》记载，这位冒险家此前驾驶该机在福建飞行时曾发生坠机事故，导致飞机严重受损，需要大修方可使用，因此才将其以 1200 美元的低价出售。中航购得该机后，即将此前用于训练的柯蒂斯"知更鸟"小型客机贱卖。

斯蒂尔曼 C3R "商业快车"

Stearman C3R Business Speedster

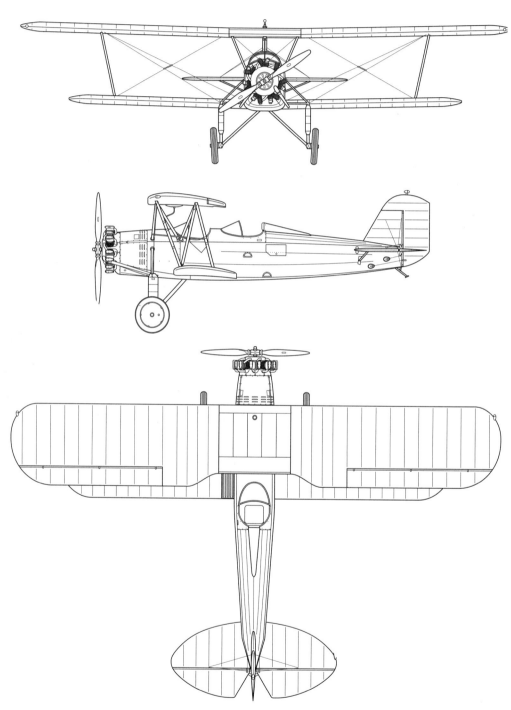

斯蒂尔曼 C3R "商业快车" 教练机三视图

机　　种：　教练机
用　　途：　训练
乘　　员：　3 人
制 造 厂：　斯蒂尔曼飞机公司
　　　　　　（ Stearman Aircraft Corporation ）
首　　飞：　1929 年
特　　点：　混合结构 / 不等翼展双翼布局 / 固
　　　　　　定式起落架
机长 / 翼展 / 机高：　7.6 / 10.67 / 2.74 米

净重 / 全重：　790 / 1249 千克
引　　擎：　1 台莱特 J-6-7 "旋风" 型星型
　　　　　　7 缸气冷发动机（ Wright J-6-7
　　　　　　Whirlwind ），225 马力
最大速度：　209 千米 / 小时
航　　程：　885 千米
升　　限：　5334 米
装备范围：　中国航空公司

　　1928 年首飞的 C3 以 C2 为基础研发，是斯蒂尔曼公司成立后首个获得成功的大型项目，也是该公司第一种获得试航许可证的飞机。该型飞机的结构和外观与 C2 非常相似，油箱和行李舱的容积扩大，上翼后缘增加切口，具有结构简单坚固、视野良好、飞行平稳、起落架可换装浮筒等特点，除用于训练飞行外，也可用于客运、邮运和商务飞行等。C3R "商业快车" 是最终的亚型，共制造 38 架，特点是换装莱特 J-6-7 型发动机，更适于商务飞行，每架售价 8500 美元。

　　1934 年 11 月，中国航空公司从 1 位来华的国外飞行冒险家手中低价购得 1 架斯蒂尔曼教练机，次年 1 月交付，命名为中航 20 "龙华" 号，可能是架 C3R 或斯蒂尔曼 6H "云童"，1940 年捐赠给中央大学。

道格拉斯"海豚"129

Douglas Dolphin 129

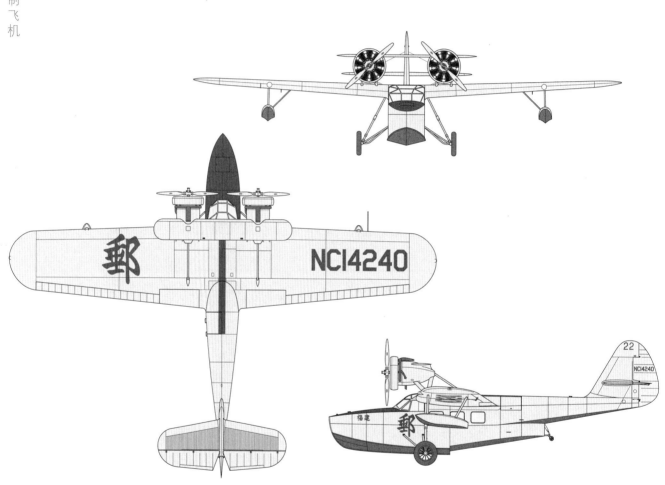

道格拉斯"海豚"129 水陆两栖客机三视图（中航 22 "福建"号）

机　　种：水陆两栖客机

用　　途：邮运 / 客运

乘　　员：2+6 人

制 造 厂：道格拉斯飞机公司
　　　　　（Douglas Aircraft Company）

首　　飞：1931 年

特　　点：混合结构 / 上单翼布局 / 可收放起
　　　　　落架

机长 / 翼展 / 机高：13.74 / 18.29 / 4.27 米

净重 / 全重：3175 / 4323 千克

引　　擎：2 台普惠 S3D1 "黄蜂" 型星型 9
　　　　　缸气冷发动机（Pratt & Whitney
　　　　　S3D1 Wasp），每台 450 马力

最大速度 / 巡航速度：251 / 217 千米 / 小时

航　　程：1159 千米

升　　限：5180 米

装备范围：中国航空公司

　　"海豚"以"辛巴达"型水上飞机（Douglas Sinbad）为基础研发，是道格拉斯公司的第一种商用客机。该型飞机在"辛巴达"基础上增加了可收放起落架，机身长度延长，机翼和发动机短舱改良，客舱内可搭载 6 位乘客，具有飞行平稳、性能可靠等特点。除可作为客机供商业使用外，还可用于执行军事运输、搜索救援等任务。由于"海

停放在上海龙华机场的"福建"号"海豚"客机

在上海上空飞行的"福建"号,应为初交付或测试期间,其机身、机翼、尾翼上尚未增加中航标识和机名

豚"客舱豪华舒适,因此也多作为私人飞机使用,美国海军曾买下1架该型飞机作为罗斯福总统(Franklin Delano Roosevelt)专机使用,"海豚"因此成为美国历史上第一架总统专机。该型飞机产量虽仅58架,却有多达11种亚型,其中大部分是供美国陆、海军和海岸警卫队使用的军用型号,仅有11架为民用。"海豚"129是安装普惠S3D1型发动机的亚型,共制造2架。

1934年4月10日,由于中国航空公司的18号S-38BH客机因大雾坠毁于杭州湾,上海—广州航线被迫停航,中航通过泛美航空公司购得2架"海豚"129代替。这2架飞机于同年底或次年初交付,分别命名为中航21"广东"号(生产序号1348/原注册号NC14239)和22"福建"号(生产序号1349/原注册号NC14240),先期主要用于上海—广州航线,1936年11月6日又增设了香港支线。"广东"号于1937年8月14日被日军飞机炸毁于黄浦江;1938年4月,"福建"号在重庆珊瑚坝机场因暴风雨和同时停泊的"长沙"号客机相撞沉没,所幸并未被水流冲走。由于该型飞机的发动机安装于机翼上方,因此未受损,但左侧机翼撕裂,右部浮筒弯曲,机体受损,经修复后直到1939年仍在使用,并于1939年2月14日试航了广州—昆明—河内航线。

道格拉斯 DC-2

Douglas DC-2

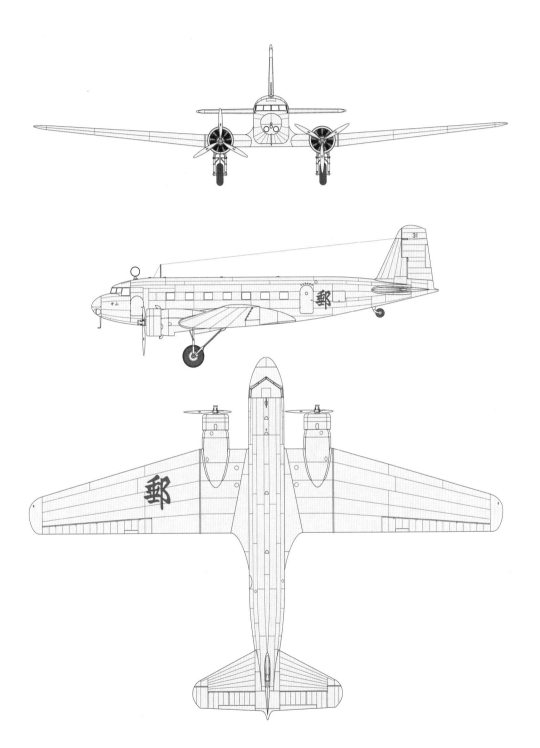

道格拉斯 DC-2 客机三视图（中航 31 "中山"号）

机　　种：客机
用　　途：邮运 / 客运
乘　　员：3+14 人
制 造 厂：道格拉斯飞机公司
　　　　　（Douglas Aircraft Company）
首　　飞：1934 年
特　　点：金属结构 / 下单翼布局 / 可收放起
　　　　　落架
机长 / 翼展 / 机高：19.1 / 25.9 / 4.8 米
净重 / 全重：5650 / 8420 千克

引　　擎：2 台莱特 GR-1820-F52 "飓风"
　　　　　型星型 9 缸气冷发动机（Wright
　　　　　GR-1820-F52 Cyclone），每台
　　　　　875 马力
最大速度 / 巡航速度：338 / 278 千米 / 小时
航　　程：1750 千米
升　　限：6930 米
装备范围：中国航空公司、伪中华航空股份
　　　　　有限公司

DC-2（DC 代表"道格拉斯商用"/ Douglas Commercial）是道格拉斯公司在 DC-1
型客机基础上推出的发展型，在航空史上有着划时代的意义，是著名的 DC-3 前身。

1933 年，由于波音公司拒绝将波音 247 出售给除美国联合航空公司（United
Airlines）外的其他航空公司，西部洲际航空公司（Transcontinental and Western
Airlines）要求道格拉斯公司开发一款可以和波音 247 竞争的飞机，即 DC-1。DC-2
在 DC-1 的基础上加长机身，客舱扩大，可搭载 14 名乘客和 454 千克货物，乘坐环境
舒适，舱内有洗手间和餐厅，座椅可调节角度，并装有减震装置，每个座椅都有相对
的舷窗，视野良好。其原型机于 1934 年 5 月 11 日首飞，除流线形机体美观大方、性
能安全可靠、乘坐舒适外，更为可贵的是其飞行速度相较同时期的容克 Ju 160、通用
GA-43 等高速客机也毫不逊色，曾创多个飞行记录，因此一经推出即广受欢迎，甚至
对同时期其他公司客机的销量产生巨大影响。DC-2 各亚型共制造 198 架，其中包括
21 架军用型和日本中岛公司仿制的 5 架。

1935 年，中国航空公司购得 2 架 DC-2，分别于同年 4 月 1 日、10 月 1 日交付，命
名为中航 24 "南京"号（生产序号 1369 / 原注册号 NC14297）和 26 "成都"号（生产序号
1302 / 原注册号 NC14269）。"南京"号于 5 月 18 日投入上海—北平航线，"成都"号则
于 10 月 23 日投入上海—汉口—成都航线。次年，中航又购得 1 架 DC-2，同样用于上
海—汉口—成都航线，该机于 6 月 28 日交付，命名为 28 "四川"号（生产序号 1600）。
不幸的是这架飞机加入中航仅不足半年，就在 12 月 25 日坠毁于成都，所幸无人死亡。
1937 年，中航又增购了 2 架该型飞机，分别是 6 月 24 日交付的 32 "桂林"号（生产序号
1568）和 7 月 1 日交付的 31 "中山"号（生产序号 1567）。"桂林"号是中航所有 DC-2
中命运最为多舛者，在运输过程中就受到严重损伤，无法在当地修复，直至 1938 年 5
月 25 日才在香港修复，后用于香港—重庆航线。8 月 24 日，美籍飞行员休·L·伍兹

DC-2 客机的客舱内部

（Hugh L Woods）驾驶该机自香港飞往重庆时，在中山附近被 5 架日本海军的战斗机击伤迫降于河中，在迫降中虽没有人员伤亡，但日军战斗机对水中求生的机组人员和 14 名乘客进行了毫无人性的攻击，最终导致 14 人死亡。这条于 1937 年 12 月 16 日由 DC-2 开辟的重庆—桂林—香港航线因此而被迫暂停，后虽于 10 月 11 日重新开航，但仅限于夜间航班，以躲避日军飞机。"桂林"号后被打捞修复，改名为 39 "重庆"号。

1938 年，国民政府空军将原广东当局所购的 1 架 DC-2（生产序号 1598）移交中航，命名为 36 "广东"号，该机使用 1 年后交还空军。1938 年的武汉大撤退中，中航的 2 架 DC-2 于 10 月 22 至 25 日参加了疏散撤退行动，共将 296 名政府官员运出。1939 年 3 月 15 日，中航用 DC-2 正式开航了昆明—广州—河内航线（已于 2 月 14 日用道格拉斯"海豚"试航成功）。同月，中航通过查尔斯·H·巴伯公司（Charles H Babb Company）购得最后 1 架 DC-2，命名为中航 40 "康定"号（生产序号 1586 / 原注册号 NC16048），5 月 15 日交付。

1940 年 10 月 29 日，沃尔特·C·肯特（Walter C Kent）驾驶"重庆"号自重庆飞往昆明时，在云南遭遇了日军战斗机，迫降后被击毁，机组成员和乘客被日机扫射，造成 9 人死亡，2 人受伤。1941 年 2 月 12 日，乔伊·托恩（Joy Torn）驾驶"康定"号自香港飞往重庆时，在湖南道县坠毁。"南京"号和"成都"号于 1941 年 12 月 8 日在香港被日军飞机炸毁，"中山"号则于夜间飞离，此后和 2 架 DC-3 一起将至少 275 人撤出香港。在著名的"DC-2½"事件中，"中山"号曾用危险的外挂方式，将备用机翼挂载于机身下，自香港运至宜宾，以维修被日军炸毁的"峨嵋"号 DC-3。1942 年 3 月 12 日，"中山"号在昆明附近坠毁。

除中国航空公司外，日本与傀儡政权"合资"的伪中华航空股份有限公司也有数量不详的 DC-2，均为大日本航空株式会社提供。

中航 24 "南京"号

被日军击落的中航 32 "桂林"号残骸

"DC-2½"事件中运送机翼的"中山"号，机腹下悬挂的机翼另一侧几乎触及地面

道格拉斯 DC-3

Douglas DC-3

机　　种： 客机

用　　途： 邮运 / 客运

乘　　员： 2+（21～28）人

制 造 厂： 道格拉斯飞机公司

（Douglas Aircraft Company）

首　　飞： 1935 年

特　　点： 金属结构 / 下单翼布局 / 可收放起落架

机长 / 翼展 / 机高： 19.65 / 28.96 / 5.16 米

净重 / 全重： 7530 / 11431 千克

引　　擎： 2 台莱特 GR-1820 "飓风" 型星型 9 缸气冷发动机（Wright GR-1820 Cyclone），每台 1000 马力

最大速度 / 巡航速度： 354 / 312 千米 / 小时

航　　程： 3420 千米

升　　限： 6675 米

装备范围： 中国航空公司、伪中华航空股份有限公司、中苏航空公司、中央航空运输公司

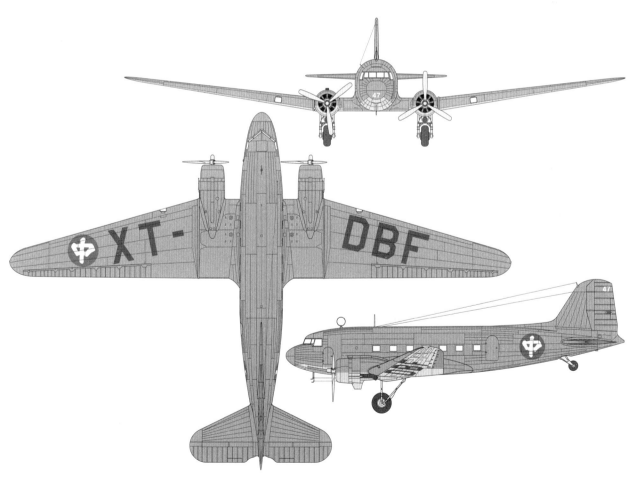

道格拉斯 DC-3 客机三视图（中航 47 号机）

DC-3 是道格拉斯公司在 DC-2 基础上改良的型号，堪称航空史上最经典、最著名的客机。该型飞机最初被设计为 DC-2 的卧铺型，命名为 DST（道格拉斯卧铺运输机 / Douglas Sleeper Transport），以取代柯蒂斯–莱特 T-32 "兀鹰" II 双翼客机。

DST 于 1935 年 12 月 17 日首飞成功，可容纳 14 ~ 16 张卧铺，DC-3 是在其基础上将卧铺更换为 21 个座椅的型号，具有结构坚固可靠、用途广泛、乘坐舒适、易于维护、可短距起降等特点，投产后迅速成为美国各大航空公司的首选机种，对 20 世纪三四十年代的航空业有着持久而巨大的影响，其衍生型 C-47、C-53 及苏联仿制的里 -2、日本仿制的零式输送机更是将 DC-3 的影响推向全世界。DC-3 于 1936 年投产，截至 1942 年停产，各亚型共制造 607 架（一说 455 架，或说多于 775 架），军用型 C-47、C-53 等的总产量则超过 10000 架。20 世纪 50 年代后，各大航空干线上的 DC-3 及其衍生型逐渐被道格拉斯 DC-6、洛克希德 "星座" 等新式客机取代，但直至 20 世纪 70 年代仍有大量该型飞机活跃于民航领域，甚至到了 1998 年仍有 400 余架用于商业服务。

1936 年底，中国航空公司订购了 3 架 DC-3 和 2 架西科斯基 S-43W，但因美国国内的罢工运动，DC-3 没有交付。1939—1941 年，中航共购得 3 架该型飞机，其中第一架是中航 41 "嘉陵" 号（生产序号 2135），于 1939 年 9 月 11 日由挪威商船运往香港，11 月在香港启德机场测试后交付；第二架是 1940 年通过法国航空公司购得的 46 "峨嵋" 号，同年 12 月底运往中国，次年 1 月交付；第三架是 1941 年 7 月购买的 47 号机（生产序号 2261 / 原注册号 NC19971）。1941 年 1 月，中航的 DC-3 试航了重庆—昆明—印度加尔各答航线，为后来的 "驼峰" 空运奠定了基础。1941 年 12 月 8 日，日军大举空袭香港时，中航的 1 架 DC-3 也停于香港，但因在机库内而幸免于难，该机此后与 1 架 DC-2 和另外 1 架 DC-3 一起参与了香港的疏散撤退行动，共计飞行了 16 个班次，运出至少 275 人。与此同时，中航开启了自昆明至印度汀江的 "驼峰" 航线，47 号机即为第一架飞越该航线的飞机。

1941 年 5 月 20 日，由休·L·伍兹驾驶的 "峨嵋" 号自重庆飞往成都时因遭遇日军飞机而紧急降落在宜宾机场，并对机组成员和乘客进行了疏散。由于飞机右翼外侧被日机炸毁，无法修复且缺乏备件，为防止该机再次被轰炸，中航维修部经理齐格蒙德·索丁斯基（Zygmund Soldinski）提出了一个大胆的提议 —— 将库存于香港的 DC-2 机翼备件运至宜宾安装在 "峨嵋" 号上，飞至香港维修。由于 DC-2 和 DC-3 的翼展、副翼、调整片均不相同，两翼所产生的升力也相去甚远，此举存在着巨大的风险，可能导致飞机坠毁，但当时极难获取新的飞机，且日军的轰炸随时可能到来，因此中航只得冒险尝试。不久后，DC-2 的备用机翼由哈罗德·斯威特（Harold Sweet）

美国制飞机

DC-2½ 三视图（中航 46 "峨嵋" 号）

被炸毁一侧机翼的"峨嵋"号

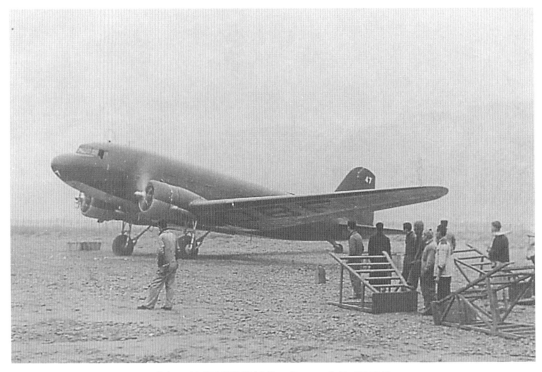

首架飞越"驼峰"航线的飞机 —— 中航 47 号机

右侧换上 DC-2 机翼的"峨嵋"号

驾驶"中山"号 DC-2 采用非常危险的外挂方式自香港运抵宜宾，安装在"峨嵋"号上。"峨嵋"号随即由哈罗德驾驶飞抵重庆，自重庆满载乘客飞往香港维修。该机也因此以 DC-2½ 的名称记入航空史册，成为中航抗战时期的传奇创举。

"峨嵋"号后于 1943 年 2 月 13 日坠毁，"嘉陵"号和 47 号机则幸运度过了抗战和内战期，"嘉陵"号的注册号先后改为 XT-BTA、XT-91，"两航起义"（1949 年 11 月 9 日，原国民党当局的中国航空公司和中央航空公司宣布起义，共 12 架各型飞机从香港飞抵北京、天津）后改为 N8360C；47 号机的注册号先后改为 XT-BTB、XT-92，"两航起义"后改为 N8359C。1946 年 12 月 25 日的"黑色圣诞夜"空难中，詹姆斯·格林伍德（James Greenwood）驾驶中航 140 号 DC-3 飞航重庆—武汉—南京—上海航线，在上海龙华机场因大雾坠毁，驾驶员格林伍德、副驾驶刘林森、报务员金铿和 17 名乘客当场死亡，另有 10 名受伤乘客被紧急送医，当中又有 7 人不治。

中苏航空公司成立后，于 1940 年 1 月 8 日使用 2 架俄罗斯航空公司的 DC-3（注册号分别是 URSS-M136 和 URSS-M137，后改为 URSS-M 和 URSS-N）正式开航了阿拉木图—伊犁—迪化（乌鲁木齐）—哈密航线。1941 年 3 月 6 日，中苏航空公司增股后，又购买了 1 架 DC-3，注册号 URSS-M138。1939 年 7 月至 1943 年 4 月，中苏航空的 3 架 DC-3 在哈密和重庆之间至少飞行了 79 班次。1943 年 6 月 9 日，URSS-N 在迪化和哈密间的沙漠中因天气恶劣坠毁，机上 32 人全部罹难，另一架该型飞机则因使用年限过久、设备陈旧而于 1948 年报废。同时期运营兰州—阿拉木图航线的俄罗斯航空公司使用的机型中也有 DC-3。

除中国航空公司和中苏航空公司外，抗日战争期间，傀儡政权的伪中华航空股份有限公司也有数架日本提供的 DC-3 用于营运。

1947—1948 年，中央航空运输公司在美国购得 5 架二手的 DC-3，于 1949 年夏交付，其中 2 架（注册号 XT-121 和 XT-525）在"两航起义"中，自香港飞往天津。

中航 41"嘉陵"号

道格拉斯 C-53 "空中突击队"

Douglas C-53 Skytrooper

美国制飞机

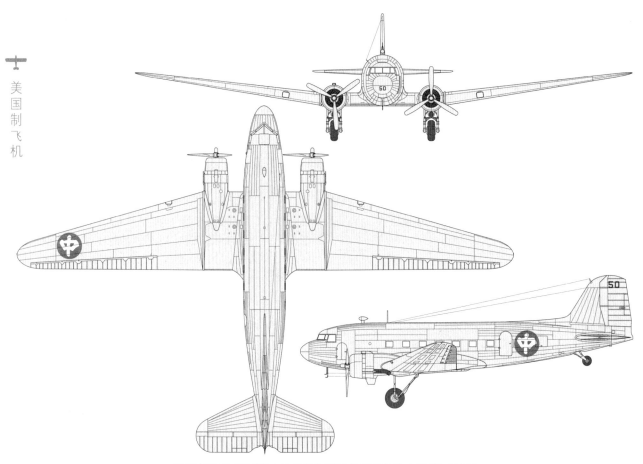

道格拉斯 C-53 "空中突击队" 运输机三视图（中航 50 号机）

机　种：	运输机	
用　途：	客运 / 邮运	
乘　员：	3+28 人	
首　飞：	1941 年	
特　点：	金属结构 / 下单翼布局 / 可收放起落架	
制 造 厂：	道格拉斯飞机公司（Douglas Aircraft Company）	
机长 / 翼展 / 机高：	19.66 / 29.11 / 5.18 米	
净重 / 全重：	7389 / 10886 千克	

引　擎： 2 台普惠 R-1830-92 "双黄蜂" 型星型 14 缸气冷发动机（Pratt & Whitney R-1830-92 Twin Wasp），每台 1200 马力

最大速度 / 巡航速度： 380 / 298 千米 / 小时

航　程： 2100 千米

升　限： 7010 米

装备范围： 中国航空公司、中央航空运输公司

C-53 "空中突击队" 是道格拉斯公司以 DC-3 为基础研发的兵员运输机。该型飞机的外观与构造和 DC-3 非常相似，机身后部没有安装大型货舱门，而是与 DC-3 相同的小型舱门，舱内地板未强化，采用与 DC-3 座椅相同的横向布置方式安装了 28 个小型桶状金属座椅，后期的 C-53D 型则采用与 C-47 相同的侧壁布置式。部分该型飞机在使用中拆除了尾部整流锥，加装拖曳滑翔机的系缆桩。C-53 于 1940 年 10 月投产，由于其使用范围不如 C-47 广泛，因此产量较少，各亚型共制造 402 架，C-53 是最初的量产型，共制造 193 架。在实际使用中，由于 C-53 的重量较轻且舱内供暖系统较好，因此比 C-47 更受飞行员的欢迎。

中航 50 号 C-53 运输机

1942 年 2 至 10 月，根据《租借法案》，美国共向中国航空公司提供了 12 架 C-53，它们是：

飞机编号	生产序号	美国陆军航空队注册号	交付日期	服役经历
48	4852	41-20082	1942 年 2 月 26 日	1943 年 8 月 11 日被日军击落
49	4853	41-20083	1942 年 2 月 26 日	1943 年 3 月 13 日失踪
50	4871	41-20101	1942 年 4 月 12 日	幸存至抗战胜利，注册号改为 XT-90，"两航起义"后改为 N8367C
51	4879	41-20109	1942 年 5 月 12 日	1944 年 3 月 24 日坠毁
52	4902	41-20132	1942 年 5 月 19 日	1942 年 10 月 10 日坠毁
53	4904	41-20134	1942 年 5 月 25 日	1943 年 3 月 11 日失踪
54	4927	42-6475	1942 年 5 月 28 日	幸存至抗战胜利，注册号改为 XT-45，"两航起义"后改为 N8361C
55	4929	42-6477	1942 年 6 月 4 日	幸存至抗战胜利，注册号改为 XT-55
56	4881	41-20111	1942 年 6 月 9 日	1944 年 12 月 12 日坠毁
57	4883	41-20113	1942 年 6 月 12 日	1944 年 2 月 18 日坠毁
58	7407	42-15890	1942 年 9 月 18 日	1943 年 4 月 7 日失踪
59	7406	42-15889	1942 年 10 月 7 日	1943 年 11 月 19 日坠毁

这些飞机主要用于"驼峰"航线，将各种军需物资从印度运至昆明、宜宾和柳州。1945 年 6 月，中航又向美军购买了 3 架 C-53，"两航起义"后，滞留于香港的该型飞机由陈纳德（Claire Lee Chennault）在美国注册民航空运公司通过诉讼获取。

1946 年底，中央航空运输公司向驻印美军购买了 1 架 C-53 用于营运，次年又购得 1 架，但具体使用情况不详。

道格拉斯 C-47、C-47A、
C-47B、C-47D "空中列车"

Douglas C-47/C-47A/C-47B/C-47D Skytrain

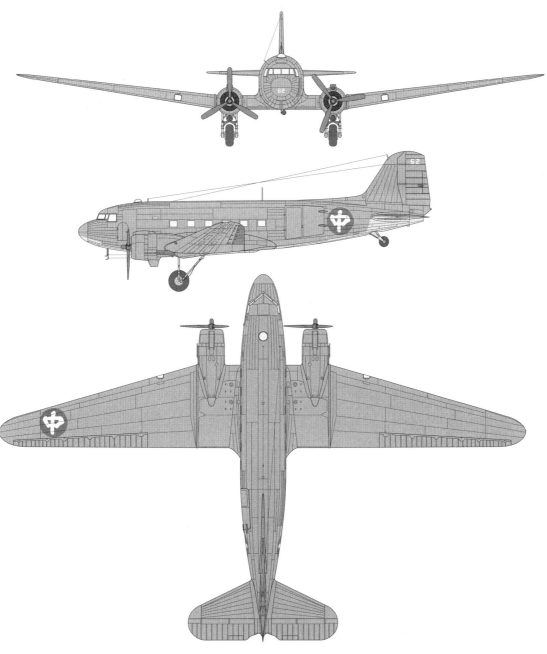

道格拉斯 C-47 "空中列车" 运输机三视图（中航 62 号机）

（C-47、C-47A、C-47B 参数）

机　　种：运输机
用　　途：客运 / 邮运 / 航空喷洒
乘　　员：4+28 人
制 造 厂：道格拉斯飞机公司
　　　　　（ Douglas Aircraft Company ）
首　　飞：1941 年（ C-47 ）, 1942 年
　　　　　（ C-47A ）, 1943 年（ C-47B ）
特　　点：金属结构 / 下单翼布局 / 可收放起
　　　　　落架
机长 / 翼展 / 机高：19.46 / 29.11 / 5.16 米
　　　　　（ C-47 ）, 19.43 / 29.11 / 5.16 米
　　　　　（ C-47A ）, 19.43 / 29.11 / 5.18
　　　　　米（ C-47B ）
净重 / 全重：7650 / 11431 千克（ C-47 ）,
　　　　　8103 / 11793 千克（ C-47A ）,
　　　　　8226 / 11793 千克（ C-47B ）
引　　擎：（ C-47、C-47A ）2 台普惠
　　　　　R-1830-92 "双黄蜂" 型星型 14
　　　　　缸气冷发动机（ Pratt & Whitney

R-1830-92 Twin Wasp ）, 每台
1200 马力；
（ C-47B ）2 台普惠 R-1830-90 "双
黄蜂" 型星型 14 缸气冷发动机
（ Pratt & Whitney R-1830-90 Twin
Wasp ）, 每台 1200 马力
最大速度 / 巡航速度：380 / 298 千米 / 小时
　　　　　（ C-47 ）, 418 / 257 千米 / 小时
　　　　　（ C-47A ）, 360 / 257 千米 / 小时
　　　　　（ C-47B ）
航　　程：2076 千米（ C-47 ）, 2575 千米
　　　　　（ C-47A、C-47B ）
升　　限：6797 米（ C-47 ）, 7315 米
　　　　　（ C-47A ）, 8047 米（ C-47B ）
装备范围：中国航空公司、中央航空运输公
　　　　　司、中苏航空公司、民营大华航
　　　　　空股份有限公司、民航空运队、
　　　　　新绥公司、（ 西南航空公司 ）

　　C-47 "空中列车" 是道格拉斯公司在 DC-3 基础上研发的军用运输机，是二战期间使用最多、运用范围最广的运输机，也是航空史上最著名的运输机。C-47 的原型机于 1941 年 12 月 23 日首飞，特点是在 DC-3 的基础上拆除全部座椅，改为侧壁式长凳，可搭载 27 ~ 30 名全副武装的士兵，舱内地板强化，加装货舱门和拖曳滑翔机的尾锥。该型飞机于 1942 年初投产，各亚型共制造 10174 架，在二战期间广泛运用于运输、伞降、滑翔机拖曳、空投补给等多种任务，并根据《租借法案》提供给英国、苏联、中国等盟国使用，为世界反法西斯战争的胜利立下汗马功劳。二战后，大量沦为剩余物资的 C-47 投入民用市场，一时间遍及全球，部分该型飞机直至 2012 年仍在从事商业运营，截至 2020 年仍有部分经升级改造者在役，如中国南极科考队的 "雪鹰 601" 号巴斯勒 BT-67 即为 1 架经现代化升级改造的 C-47。

　　C-47 是该型飞机最初的量产型，共制造 965 架；C-47A 是在 C-47 基础上将电力

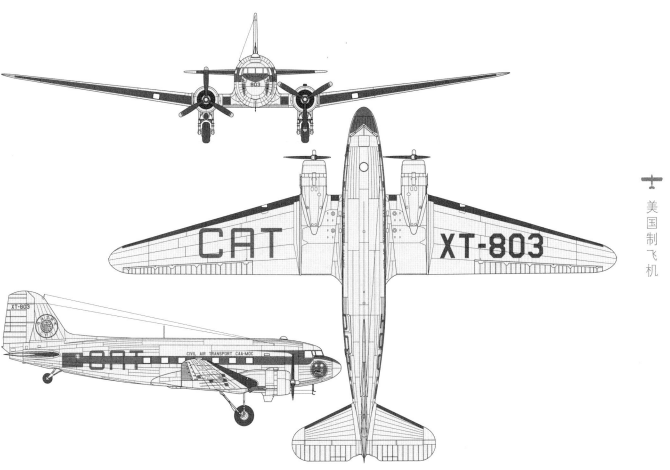

道格拉斯 C-47A "空中列车" 运输机三视图（民航空运队 XT-803 "太原" 号）

系统的电压由 12 伏升级至 24 伏的改良型，也是产量最多的亚型，共制造 5253 架；C-47B 是针对 "驼峰" 航线推出的改良型，换装 2 台带有增压器的发动机，升限大幅提高，同时增加油箱，共制造 3232 架，其中 133 架改造为导航教练机 TC-47B；C-47D 是二战后在 C-47B 基础上拆除增压器的改型。

1942 年 10 月起，中国航空公司开始接收美国根据《租借法案》提供的 C-47，截至二战结束共接收 54 架，包括 14 架 C-47 和 40 架 C-47A，其中绝大多数用于 "驼峰" 航线的运输，也有少量用于其他航线运营。1945 年 3 月 28 日，中航使用该型飞机开辟了兰州—哈密的航线，同年 6 月又购买了 6 架 C-47。1949 年的 "两航起义" 中，有 6 架 C-47（XT-115、XT-131、XT-123、XT-125、XT-129、XT-139）自香港飞往天津，后成为初创的中国民航主力，其余 14 ～ 15 架 C-47 则滞留香港，有 3 架（XT-111、XT-119 和 XT-127）于 1950 年 4 月 2 日被国民党特工宋祥云使用定时炸弹炸损。滞留香港的中航 C-47 后由陈纳德在美国注册民航空运公司通过诉讼获取。

中航二战期间接收的 C-47 状况见下表：

型号	中航飞机编号	生产序号	美国陆军航空队注册号	交付日期	服役经历
C-47	60	4681	41-18556	1942 年 10 月 18 日	1942 年 11 月 17 日失踪
	61	4729	41-38626	1942 年 11 月 26 日	1943 年 10 月 27 日坠毁
	62	4730	41-38627	1942 年 12 月 2 日	幸存至抗战胜利，注册号改为 XT-82
	63	6034	41-38651	1943 年 1 月 5 日	1943 年 11 月 19 日焚毁
	64	6035	41-38652	1943 年 1 月 6 日	—
	65	6037	41-38654	1943 年 1 月 10 日	1943 年 1 月 19 日转交美国陆军航空队
	66	6150	41-38691	1943 年 2 月 10 日	—
	67	6151	41-38692	1943 年 2 月 21 日	幸存至抗战胜利，注册号先改为 XT-82，"两航起义"后改为 N8357C
	68	6221	41-38762	1943 年 3 月 4 日	幸存至抗战胜利，注册号改为 XT-88
	69	6222	41-38763	1943 年 3 月 4 日	1943 年 10 月 6 日坠毁
	70	9014	42-38788	1943 年 3 月 30 日	1945 年 1 月 14 日坠毁
	71	9013	42-32787	1943 年 4 月 10 日	1944 年 6 月 16 日坠毁
	72	9110	42-32884	1943 年 4 月 17 日	1943 年 10 月 13 日被日军击毁
	73	9109	42-32883	1943 年 4 月 20 日	1944 年 8 月 1 日损失
	74	9291	42-23429	1943 年 6 月 25 日	1945 年 1 月 6 日坠毁
	75	9416	42-23554	1943 年 6 月 25 日	1944 年 2 月 20 日失踪
	76	9417	42-23555	1943 年 7 月 4 日	—
	77	9596	42-23734	1943 年 7 月 15 日	1945 年 1 月 6 日坠毁
	78	9597	42-23735	1943 年 7 月 15 日	—
	79	9760	42-23898	1943 年 8 月 12 日	1943 年 12 月 18 日坠毁
	80	9761	42-23899	1943 年 8 月 13 日	1944 年 11 月 13 日或 11 月 4 日坠毁
	81	9955	42-24093	1943 年 9 月 4 日	1945 年 6 月 15 日坠毁
	82	9956	42-24094	1943 年 9 月 5 日	1944 年 5 月 26 日失踪
	83	10159	42-24297	1943 年 10 月 3 日	1943 年 12 月 18 日坠毁
	84	10158	42-24296	1943 年 10 月 5 日	1943 年 10 月 17 日坠毁
	85	18902	42-100439	1943 年 11 月 10 日	1944 年 6 月 8 日爆炸
	86	18901	42-100438	1943 年 11 月 17 日	1944 年 3 月 11 日坠毁，修复后幸存至抗战胜利，注册号改为 XT-86，"两航起义"后改为 N8358C

（续表）

型号	中航飞机编号	生产序号	美国陆军航空队注册号	交付日期	服役经历
	87	18902	42-100599	1943 年 12 月 7 日	1945 年 6 月坠毁，修复后幸存至抗战胜利，注册号改为 XT-51
	88	19061	42-100598	1943 年 12 月 14 日	1945 年 4 月 9 日坠毁
	89	19313	42-100850	1944 年 1 月 21 日	幸存至抗战胜利，注册号改为 XT-48，"两航起义"后改为 N8348C
	90	19314	42-100851	1944 年 2 月 10 日	1944 年 5 月 15 日失踪
	91	19453	42-100990	未交付	1944 年 3 月 13 日在交付中坠毁
	91	19452	42-100989	1944 年 3 月 15 日	幸存至抗战胜利，注册号改为 XT-54，"两航起义"后改为 N8349C
	92	19620	43-15154	1944 年 4 月 12 日	1944 年 5 月 18 日坠毁
	93	19621	43-15155	1944 年 4 月 14 日	1945 年 1 月 16 日坠毁
	94	19803	43-15337	1944 年 5 月 3 日	1945 年 5 月 9 日坠毁
	95	19804	43-15338	1944 年 5 月 5 日	—
	96	20091	43-15625	1944 年 6 月 13 日	1945 年 11 月 30 日坠毁
	97	20253	43-15787	1944 年 6 月 21 日	1944 年 8 月 31 日坠毁
	无机号	19929	43-15463	未交付	1944 年 5 月 14 日在迈阿密坠毁
	98	20252	43-15786	1944 年 7 月 3 日	—
	—	19062	42-100599	1943 年 12 月后	—
C-47A	99	—	—	1944 年	
	100	—	—	1944 年	幸存至抗战胜利，注册号改为 XT-T-20
	101	—	—	1944 年	1944 年 10 月 7 日坠毁
	102	—	—	1944 年	1945 年 1 月 7 日坠毁
	103	—	—	1944 年	幸存至抗战胜利，注册号改为 XT-T-83
	104	—	—	1944 年	1945 年 10 月 20 日坠毁
	105	—	—	1944 年	1945 年 2 月 16 日坠毁
	106	—	—	1944 年	1944 年 11 月 25 日坠毁
	107	—	—	1944 年	—
	108	—	—	1944 年	幸存至抗战胜利，注册号改为 XT-T-58
	109～112	—	—	—	—

美国制飞机

抗战期间的中航 82 号 C-47A 运输机

　　1943 年，中苏航空公司接收了 2 架苏联通过《租借法案》获得的 C-47，注册号分别是 URSS-P（原美国陆军航空队注册号 41-18644）和 URSS-R（原注册号 41-18607）。二战结束后，中苏航空公司仍使用部分该型飞机运营至 1949 年。

　　1945 年底，中央航空运输公司自驻印美军处购得 10 架 C-47，次年又购买了 C-46 和 C-47 共 150 架，但 C-47 中仅有 14 架可用。1946 年 12 月 25 日的"黑色圣诞夜"空难中，汤米·荣（Tommy Wing）驾驶央航 48 号 C-47 自重庆飞往南京，因浓雾改飞上海，在江湾机场附近降落时因大雾坠毁，机上 11 人全部丧生，地面民宅也有 3 人死亡。1949 年 8 月 25 日、10 月 27 日，有 2 架央航的该型飞机起义，其余 19 ～ 21 架则在"两航起义"后滞留香港，后被陈纳德在美国注册的民航空运公司通过诉讼获取。

　　1946 年，西南航空公司复业筹备委员会成立后，拟定由广东省政府拨款 2 亿元、广西省政府拨款 6000 万元，自空军司令部调拨 53 架运输机，并通过央航转购 5 架 C-47 用于运营，最终因经费、政治等问题未果。

　　民营大华航空股份有限公司成立后，以 10 万美元通过央航向上海驻华美军剩余物资委员会购得 5 架 C-47。由于未获营业许可，大华航空将这些飞机委托央航营运维护，标识和编号则与央航相同。1946 年 7 月 15 日，央航代管的大华航空 C-47 正式投

1 架正在维修的中航 C-47，后方是 1 架 DC-3 或 C-53

民航空运队使用的 C-47

入上海—汉口—重庆、上海—广州—香港航线营运。由于业务纠纷、管理不善等问题，大华航空于同年 10 月被勒令停业，所属的 5 架飞机始终停泊于上海龙华机场，其中 1 架后被中航的失事飞机撞坏。1948 年，国民政府交通部曾对其余 4 架飞机的归属权登报招领，但因大华航空总经理吴世昌、董事长孔广晓等人意见不一，最终搁置。1951 年 4 月 27 日，上海市军事管制委员会和人民政府外事处经详细调查后，认为这些飞机已残破不堪，不适飞行，仅可作为备件使用，向外交部呈送报告建议登报公告，逾期无人认领即作为无主物资充公。一说这些飞机被经营新疆—绥远航线的新绥公司所购。

　　1947 年，民航空运队自美国在菲律宾出售的战后剩余物资中购得 5 架 C-47D，分别是：

第二次为广州附近喷洒滴滴涕的民航空运队 C-47

飞机名称	生产序号	原美国陆军航空队注册号	后改注册号
天津	20681	43-16215	XT-T501/XT-801/N8421C
太原	20705	43-16239	XT-T502/XT-803
北平	27167	43-49906	XT-T503/XT-805
—	14388 或 25833	43-48572	—
—	26832	43-49571	—

第一批 3 架于同年 1 月 27 日、28 日飞抵上海龙华机场，31 日飞往广州。这些飞机除用于运输救援物资、客货运输、包机、空投补给外，还用于药物喷洒、协助国民政府作战等。1949 年 4 月 14 日和 6 月 10 日，民航空运队的 C-47 先后两次为广州周边喷洒滴滴涕（DDT，一种有机氯类杀虫剂），使广州的伤寒、痢疾发病率相较 1948 年降低了 50%。原注册号 43-49571 的飞机可能于 1947 年 3 月拆作备件；原注册号 43-48572 的 C-47 则于同年 4 月 17 日在北平机场因事故损坏，后拆作备件；"太原"号于 1948 年 10 月 25 日报废；"北平"号 1949 年 11 月 8 日自云南蒙自运送锡矿石飞往越南海防时坠毁。

"两航起义"后，由于民航空运队的现有飞机不足以应对台湾国民党当局的运输需求，民航空运队向香港航空公司租借了 2 架 C-47（可能是 12019 / 注册号 VR-HDN、11907/VR-HDO、11921/VR-HDP 中的 2 架）；另有 1 架原央航使用的 C-47 "圣保罗"号（生产序号 19932 / 注册号 XT-543）是属于路德教会（Lutheran World Mission）的飞机，"两航起义"后改由民航空运队使用，注册号改为 XT-811。

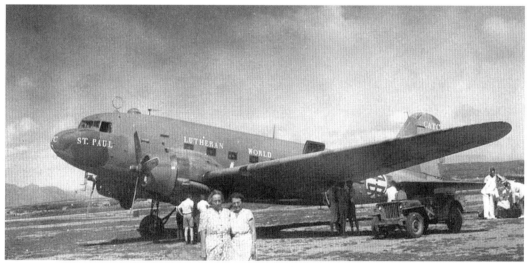

中央航空运输公司使用的路德教会"圣保罗"号

道格拉斯 C-54B、
C-54D "空中霸王"、DC-4

Douglas C-54B / C-54D Skymaster，DC-4

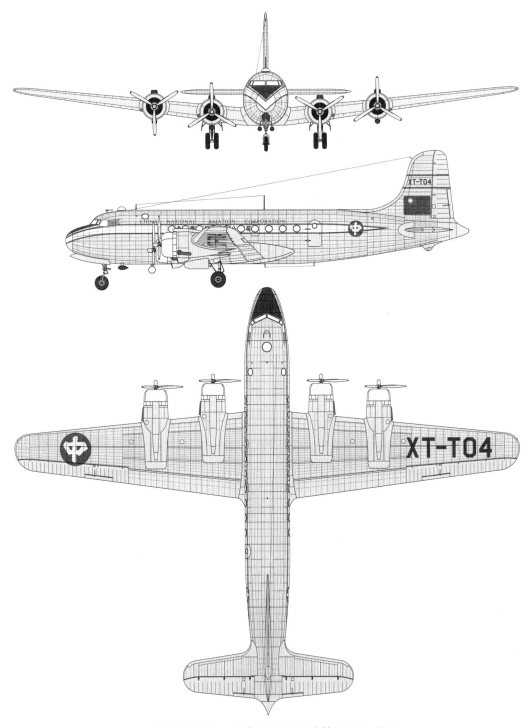

道格拉斯 DC-4 运输机三视图（中航 XT-104 号）

机　　　种：运输机

用　　　途：客运／邮运

乘　　　员：4+（40～44）人（DC-4），4+49人（C-54B），6+50人（C-54D）

制　造　厂：道格拉斯飞机公司（Douglas Aircraft Company）

首　　　飞：1942年（DC-4），1943年（C-54B），1944年（C-54D）

特　　　点：金属结构／下单翼布局／可收放起落架

机长／翼展／机高：28.6／35.81／8.4米（DC-4）（C-54D），28.63／35.81／8.39米（C-54B）

净重／全重：20000／33140千克（DC-4），17327／33112千克（C-54B），16783／33112千克（C-54D）

引　　　擎：（DC-4）4台普惠R-2000-25"双黄蜂"型星型14缸气冷发动机（Pratt & Whitney R-2000-25 Twin Wasp），每台1428马力；（C-54B）4台普惠R-2000-7"双黄蜂"型星型14缸气冷发动机（Pratt & Whitney R-2000-7 Twin Wasp），每台1332马力；（C-54D）4台普惠R-2000-11"双黄蜂"型星型14缸气冷发动机（Pratt & Whitney R-2000-11 Twin Wasp），每台1350马力

最大速度／巡航速度：450／365千米／小时（DC-4），441／385千米／小时（C-54B），426／309千米／小时（C-54D）

最大航程：6000千米（DC-4），6276千米（C-54B）

升　　　限：6900米（DC-4），6705米（C-54B、C-54D）

装备范围：中国航空公司、民航空运队

　　DC-4是道格拉斯公司于20世纪30年代末研发的四发大型客机，主要用于取代DC-3。该型飞机在研发中吸取了此前DC-4E因结构复杂、造价昂贵而被航空公司拒绝的教训，在设计中侧重于降低造价和使用成本。DC-4的原型机于1939年首飞，同年5月5日获得适航证书，其特点是取消了加压机舱，减轻重量，结构简化，更适合航空公司营运使用。DC-4是最初的量产型，共制造80架。C-54是在DC-4基础上研制的军用型，各亚型共制造1170架，在二战和朝鲜战争中被广泛用于执行运输任务，在"柏林空运"（1948年6月至1949年5月苏联封锁西柏林期间，美英以空运方式向西柏林运输了大量的物资）中曾发挥巨大作用。有部分沦为战后剩余物资的C-54也曾被改造为DC-4投入民用市场。C-54B是1943年在C-54A基础上推出的改良型，特点是拆除机身油箱，并修改外侧机翼，以容纳一体式油箱，舱内可安置49个座位或16张担架，共制造220架。C-54D是在C-54B基础上换装普惠R-2000-11型发动机的亚型，也是产量最多的亚型，共制造380架。

　　1946—1947年，中国航空公司共购得7架DC-4/C-54B供营运使用，分别是：

注册号	型号	生产序号	原美军注册号	"两航起义"后注册号
XT-T01/XT-101	C-54B-1-DC	10529	42-72424	—
XT-T02/XT-108	C-54B-1-DC	10442	42-72337	N8343C
XT-T03/XT-100	C-54B	18370	43-17170	N8344C
XT-T04/XT-104	DC-4	10538	42-72433	N8345C
XT-T05/-	C-54B-5-DO	18348	43-17148	N8342C
XT-T06/XT-105	DC-4	10510	42-72405	N8346C
XT-T07/XT-102	C-54D-10-DC	10748	42-72643	N8347C

其中，**XT-T01** 赠予国民政府作为蒋介石专机使用，命名为"中美"号，其"中美"指中航为中美合资公司（一说该机为国民政府所购，其"中美"同时指中国、美国和蒋中正与宋美龄），后转售中华航空公司，注册号改为 **B-1815**，损失于中南半岛的战地包机任务。其余 6 架飞机主要用于上海—旧金山、上海—马尼拉和上海—东京等国际航线，有 5 架在"两航起义"期间滞留香港，后被陈纳德在美国注册民航空运公司通过诉讼获取。

中航 C-54、C-46 机队

1949 年的"两航起义"后，由于民航空运队的现有飞机不足以应对台湾国民党当局的运输需求，民航空运队向暹罗太平洋国际航空公司（Pacific Overseas Airways Siam）和香港国泰航空（Cathay Pacific Airways）租借了 2 架 C-54 使用，其中租自暹罗太平洋国际航空公司的飞机是 1 架 C-54B-10-DO（生产序号 18368 / 原美军注册号 43-17168 / 后改注册号 HS-PC-204）；租自国泰航空的则是 1 架 C-54A（生产序号为 10310 / 原美军注册号 42-72205 / 后改注册号 VR-HEU），此机后于 1954 年被解放军空军拉 -11 型战斗机击落。同年 12 月 12 日，民航空运队使用租用的 C-54B 将成都的国民党官员撤往台北。

1948 年的中航 XT-T06 号客机，舷梯上是机械师比尔·桑福德（Bill Sanford）

费尔柴尔德 FC-2

Fairchild FC-2

美
国
制
飞
机

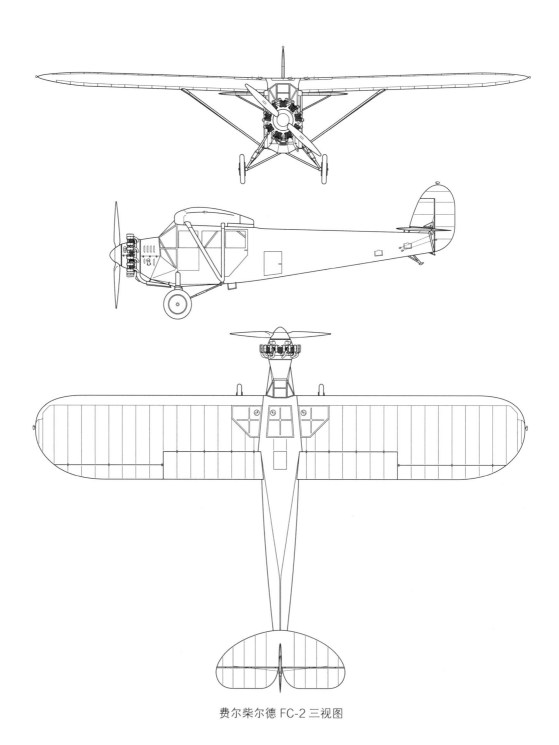

费尔柴尔德 FC-2 三视图

机　　种：客机 / 通用飞机
用　　途：—
乘　　员：1+4 人
制 造 厂：费尔柴尔德飞机公司（Fairchild Aircraft Corporation）
首　　飞：1927 年
特　　点：混合结构 / 上单翼布局 / 固定式起落架
机长 / 翼展 / 机高：9.45 / 13.41 / 2.74 米

净重 / 全重：980 / 1633 千克
引　　擎：1 台莱特 J-5 "旋风" 型星型 9 缸气冷发动机（Wright J-5 Whirlwind），200 马力
最大速度 / 巡航速度：196 / 169 千米 / 小时
航　　程：1127 千米
升　　限：3500 米
装备范围：满洲航空株式会社

20 世纪 20 年代初，为获得更适于航空摄影、测量的飞机，费尔柴尔德航空测量公司（Fairchild Aerial Surveys）向多个飞机制造商接洽定制专用的航空测量机。由于报价过高，谢尔曼·米尔斯·费尔柴尔德（Sherman Mills Fairchild）决定自行建厂制造飞机，并于 1926 年推出了 FC-1。该型飞机在试飞中暴露出发动机功率过小的缺陷，费尔柴尔德公司为其换装了 200 马力的莱特 J-4 型发动机，型号改为 FC-1A，试飞后展现出巨大的商业潜力。FC-2 是 FC-1A 的量产型，结构和布局与 FC-1A 相同，换装莱特 J-5 型发动机，客舱容积扩大，可搭载 4 位乘客，起落架可换装滑橇或浮筒，机翼可向后折叠。该型飞机于 1927 年投产，共制造 118 架，另授权加拿大仿制 12 架。

1928 年 5 月美国出版的《百科全书·第 6 卷》（Encyclopedia Vol. VI）记载，费尔柴尔德公司高管罗宾斯（Robins）和上尉格贝尔（Cpt. Gebel）将 1 架配备有轮式起落架和浮筒的 FC-2 送至日本展销，以期获得日本陆、海军订单。该机被日本陆军购得，送至下志津陆军飞行学校供训练使用，后售予伪满政权的满洲航空株式会社，交付时间和使用状况不详。

福特汽车公司斯托特金属飞机分部

福特三发 "锡鹅"

Ford Trimotor Tin Goose

美国制飞机

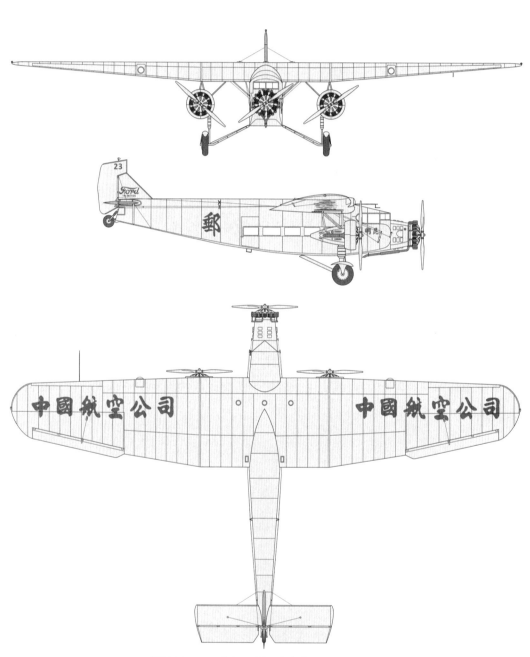

福特 5-AT-D 客机三视图（中航 23 "昆明" 号）

机　　种：客机

用　　途：客运 / 邮运 / 包机

乘　　员：2+17 人（5-AT-C、5-AT-D），
　　　　　2+16 人（6-AT-A）

制 造 厂：福特汽车公司斯托特金属飞机分部
　　　　　（Stout Metal Airplane Division of
　　　　　the Ford Motor Company）

首　　飞：1929 年（5-AT-C、6-AT-A），
　　　　　1930 年（5-AT-D）

特　　点：金属结构 / 上单翼布局 / 固定式起
　　　　　落架

机长 / 翼展 / 机高：15.32 / 23.72 / 4.5 米
　　　　　（5-AT-C），15.32 / 23.72 / 3.86
　　　　　米（5-AT-D），15.39 / 23.72 /
　　　　　4.29 米（6-AT-A）

净重 / 全重：3447 / 6123 千克（5-AT-C），
　　　　　3556 / 6123 千克（5-AT-D），
　　　　　3742 / 5670 千克（6-AT-A）

引　　擎：（5-AT-C）3 台普惠 "黄蜂" 型星型
　　　　　9 缸气冷发动机（Pratt & Whitney
　　　　　Wasp），每台 425 马力；（5-AT-
　　　　　D）3 台普惠 "黄蜂" SC 型星型 9
　　　　　缸气冷发动机（Pratt & Whitney
　　　　　Wasp SC），每台 450 马力；（6-
　　　　　AT-A）3 台莱特 J-6-9 "旋风" 型星
　　　　　型 9 缸气冷发动机（Wright J-6-9
　　　　　Whirlwind），每台 300 马力

最大速度 / 巡航速度：245 / 196 千米 / 小时
　　　　　（5-AT-C），241 / 196 千米 / 小时
　　　　　（5-AT-D），193 / 160 千米 / 小时
　　　　　（6-AT-A）

航　　程：901 千米（5-AT-C、5-AT-D），
　　　　　861 千米（6-AT-A）

升　　限：5639 米（5-AT-C、5-AT-D），
　　　　　3352 米（6-AT-A）

装备范围：中国航空公司

　　福特三发是福特汽车公司斯托特金属飞机分部于 20 世纪 20 年代中期研发的客机，是 20 世纪 20 年代至 30 年代初美国最著名的客机之一。该型飞机由威廉·布什内尔·斯托特（William Bushnell Stout）设计，以斯托特 3-AT 为基础研发，布局和外形与同时期的福克三发非常相似，结构和外部蒙皮近似于德国容克系列运输机。福特三发的原型机于 1926 年 6 月 11 日首飞成功，具有结构简单、坚固耐用、性能可靠、价格相对较低，且起落架可换装滑橇或浮筒，座椅可快速拆除用于货运等优点，因此一经投产即广受欢迎，截至 1933 年 6 月 7 日停产，各亚型共制造 199 架。

　　该型飞机对 20 世纪 20 年代的美国商业航空有着巨大的影响，福特公司飞机分部也因此被誉为 "20 世纪 20 年代世界上最大的商用飞机制造商"。20 世纪 30 年代前期，随着划时代的客机波音 247 和道格拉斯 DC-2 出现，福特三发逐渐淡出客运市场，多改为货运使用。5-AT-C 是在 5-AT-A 基础上推出的改良型，也是福特三发系列客机中产量最多的一种，共制造 51 架，特点是比 5-AT-A 多了 4 个座椅，可搭载 17 名乘客；5-AT-D 是 1930 年推出的改良型，也是福特三发的最后一种量产型，特点是机翼安装位置向上提高 20 厘米，机舱内部空间增加，同时后部舱门改为方形，共制造 20

福特三发客机客舱内部

架；6-AT-A 是在 5-AT-A 基础上换装 300 马力莱特 J-6-9 型发动机的亚型，共制造 2 架，其中 1 架将机首的发动机改为普惠"黄蜂"型，型号随之更改为 7-AT-A，后又将机翼发动机也换为同型，改为 5-AT-C。

1935 年，中国航空公司分 3 次购得 3 架福特 5-AT-D，分别于同年 3 月 5 日、9 月 1 日和 11 月 15 日交付，依次命名为：中航 23 "昆明"号（生产序号 5-AT-115 / 原注册号 NC9658）、25 "汉口"号（生产序号 5-AT-116 / 原注册号 NC9659，这是福特三发的最后一架量产机）和 27 "上海"号（生产序号 5-AT-101 / 原注册号 NC15551）。这 3 架飞机中，"昆明"号交付后曾被军方短暂征用，将重庆的工作人员和物资运往贵阳，交还中航后于 5 月 4 日正式开航在 1934 年底就已试航的重庆—贵阳—昆明航线。1936 年 2 月，"昆明"号被美国著名探险家约瑟夫·F·洛克博士（Joseph F Rock）租用，后在 3 月 5 日自重庆飞往贵阳时坠毁，所幸没有人员伤亡。"汉口"号则于 9 月 20 日开始投入上海—汉口航线运营，1936 年 3 月 31 日，美籍飞行员查尔斯·L·夏普（Charles L Sharp）驾驶该机在南京附近因起火迫降，飞机损毁。全面抗战爆发后，"上海"号编入航空运输队，协助国民政府空军进行军事运输，1937 年 11 月被日军飞机炸毁。

1937 年 1 月，中航自国民政府空军又接收 1 架福特三发，命名为中航 29 "贵州"号。该机可能是 1936 年 4 月国民政府空军通过美国航空（American Airlines）购得的 5-AT-C（生产序号 5-AT-79A / 原注册号 NC8485，该机即为 6-AT-A 改造而成）或 6-AT-A（生产序号 6-AT-3 / 原注册号 NC8486），也可能是 1932 年张学良购买的 5-AT-D（生产序号 5-AT-99 / 原注册号 NC432H），后损失于同年 8 月 18 日。1939 年 12 月，国民政府空军又将 1 架福特三发移交中航使用，该机可能是国民政府空军的另外 2 架该型飞机之一，加入中航后编号 42，1941 年 1 月 20 日在江西吉安坠毁。

中航"昆明"号客机

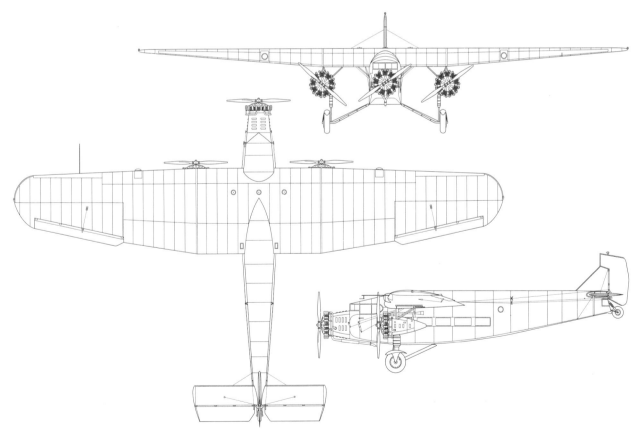

福特 5-AT-C 客机三视图

斯巴丹 C4-301、C5-301

Spartan C4-301/C5-301

美国制飞机

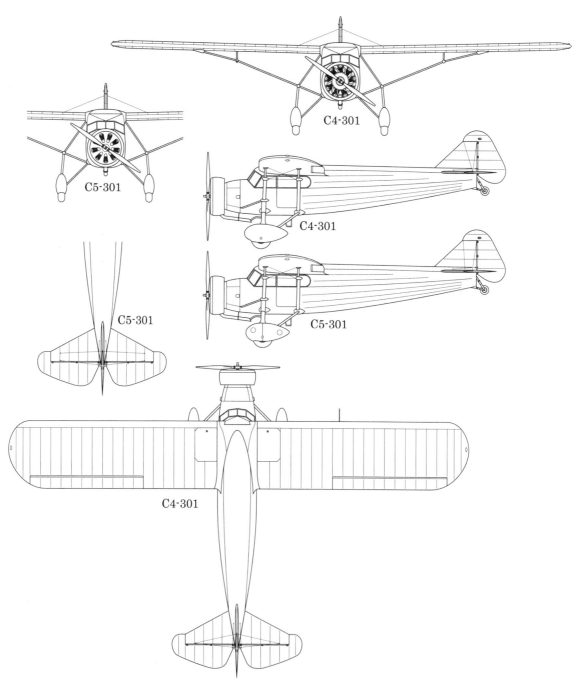

斯巴丹 C4-301、C5-301 客机三视图

机　　　种：客机
用　　　途：客运／邮运
乘　　　员：1+3 人（C4-301），1+4 人（C5-301）
制　造　厂：斯巴丹飞机公司（Spartan Aircraft Company）
首　　　飞：1930 年（C4-301），1931 年（C5-301）
特　　　点：混合结构／上单翼布局／固定式起落架
机长／翼展／机高：9.93 / 15.24 / 2.72 米（C4-301），9.95 / 15.24 / 2.72 米（C5-301）

净重／全重：1183 / 1840 千克（C4-301），1196 / 1898 千克（C5-301）
引　　　擎：1 台普惠 R-985 "小黄蜂" 型星型 9 缸气冷发动机（Pratt & Whitney R-985 Wasp Junior），300 马力
最大速度／巡航速度：232 / 200 千米／小时
航　　　程：982 千米（C4-301），1040 千米（C5-301）
升　　　限：4420 米（C4-301），4450 米（C5-301）
装备范围：中国航空公司

1930 年，为满足日渐提升的旅客需求，斯巴丹公司推出了 C4 型小型客机。该型飞机在设计中除重视飞行安全性、可操控性、维护运营成本之外，亦致力于舒适性和内饰的豪华，但销量不佳，其量产型 C4-225 仅售出 5 架。斯巴丹公司于同年推出了改良型 C4-300 和 C4-301（又称 E4-301），特点分别是换装莱特 R-975 和普惠 R-985 型发动机，各制造 1 架，其中 C4-301（生产序号 F-1，原注册号 NC988N）售予南京国民政府空军。

由于 C4 没有获得商业成功，1931 年，斯巴丹公司在 C4-301 基础上又推出了 C5-300，其结构和外观与 C4-301 非常相似，增加了 1 个乘客座位，同时换装 300 马力莱特 J-6 型发动机，共制造 3 架。C5-301（生产序号 F-4，原注册号可能是 NC986N）是在 C5-300 基础上换装普惠 R-985 型发动机的亚型，仅制造 1 架，后被南京国民政府通过中国航空机械贸易公司（China Airmotive Company）购得，供航空测量局使用，编号 "测量 8" 号。

全面抗战爆发后，由于中国航空公司班机的损失日渐增多，1937 年国民政府空军将 1 架斯巴丹飞机移交中国航空公司使用，该机编号为 33，可能是 C4-301、C5-301 或 "行政官" 中的 1 架。

斯巴丹 7X、7W "行政官"

Spartan 7X/7W Executive

美国制飞机

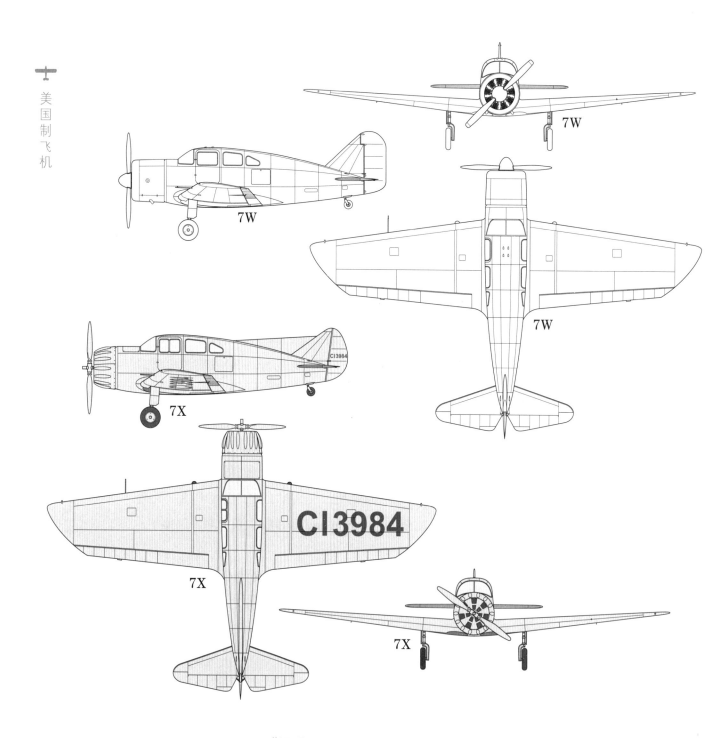

斯巴丹 7W、7X 公务机三视图

机　　种：公务机
用　　途：客运/邮运
乘　　员：1+4人
制 造 厂：斯巴丹飞机公司
　　　　　（Spartan Aircraft Company）
首　　飞：1936年
特　　点：金属结构/下单翼布局/可收放起
　　　　　落架
机长/翼展/机高：8.13/11.89/一米（7X），
　　　　　8.18/11.89/2.44米（7W）
净重/全重：1545/1996千克（7W）

引　　擎：（7X）1台雅克布L-5型星型7缸
　　　　　气冷发动机（Jacobs L-5），285
　　　　　马力；（7W）1台普惠R-985"小
　　　　　黄蜂"SB型星型9缸气冷发动机
　　　　　（Pratt & Whitney R-985 Wasp
　　　　　Junior SB），450马力
最大速度/巡航速度：257/241千米/小
　　　　　时（7X），414/346千米/小时
　　　　　（7W）
航　　程：1287千米（7X），1610千米
　　　　　（7W）
升　　限：7315米（7W）
装备范围：中国航空公司

　　1935年，应斯巴丹公司创始人威廉·G·史凯利（William G Skelly）要求，工程师詹姆斯·B·福特（James B Ford）领衔设计了7W"行政官"型公务机。其原型机7X（生产序号0/注册号NC13984）于1936年3月8日首飞成功，由于安装的雅克布L-5型发动机功率较小，飞行性能强差人意，后售予墨西哥；第二架原型机7W-P（生产序号P-1，注册号X13986）换装了普惠R-985型发动机和2.55米直径的螺旋桨，取消背鳍，垂直尾翼增大，飞行性能显著提升，后售予国民政府空军。7W为量产型，共制造34架，其设计采用先进的全金属结构和可收放起落架，飞行性能优良、坚固耐用，且舱内空间宽敞、光线充足、设施豪华，因此深受各国富豪欢迎，截至2018年8月仍有17架该型飞机在美国联邦航空管理局注册备案。

　　1937年，国民政府空军将1架未知型号的斯巴丹飞机移交中国航空公司，编号33。该机是此前通过中国航空机械贸易公司自墨西哥的私人拥有者转购，可能是"行政官"的原型机7X或量产型7W，也可能是此前购得的C4-301、C5-301。

联合 16-1 "准将"

Consolidated Model 16-1 Commodore

美国制飞机

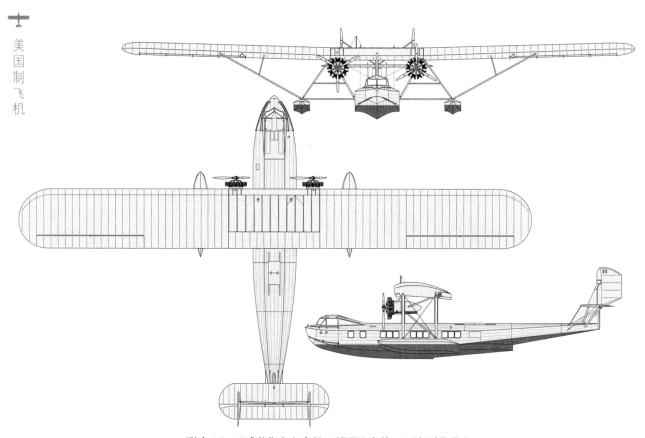

联合 16-1 "准将" 水上客机三视图（中航 35 "长沙" 号）

机　　种： 水上客机

用　　途： 邮运 / 客运

乘　　员： 3+22 人

制 造 厂： 联合飞机公司（Consolidated Aircraft Corporation）

首　　飞： 1929 年

特　　点： 金属制船身型结构 / 高单翼布局

机长 / 翼展 / 机高： 18.75 / 30.48 / 4.78 米

净重 / 全重： 4760 / 7980 千克

引　　擎： 2 台普惠 R-1860 "大黄蜂" B 型星型 9 缸气冷发动机（Pratt & Whitney R-1860 Hornet B），每台 575 马力

最大速度 / 巡航速度： 206 / 174 千米 / 小时

航　　程： 1600 千米

升　　限： 3050 米

装备范围： 中国航空公司

20 世纪 20 年代后期，为取代老旧的柯蒂斯 F-5L 型水上巡逻机，美国海军对研发新的水上飞机进行了招标，要求新飞机可以在不着陆的情况下自美国大陆直飞巴拿马、阿拉斯加或夏威夷群岛，XPY-1 "上将"即为联合公司的投标型号。由于在竞标中败于马丁 XP2M，未获海军合同，联合公司遂将其改造为民用飞机，命名为"准将"。其舱内由著名装饰设计师弗雷德里克·J·派克（Frederick J Pike）设计，光线充足、座椅舒适，可搭载 18 名乘客，是当时尺寸最大、装饰最豪华的客机。该型飞机于 1929 年首飞，同年投产，各亚型共制造 14 架，主要供泛美航空用于加勒比海地区和南美洲沿海地区航线，被泛美航空飞行员马里乌斯·洛德森（Marius Lodeesen）评价为"20 世纪 30 年代初期泛美机队中最可靠、最值得信赖的飞机"。此机型后被西科斯基 S-42 "飞剪"取代。联合 16-1 是在联合 16 基础上增加 4 个座位的亚型，也是产量最多的亚型，共制造 9 架。

停泊于江中的中航"准将"

早在 1934 年 6 月，中国航空公司就计划购买"准将"以替代在上海—广州航线运营的西科斯基 S-38，但可能因财政限制未成。1937 年 12 月 12 日，中航通过泛美航空自菲律宾购得 2 架二手的联合 16-1、1 对备用螺旋桨、2 台"大黄蜂"T2D1 型发动机、1 个备用浮筒，共花费 78000 美元。这 2 架飞机分别命名为中航 34 号"梧州"（生产序号 7 / 原注册号 NC663M）和 35 号"长沙"（生产序号 9 / 原注册号 NC665M），次年 1 月运抵香港交付，主要用于重庆—宜昌—汉口航线。1938 年 10 月，当日军突破中国守军的外围防线逼近武汉时，2 架"准将"曾参与疏散撤退行动，先后进行 15 次飞行，蒋介石自汉阳撤往重庆时搭乘的即是该型飞机。武汉沦陷后，中航的"准将"主要用于四川省内航线。1938 年 4 月，"长沙"号在重庆珊瑚坝机场因暴风雨与临近停泊的"福建"号"海豚"客机相撞沉没，所幸并未被冲走，且发动机因安装位置较高而未被水淹没，但机身、机翼、浮筒、支撑则受到严重损坏，至少需要 3 周的时间才能修复。由于备件短缺，中航除使用重庆和香港库存的部分备件外，甚至还打捞了 1935 年 3 月报废的"宜昌"号 K-85 的铰链托架以修复"长沙"号。1939 年 2 月 1 日，"梧州"号在万县受损沉没，"长沙"号则于 1940 年 9 月 16 日被日军空袭炸毁。

1938 年 4 月沉没于重庆珊瑚坝机场的"长沙"号客机

联合 PBY-5A "卡塔琳娜"

Consolidated PBY-5A Catalina

美国制飞机

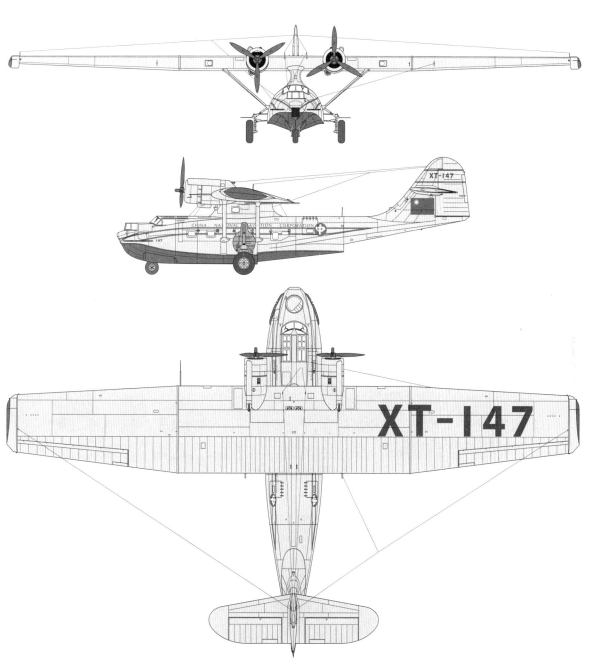

联合 PBY-5A "卡塔琳娜" 水陆两栖客机三视图（中航 XT-147 号）

机　　种：水陆两栖巡逻/轰炸机
用　　途：邮运/客运
乘　　员：2+30人
制 造 厂：联合飞机公司（Consolidated Aircraft Corporation）
首　　飞：1941年
特　　点：金属结构/高单翼布局/可收放起落架
机长/翼展/机高：19.46/31.7/6.15米

净重/全重：9485/16066千克
引　　擎：2台普惠R-1830-92"双黄蜂"型星型14缸气冷发动机（Pratt & Whitney R-1830-92 Twin Wasp），每台1200马力
最大速度/巡航速度：314/201千米/小时
航　　程：4030千米
升　　限：4815米
装备范围：中国航空公司

研发于20世纪30年代中期的PBY"卡塔琳娜"是联合公司生产的知名度最高的水上飞机，也是二战期间使用范围最广的水上飞机之一，其中PB代表"巡逻轰炸机"，Y是美国海军为联合公司分配的代号，"卡塔琳娜"代表卡塔琳娜岛（Catalina Island）。

PBY以XP3Y-1为基础研发，原型机XPBY-1于1936年5月19日首飞成功，同年投入量产，各亚型共制造3305架，二战期间被广泛用于执行反潜、海上巡逻、夜间袭击、搜索救援、货物运输、轰炸等任务，二战后则多供民间作为运输机、消防飞机使用。由于该型飞机结构坚固、性能可靠、飞行性能优良，在拆除武备、无线电等军用设施后具有较大的载荷能力，且可在水面起降，因而广受民用市场欢迎，部分改为消防飞机的PBY直至2014年仍在使用。PBY-5A是在PBY-5基础上加装液压驱动的前三点陆用起落架的亚型，共制造803架。

抗战结束后，中国航空公司有1架PBY-5A用于营运，注册号为XT-147，获得方式及使用状况不详，"两航起义"后滞留香港。在台湾当局与民航空运公司所签协议中不包括这架PBY，据此分析，该机可能系中航租用，"两航起义"后交还原公司。

1949 年 10 月 9 日停放于香港启德机场的中航 PBY 客机，机身后部的水泡状侦察 / 射击舱已被拆除

"两航起义"后滞留香港的中航机群，最近处即为 XT-147 号 PBY

洛克希德 14-WG3B "超伊莱克特拉"

Lockheed Model 14-WG3B Super Electra

美国制飞机

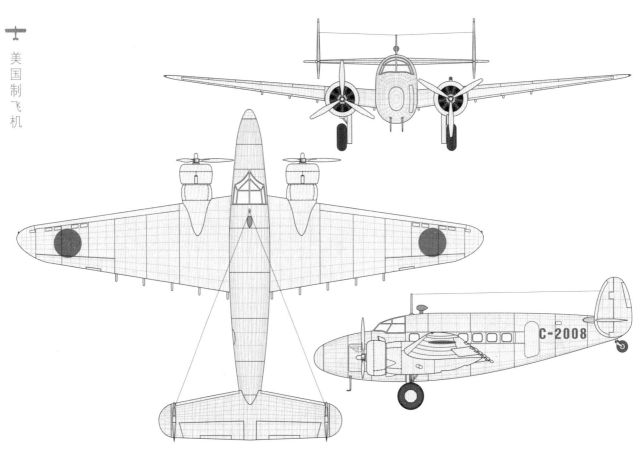

洛克希德 14-WG3B "超伊莱克特拉" 客机三视图（伪中华航空股份有限公司 C-2008 号）

机　　种：	客机		净重/全重：	4876 / 7099 千克

机　　种： 客机

用　　途： 客运/邮运

乘　　员： 2+（12～14）人

制 造 厂： 洛克希德飞机制造公司
（Lockheed Aircraft
Manufacturing Company）

首　　飞： 1937 年

特　　点： 金属结构/中单翼布局/可收放起
落架

机长/翼展/机高： 13.51 / 19.96 / 3.48 米

净重/全重： 4876 / 7099 千克

引　　擎： 2 台莱特 GR-1820-G3B "飓风"
型星型 9 缸气冷发动机（Wright
GR-1820-G3B Cyclone），每台
900 马力

最大速度/巡航速度： 402 / 346 千米/小时

航　　程： 1370 千米

升　　限： 7500 米

装备范围： 伪中华航空股份有限公司、
满洲航空株式会社

20 世纪 30 年代后期，为了和道格拉斯 DC-2、波音 247 竞争民用航空市场，洛克希德公司在洛克希德 10 "伊莱克特拉" 基础上推出了洛克希德 14 "超伊莱克特拉"。该型飞机由洛克希德公司工程师唐·帕尔默（Don Palmer）领衔设计，实质上是 "伊莱克特拉" 的放大型，特点是换装大功率发动机，乘客搭载量增加至 14 人，舱内空间扩大，乘坐舒适度提升。洛克希德 14 的原型机于 1937 年 7 月 29 日首飞成功，飞行速度和载货量均表现出色，但飞行稳定性较差，低速飞行时容易失速。该型飞机于同年投入量产，由于其性能不如 DC-3，且在 1938 年连续失事，因此未获美国民用航空市场青睐，销量较差，多用于出口。洛克希德 14-WG3B 是换装莱特 GR-1820-G3B 型发动机的出口型，共制造 34 架，其中 4 架售予罗马尼亚，其余则出口日本，日本在其基础上仿制了 119 架立川口式输送机和 121 架川崎一式货物输送机。

1938 年 12 月，"中日合资" 的伪中华航空股份有限公司正式成立后，自大日本航空株式会社接收了 2 架洛克希德 14-WG3B 和 3 架中岛–福克 "超级通用"，次年 2 月 10 日开通了北平—新京航线，3 月 14 日和 15 日又开航了北平—上海和北平—大同航线。1941 年 12 月太平洋战争爆发后，关东军曾征用 3 架满洲航空株式会社的 Ju 86 Z-2 将轰炸机部队的维修人员运往缅甸，其中有 1 架因发动机故障降落在南京，机上乘员改乘伪中华航空股份有限公司的 "超伊莱克特拉" 飞往缅甸。满洲航空株式会社也有数量不详的该型飞机用于营运。1945 年 8 月 9 日，苏联出兵中国东北，位于佳木斯的满航成员向哈尔滨撤退，满航飞行员泷泽三代（Takizawa Mikiyo）驾驶 1 架立川口式输送机满载人员和行李飞往哈尔滨，由于泷泽此前并未驾驶过该型飞机，因此只能一边查阅飞机手册一边飞行，也算一个创举。

停放于北平机场的伪中华航空股份有限公司 C-2008 客机

洛克希德 A-29 "哈德逊"

Lockheed A-29 Hudson

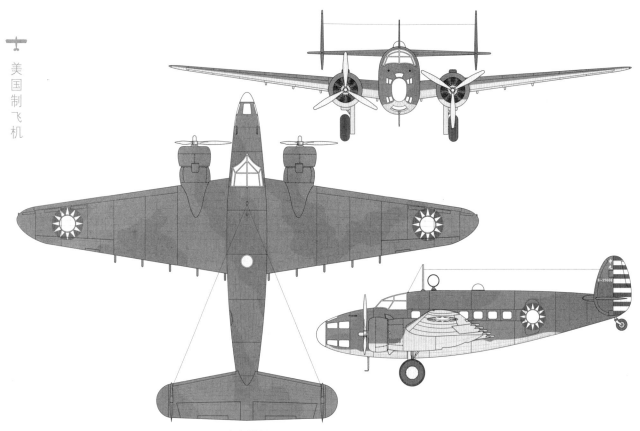

洛克希德 A-29 "哈德逊" 轰炸机三视图

机　　种：	巡逻/轰炸机	
用　　途：	客运/邮运	
乘　　员：	2+（12～14）人	
制 造 厂：	洛克希德飞机制造公司（Lockheed Aircraft Manufacturing Company）	
首　　飞：	1938 年	
特　　点：	金属结构/中单翼布局/可收放起落架	
机长/翼展/机高：	13.51 / 19.96 / 3.61 米	

净重/全重： 5817 / 9299 千克

引　　擎： 2 台莱特 R-1820-87 "飓风" 型星型 9 缸气冷发动机（Wright R-1820-87 Cyclone），每台 1200 马力

最大速度/巡航速度： 407 / 330 千米/小时

航　　程： 2495 千米

升　　限： 8077 米

装备范围： 中央航空运输公司

"哈德逊"是洛克希德公司于二战前为英国研发的海岸巡逻／轰炸机，是该公司研发的首款军用飞机，也是自其成立以来承接的第一笔大型交易。该型飞机以洛克希德14"超伊莱克特拉"型客机为基础研发，结构和布局与 L-14 相同，机首增加导航／轰炸观察窗，机腹地板下增加炸弹舱，同时加装自卫机枪和通讯设施。由于"哈德逊"的基础设计是客机，因此有着飞行速度慢、防御力差、自卫火力弱、机动性不足等先天缺点，但作为防御圈内的巡逻／轰炸机却颇为称职，各亚型共生产 2941 架，在二战期间广泛用于海岸警戒、侦察、巡逻、反潜、运输、训练等任务。二战结束后，大量沦为战后剩余物资的"哈德逊"改装为客机销往民用市场，部分该型飞机直到 1972 年仍在使用。A-29 是美国陆军使用的型号，特点是换装莱特 R-1820-87 型发动机，共制造 416 架。

1944 年 6 月 26 日，国民政府空军将 10 架 A-29 移交中央航空运输公司，改造为民航客机，编号为"中六"至"中十二"、"中十四"、"中十五"和"中十七"（注册号依次为：XT-ATF、XT-ATG、XT-ATH、XT-ATI、XT-ATJ、XT-ATK、XT-ATL、XT-ATM、XT-ATN、XT-ATO）。由于这些飞机缺乏备件，且曾在战争中受损，性能不佳，因此在短短数月后，就出现了"中六""中七"分别于 10 月 20 日和 11 月 20 日坠毁的事故，其余 A-29 停用。抗战结束后，中航序列中仅有 3 架该型飞机在册。

中央航空运输公司"中九"号，机身上仍为国民政府空军涂装，仅垂直尾翼上漆有"中九"编号

柯蒂斯-莱特 T-32C、AT-32A、AT-32D "兀鹰" II

Curtiss-Wright T-32C/AT-32A/AT-32D Condor II

美国制飞机

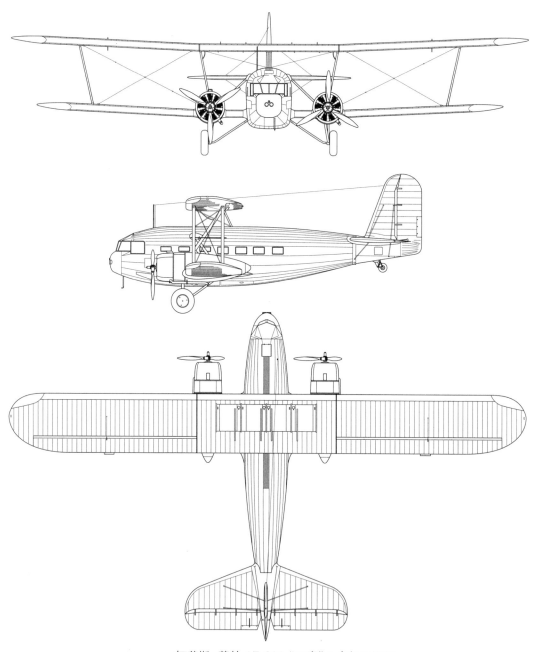

柯蒂斯-莱特 AT-32A "兀鹰" II 客机三视图

机　　种：客机
用　　途：货运
乘　　员：3+（12 ～ 15）人
制 造 厂：柯蒂斯−莱特公司
　　　　　（Curtiss-Wright Corporation）
首　　飞：1934 年
特　　点：混合结构 / 不等翼展双翼布局 / 可
　　　　　收放起落架
机长 / 翼展 / 机高：14.9 / 24.99 / 4.98 米
　　　　　（T-32C），15.09 / 24.99 / 4.98 米
　　　　　（AT-32A、AT-32D）
净重 / 全重：5550 / 7938 千克（T-32C）

引　　擎：2 台莱特 SGR-1820-F3 "飓风"
　　　　　型星型 9 缸气冷发动机 2 台莱特
　　　　　SGR-1820-F3 "飓风" 型星型 9 缸
　　　　　气冷发动机（Wright SGR 1820-
　　　　　F3 Cyclone），每台 710 马力
最大速度 / 巡航速度：291/257 千米 / 小时
　　　　　（T-32C、AT-32A）
航　　程：1046 千米（T-32C），1287 千米
　　　　　（AT-32A）
升　　限：7010 米（T-32C）
装备范围：中国航空公司

20 世纪 30 年代初，柯蒂斯−莱特公司为了使负债停产的密苏里州圣路易分厂恢复运营，决定快速研发一种低成本的客机推向市场，即为 T-32。该型飞机由柯蒂斯−莱特公司首席设计师乔治·A·佩季（George A Page）设计，为减少研发成本并快速生产，佩季在设计中没有采用先进的全金属结构和单翼布局，而是大量沿用此前生产的 B-2 "兀鹰" 型双翼轰炸机的成熟技术，T-32 也因此而得名 "兀鹰" II。其原型机 TX-32 于 1933 年 1 月 30 日首飞成功，飞行平稳、操作灵便，即使满载也可使用单台发动机维持飞行。除飞行性能外，佩季在研发中非常注重乘坐舒适度，客舱内可安装 15 个沙发座椅或 12 张卧铺，内壁覆有吸音材料，且每个座位都安装单独的冷气和供暖设施。该型飞机于 1933 年投产，各亚型共制造 45 架。T-32 是最初的量产型，共制造 21 架，其中包括 2 架美国陆军航空队使用的 YC-30。

AT-32 是 1934 年推出的改良型，特点是换装 NACA 整流罩和哈密尔顿变距螺旋桨，共五种亚型，其中 AT-32A 换装 710 马力 SGR-1820-F3 型发动机的亚型，共制造 3 架；AT-32D 是安装 720 马力 SGR-1820-F3 型发动机的亚型，共制造 4 架；T-32C 是在 T-32 基础上以 AT-32 标准改造的改良型，共改造 10 架。

"兀鹰" II 在投产后主要供美国航空和东方航空使用，由于道格拉斯 DC-2 和 DC-3 的出现，"兀鹰" II 先被改为夜间航班，后全部转售国外，多销往中南美洲的中小型航空公司。

画面远端是 2 架中航"兀鹰"II 和 1 架 DC-2，近处是"峨嵋"号 DC-2½

1939 年，为开办云南昆明—越南河内的钨、锡货运航线，中国航空公司通过美国著名二手飞机推销员查尔斯·H·巴布（Charles H Babb）购得 6 架二手的"兀鹰"II。巴布原计划是将这些飞机售予西班牙共和军，在墨西哥存放一年多后，因被扣押而未成，遂于 1939 年 1 月运回美国加利福尼亚改造为货机。1940 年初，这 6 架飞机运抵香港，其中包括 2 架 T-32C（生产序号 25 / 注册号 NX12365、生产序号 40 / 注册号 NX12383），1 架 AT-32A（生产序号 43 / 注册号 NX12391），3 架 AT-32D（生产序号 48 / 注册号 NX12396、生产序号 50 / 注册号 NX12398、生产序号 51 / 注册号 NX12399），但 6 架飞机最初仅有 3 架可以正常飞行，因此中航可能将其中 1 架作为备件使用，其余 5 架的编号为 F1 至 F5。

被日军掳获的中航 F3 号"兀鹰" II

　　"兀鹰" II 最初主要用于昆明—河内的钨运输，1940 年 9 月该航线暂停后，中航又用其开辟了香港—广东南雄的钨、锡运输航线，业务繁忙时甚至每晚要往返 2 次。1941 年 10 月 28 日，由 3 位机组成员驾驶的 F2 号在香港九龙湾坠毁。同年 12 月 8 日，F1、F4、F5 号在香港被日军飞机炸毁。F3 号则因在机库中维修幸免于难，12 月 10 日夜间，该机曾试图飞往菲律宾马尼拉，但因发动机故障被迫折返，后被日军掳获。

柯蒂斯－莱特 C-46A、C-46D、C-46F "突击队员"

Curtiss–Wright C-46A / C-46D / C-46F Commando

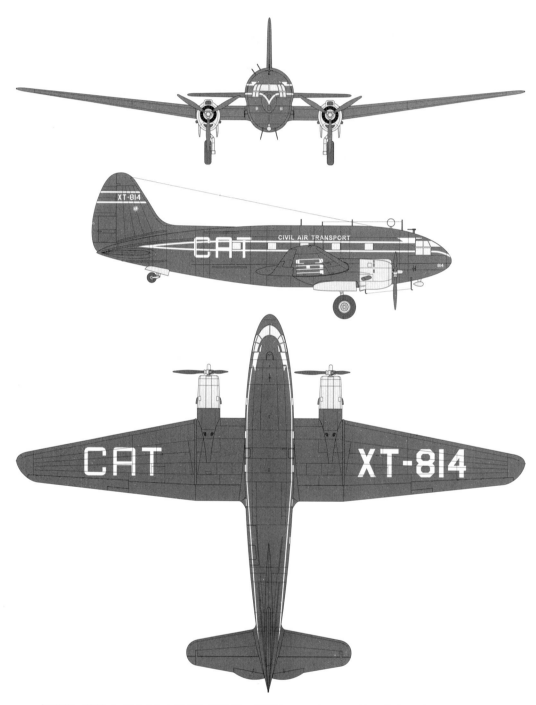

柯蒂斯－莱特 C-46A "突击队员" 运输机三视图（1949 年 11 月的民航空运队 XT-814 号）

机　　种：运输机

用　　途：客运 / 邮运 / 包机

乘　　员：4+40 人（C-46A），4+50 人
　　　　　（C-46D），4+48 人（C-46F）

制 造 厂：柯蒂斯–莱特公司（Curtiss-
　　　　　Wright Corporation）

首　　飞：1940 年（C-46A），1944 年
　　　　　（C-46D），1945 年（C-46F）

特　　点：金属结构 / 下单翼布局 / 可收放起
　　　　　落架

机长 / 翼展 / 机高：23.27 / 32.92 / 6.63 米
　　　　　（C-46A/D），23.27 / 32.92 / 6.71
　　　　　米（C-46F）

净重 / 全重：13608 / 20412 千克（C-46A），
　　　　　14696 / 20412 千克（C-46D）

引　　擎：2 台普惠 R-2800-51 "双黄蜂"
　　　　　型星型 14 缸气冷发动机（Pratt
　　　　　& Whitney R-2800-51 Twin
　　　　　Wasp），每台 2000 马力

最大速度 / 巡航速度：435 / 278 千米 / 小时
　　　　　（C-46A），435 / 301 千米 / 小时
　　　　　（C-46D），407 / — 千米 / 小时
　　　　　（C-46F）

航　　程：1609 千米（C-46A），4748 千米
　　　　　（C-46D），1931 千米（C-46F）

升　　限：8199 米（C-46A），8412 米
　　　　　（C-46D），8382 米（C-46F）

装备范围：中国航空公司、中央航空运输公
　　　　　司、民航空运队

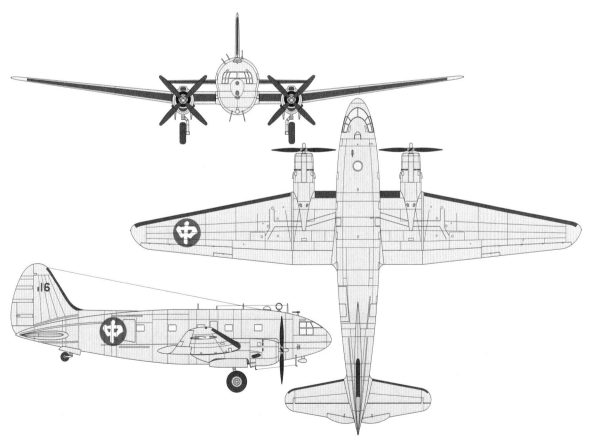

柯蒂斯–莱特 C-46D "突击队员" 运输机三视图（抗战期间的中航 116 号）

C-46 是 CW-20 型高空客机的军用型，在投产时是世界上尺寸最大、运载能力最强的双发飞机，在二战、朝鲜战争和越南战争期间广泛运用于运输任务，是"驼峰"航线主力运输机。该型飞机由柯蒂斯–莱特公司首席设计师乔治·A·佩季设计，各亚型共制造 3181 架。C-46 的机身采用独特的"双泡形"截面设计，以适应高海拔地区的气压差，舱内空间巨大，运载能力几乎比 C-47 高 1 倍，发动机为 2 台功率高达 2000 马力的普惠"双黄蜂"，在仅有单台发动机运行的情况下也可承载大量货物，相较 4 台发动机布局可大幅降低运营成本。

C-46 虽有运载量大的优点，但却有耗油量大、结构复杂、维护困难、事故率高等缺点，因此有"柯蒂斯灾难""水管工的噩梦""飞行棺材"等恶名。截至 1943 年 11 月，C-46 因发现问题共进行了多达 721 次改良。二战后，由于油耗问题和维护成本高，C-46 并未像 C-47 一样广泛运用于民航客运，而是多供商业货运或偏远地区的运营，在南美等山地较多的地区颇受欢迎。

C-46A（CW-20B）是 C-46 投产后第一种大量生产的亚型，也是产量最多的亚型，共制造 1491 架。特点是使用 2 台普惠 R-2800-51 型发动机取代了 C-46 的 R-2800-43，后机身左侧装有大型两扇式货舱门，地板结构强化，设有 40 个可折叠的帆布座椅，最多可容纳 40 名全副武装的士兵。前期生产的 C-46A 安装的是哈密尔顿三叶螺旋桨，后期型则换装柯蒂斯四叶电变距螺旋桨。C-46D（CW-20B-2）是 1944 年推出的改良型，机身后部右侧增加小型舱门，主要用于运输、空投伞兵，产量仅次于 C-46A，共制造 1410 架，其中部分改造为 TC-46D 型教练机；C-46F 是在 C-46E 基础上改良的亚型，于 1945 年推出，特点是翼尖改为方形，后机身两侧均装有货舱门，共制造 234 架，主要用于货运。

1944 年 12 月，根据《租借法案》，美国开始向中国航空公司提供 C-46，截至抗战结束共交付 23 架，编号为中航 113 至 135 号，主要用于"驼峰"航线的运输。1946 年 4 月，国民政府向美国购得 182 架沦为战后剩余物资的 C-46（包括了 A、D 和 F 型），由美方负责将其飞至上海江湾机场，部分交付国民政府空军，其余则供中航使用，有 1 架于 1948 年 1 月 20 日在云南红河坠毁。1946 年 12 月 25 日的"黑色圣诞夜"空难中，中航 115 号 C-46 自重庆经武汉飞往上海，在江湾机场因大雾无法降落，当晚 9 点能见度有所提高，该机在飞往龙华机场降落的过程中坠入附近的一所学校，副驾驶谭兴铮和 20 名乘客身亡，驾驶员罗尔夫·勃兰特·普鲁斯（Rolf Brandt Preus）、报务员王孝德和 6 名乘客幸存，地面无人伤亡。1949 年的"两航起义"中，中航共有 3 架 C-46 自香港飞往天津，注册号分别是 XT-154、XT-172 和 XT-144，这些飞机与解放军此前获得的部分该型飞机共同构成了解放军空军和初创的中国民航主力，并于 1950 年开

"黑色圣诞夜"空难中坠毁的中航 115 号残骸

抗战期间的中航 135 号 C-46 客机

辟了进入康藏高原的航线，最后 14 架直至 1982 年才退役。

1946 年，中央航空运输公司从驻印美军处购得约 150 架 C-46 和 C-47，其中 C-46 仅有 27 架可用，其余则于 1947 年报废处理。"两航起义"后，央航的 18 架 C-46 和中航的 31 架该型飞机滞留香港，后由陈纳德在美注册民航空运公司通过诉讼获取，其中 4 架中航的 C-46（注册号分别为 XT-112 、XT-116 、XT-136 和 XT-120）于 1950 年 4 月 2 日被国民党特工宋祥云使用定时炸弹炸伤。

1947 年，民航空运队通过美国战争资产管理局（War Assets Administration）自夏威夷购得 17 架 C-46D，这些飞机于同年 2 至 5 月陆续交付，构成了民航空运队的主力，其中 15 架的基本信息如下：

命名	生产序号	美军注册号	民航空运队注册号	1949 年后注册号
哈密	22215	44-78392	XT-T504/XT-802	N8406C
—	22218	44-78395	XT-T505/XT-804	N8407C
汉口	22228	44-78405	XT-T506/XT-806	N8408C
—	22232	44-78409	XT-T507/XT-808	N8409C
兰州	22236	44-78413	XT-T508/XT-810	N8410C
汕头	22345	44-78522	XT-T509/XT-812	—
上海	22347	44-78524	XT-T510/XT-814	—
—	22351	44-78528	XT-T511/XT-816	N8412C
—	22353	44-78530	XT-T512/XT-818	N8413C
—	22354	44-78531	XT-T513/XT-820	—
—	22355	44-78532	XT-T514/XT-822	—
—	22359	44-78536	XT-T515/XT-824	N8414C
青岛	22362	44-78539	XT-T516/XT-826	N8415C
南京	22363	44-78540	XT-T517/XT-828	N8416C
成都	22366	44-78543	XT-T518/XT-830	N8417C

民航空运队最初计划使用其中 14 架营运，另外 3 架则作为备件，由于运力的缺乏，这些飞机交付后仅有 2 架用作备件。1947 年 7 月 5 日，"哈密"号在北平机场被国民政府空军的 C-47 撞伤，造成运力进一步受损。所幸同年 4 月，联合国善后救济总署又出资 183000 美元在菲律宾购买了 25 架 C-46D 供民航空运队使用，使民航空运队不再受备件缺乏困扰，同时进一步增强了运力，其中 1 架于 1948 年中期捐献给广州国立中山大学。这些飞机基本信息为：

生产序号	美军注册号	组装后注册号	1949 年后新注册号
30535	42-101080	—	—
30538	42-101083	—	—
30583	42-101128	—	—
30596	42-101141	—	—
30597	42-101142	—	—
30618	42-101163	—	—
32746	44-77350	—	—
32755	44-77359	—	—
32761	44-77365	—	—
32768	44-77372	—	—
32775	44-77379	—	—
32781	44-77385	—	—
32878	44-77482	—	—
32879	44-77483	—	—
33128	44-77732	—	—
33132	44-77736	XT-834	N8419C
33152	44-77756	XT-832	N8418C
33153	44-77757	XT-836	N8420C
33173	44-77777	—	—
33174	44-77778	—	—
33185	44-77789	—	—
33189	44-77793	—	—
33322	44-77926	—	—
33324	44-77928	—	—
22342	44-78519	—	—

1948 年 5 月 15 日，民航空运队又向国民政府民航局租借了 6 架 C-46F（一说为在日本购买了 6 架 C-46F），分别是：

生产序号	美军注册号	新注册号
22502	44-78679	XT-44
22461	44-78638	XT-46
22510	44-78687	XT-48
22526	44-78703	XT-50
22466	44-78643	XT-52
22370	44-78547	XT-54

20 世纪 40 年代后期的中航 XT-T44 号 C-46 客机

民航空运队 XT-810 号客机客舱内部

民航空运队使用的 C-46 客机

民航空运队的 C-46 除供商业客货运输、包机和运输救援物资外，也用于协助国民政府进行运输、搜索、空投补给、疏散撤离、低强度轰炸等任务，在山西空运、潍县撤退和沈阳撤退中非常活跃。淮海战役期间（1948 年 11 月至 1949 年 1 月），民航空运队的 C-46 执行军用任务的次数更是远超过商业任务。

1948 年 9 月，民航空运队用该型飞机开航了自云南飞往中南半岛的锡运输航线，次年 6 月又开辟了云南蒙自—越南海防的锡运输航线。1948 年 7 月 29 日，注册号 XT-822 的 C-46D 在青岛起飞时坠毁，机上 3 名机组成员和 16 名士兵丧生；同年 12 月 10 日，XT-820 在太原机场起飞时因爆胎撞毁，所幸无人员伤亡；1949 年 3 月 17 日，"上海"号因发动机松动在兰州坠毁，修复后于同年 12 月 10 日在海口再度坠毁，机上 40 人中有 17 人罹难；"汕头"号于 12 月 5 日在柳州迫降后被解放军俘虏。其余飞机则随民航空运队迁往台湾，经营岛内至香港、马尼拉、海防等地的航线。

"两航起义"后，有 8 架未在香港的中航 C-46 被移交民航空运队使用，其中 5 架原为中航所购，另外 3 架则为中航向国民政府民航局租借，分别为：

飞机型号	生产序号	美军注册号	中航注册号（旧 / 新）	移交后注册号	权属性质
C-46F	22451	44-78628	XT-T15/XT-132	—	购买
C-46F	22449	44-78626	XT-T16/XT-134	—	购买
C-46A	427	43-47356	XT-T41/XT-138	XT-814	购买
C-46D	33372	44-77976	XT-156	—	购买
C-46D	32950	44-77554	XT-158	XT-822	购买
C-46F	22379	44-78556	XT-30	—	租借
C-46F	22465	44-78642	XT-36	XT-56	租借
C-46F	22500	44-78677	XT-38	—	租借

比奇 C17E "交错翼"

Beech C17E Staggerwing

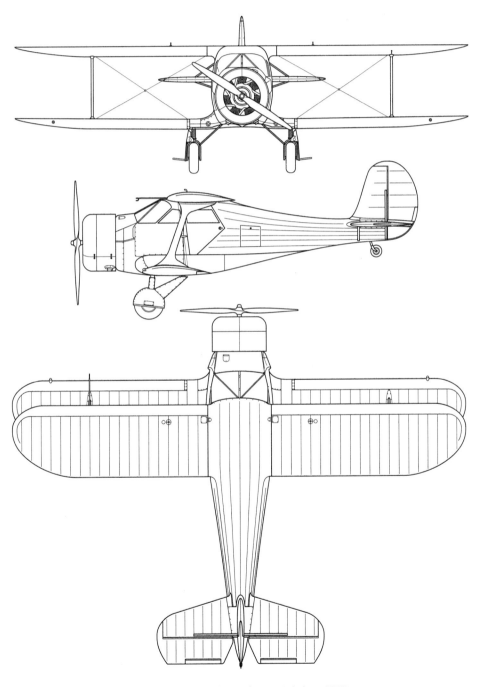

比奇 C17E "交错翼" 客机 / 公务机三视图

机　　种：客机 / 公务机
用　　途：客运 / 邮运
乘　　员：1+4 人
制 造 厂：比奇飞机公司（Beech Aircraft Company），立川飞行机株式会社（Tachikawa Hikōki Kabushiki Kaisha）
首　　飞：1936 年
特　　点：混合结构 / 等翼展双翼布局 / 可收放起落架

机长 / 翼展 / 机高：—
净重 / 全重：—
引　　擎：1 台莱特 R-760-E1 "旋风" 型星型 9 缸气冷发动机（Wright R-760-E1 Whirlwind），285 马力
最大速度 / 巡航速度：297 / 265 千米 / 小时
航　　程：1392 千米
升　　限：—
装备范围：伪中华航空股份有限公司

比奇 17 是 20 世纪 30 年代初比奇公司研发的一系列小型客机 / 公务机，包括 A17 至 G17 等多种型号，均采用独特的 "交错翼" 布局，下翼在前，上翼在后，可大幅增加飞行员的视界，同时减弱机翼之间的气流干扰。该系列飞机最初研发时适逢美国经济大萧条，但比奇公司并未效法同时期其他飞机公司为降低售价而压低制造成本、降低飞机性能的做法，而是反其道而行之，在研发中注重飞行性能和乘坐舒适度。虽然单机价格高至 14000 ~ 17000 美元，但由于美观的流线形外观、豪华的内部装饰、优良的飞行性能，销量逐年稳步上升，二战前已售出 424 架。C17 是 1936 年 3 月至 1937 年 3 月间生产的型号，C17E 是换装莱特 R-760-E1 型发动机的亚型，共制造 3 架。日本立川公司购得其中 2 架和仿制权，1938—1940 年共制造 20 架。

伪中华航空股份有限公司正式成立后，自大日本航空株式会社接收了 3 架立川公司制造的比奇 C17E 用于营运。

比奇 D17R "交错翼"

Beech D17R Staggerwing

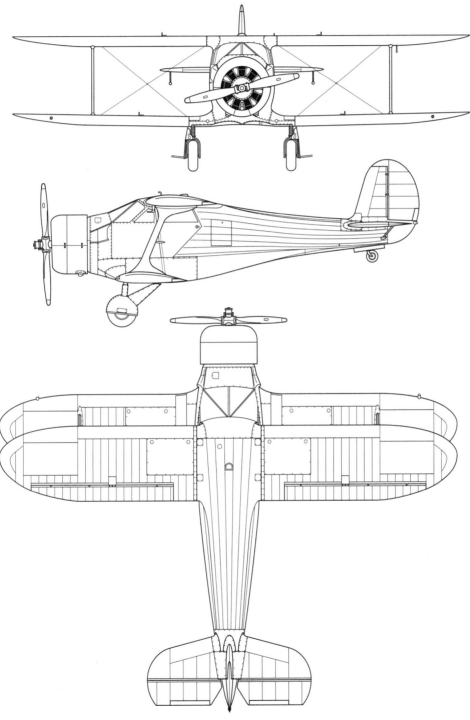

比奇 D17R "交错翼" 客机 / 公务机三视图

机　　种：客机 / 公务机

用　　途：客运 / 邮运

乘　　员：1+4 人

制 造 厂：比奇飞机公司（Beech Aircraft Company）

首　　飞：1936 年

特　　点：混合结构 / 等翼展双翼布局 / 可收放起落架

机长 / 翼展 / 机高：7.98 / 9.75 / 3.12 米

净重 / 全重：1400 / 2132 千克

引　　擎：1 台莱特 R-975-E3 "旋风" 型星型 9 缸气冷发动机（Wright R-975-E3 Whirlwind），450 马力

最大速度 / 巡航速度：319 / 274 千米 / 小时

航　　程：805 千米

升　　限：6096 米

装备范围：中国航空公司、伪中华航空股份有限公司

　　D17 "交错翼" 是比奇 17 系列小型客机 / 公务机中产量最多的型号，也是生产时间最久的一型。该型飞机以 C17 为基础改良，特点是加长了机身，以改善操纵性能和制动性能，同时将副翼移至上翼，减轻对襟翼的干扰。D17 于 1937 年 3 月投产，截至 1945 年停产，各亚型共制造 516 架。D17R 是安装莱特 R-975-E3 型发动机的亚型，售价 18870 美元，共制造 30 架，其中 2 架由 D17W 改造而成。

　　1939 年 1 月，国民政府空军将 1 架 1938—1939 年间购买的 D17R 移交中国航空公司使用，编号 37。2 月 21 日，该机进行了重庆—缅甸仰光航线的试航，因故未成功，后于同年 10 月 30 日经云南昆明、缅甸腊戌成功飞抵仰光。

　　1940 年 6 月 10 日，国民政府空军空运队的 1 架 D17R 由谭世昌驾驶，自重庆叛逃至南京汪伪政权，后移交伪中华航空股份有限公司使用。

飞机开发公司

伏尔梯 V–1A

Vultee V–1A

机　　种：客机

用　　途：客运 / 邮运

乘　　员：2+8

制 造 厂：飞机开发公司
（ Airplane Development
Corporation ）

首　　飞：1933 年

特　　点：金属结构 / 下翼展布局 / 可收放起
落架

机长 / 翼展 / 机高：11.28 / 15.24 / 3.1 米

净重 / 全重：2424 / 3864 千克

引　　擎：1 台莱特 R-1820-F2 "飓风" 型
星型 9 缸气冷发动机（ Wright
R-1820-F2 Cyclone ），735 马力

最大速度 / 巡航速度：378 / 346 千米 / 小时

航　　程：1610 千米

升　　限：6100 米

装备范围：中国航空公司、中央航空运输
公司

美
国
制
飞
机

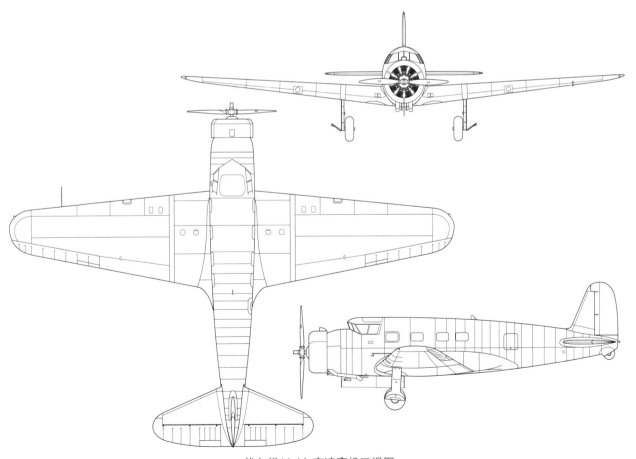

伏尔梯 V-1A 高速客机三视图

20 世纪 30 年代初，民航市场上兴起了"高速客机热"，如美国的洛克希德"猎户座"、通用航空 GA-43，德国的亨克尔 He 70、容克 Ju 160 等，伏尔梯 V-1A 则是这些高速客机中飞行速度较快的之一。该型飞机由飞机开发公司创始人杰拉德·伏尔梯（Gerard Vultee）设计，1933 年 2 月 19 日首飞，装有 1 台 650 马力的莱特 SR-1820-F2 型发动机，可搭载 6 名乘客，量产型 V-1A 则换装 735 马力的莱特 R-1820-F2 型发动机，机身长度和翼展都有所增加，舱内容积加大，可搭载 8 名乘客。由于著名的波音 247 和道格拉斯 DC-2 的出现，V-1A 产量不多，仅制造 18 架。1936 年，美国航空局严格限制使用单发客机后，该型飞机被迫从航空公司退役，多作为行政机或专机使用，部分转售国外。

1940 年，国民政府将同年 2 月 3 日购得的 2 架原供委员长侍从室使用的 V-1A 移交中国航空公司，编号分别是中航 44（生产序号 23 / 原注册号 NC16000）和 45 号（生产序号 26 / 原注册号 NC17326），并于同年 7 月开始用于营运。1941 年 12 月 8 日，日军空袭香港，其中 1 架 V-1A 因在机库中而躲过一劫，12 月 10 日飞回南雄。

1943 年 6 月 25 日，中央航空运输公司自国民政府空军接收了 4 架飞机，其中包括 2 架 V-1A。这 2 架飞机编号分别为"中三"（注册号 XT-ATD）和"中四"（注册号 XT-ATE），可能是此前中航使用的 2 架。"中四"号于 1943 年 9 月 25 日坠毁。

中航 45 号 V-1A 客机，其机背竖向漆有"CNAC"字样

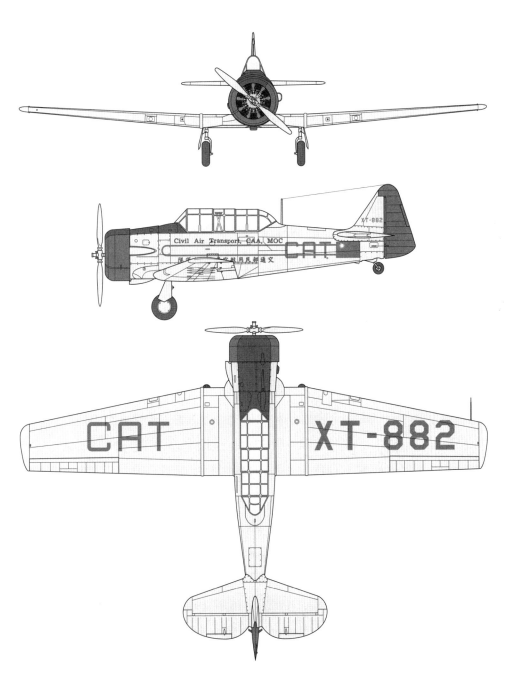

北美 AT-6D、AT-6F "德州人"

North American AT-6D/AT-6F Texan

北美 AT-6D "德州人"教练机三视图（民航空运队 XT-882 号）

机　　种：教练机
用　　途：训练/气象观测/空投/航空喷洒
乘　　员：2 人
制　造　厂：北美航空公司（North American Aviation）
首　　飞：1942 年（AT-6D），1944 年（AT-6F）
特　　点：金属结构/下单翼布局/可收放起落架
机长/翼展/机高：8.84 / 12.81 / 3.57 米
净重/全重：1852 / 2404 千克（AT-6D），1886 / 2548 千克（AT-6F）

引　　擎：1 台普惠 R-1340-AN-1 "黄蜂"型星型 9 缸气冷发动机（Pratt & Whitney R-1340-AN-1 Wasp），600 马力
最大速度/巡航速度：334 / 274 千米/小时（AT-6D），334 / 233 千米/小时（AT-6F）
航　　程：1174 千米
升　　限：7376 米（AT-6D），7400 米（AT-6F）
装备范围：中国航空公司、中央航空运输公司、民航空运队

美国制飞机

　　AT-6（1948 年改称 T-6，北美公司代号 NA-59）是北美公司研发的最著名的教练机，也是除苏联波利卡波夫波-2 之外运用范围最广的教练机。该型飞机以 BC-1 型教练机（NA-26-54）为基础研发，是 1935 年首飞的 NA-16 系列教练机的后续，主要作为高级教练机训练战斗机飞行员。AT-6 的设计非常现代化，采用全金属结构半硬壳式机身，起落架可收放，具有易于操控、结构坚固耐用、飞行性能优良、机动性好、可搭载各种战斗机装备等特点，在二战中为盟军训练飞行员解了燃眉之急。其各亚型总产量高达 15495 架，部分该型飞机直至 20 世纪 90 年代仍在服役。

　　AT-6D（后改称 T-6D，北美公司代号 NA-88、NA-119、NA-121）是在 AT-6B（NA-84）、AT-6C（NA-88）基础上改良的亚型，修改了 AT-6C 因海运封锁而将部分部件改为木制的设计，改为全金属结构，电力系统由 12 伏提升到 24 伏，其余均与 AT-6B 相同，共制造 4388 架，其中包括 675 架美国海军使用的 SNJ-5。AT-6F（后改称 T-6F，北美公司代号 NA-121）是 1944 年推出的改良型，特点是机翼结构强化，座舱盖后部改良，共制造 956 架，其中包括 931 架美国海军使用的 SNJ-6。

　　1945 年底，中央航空运输公司向驻印美军购得 2 架 AT-6F，次年又购得 1 架 AT-6D，主要用于飞行训练。1946—1947 年，中国航空公司也购有 5 架 AT-6F 用于气象观测和培训飞行员，其中 1 架在 1949 年的 "两航起义" 中滞留香港，后由陈纳德在美国注册民航空运公司通过诉讼获取，1952 年 11 月 19 日移交民航空运公司。民航空运队也拥有 1 架 AT-6，注册号最初可能是 XT-T5，后改为 XT-882。1948 年 5 月，该机由民航空运队飞行员埃里克·希林（Eric Shilling）驾驶，在上海附近喷洒滴滴涕以预防伤寒和痢疾。1949 年初，马歇尔·斯坦纳（Marshall Stayner）曾驾驶该机在宁夏、西宁、兰州执行空投任务。

北美 AT-6F "德州人" 教练机三视图

中央航空运输公司的 AT-6D 教练机

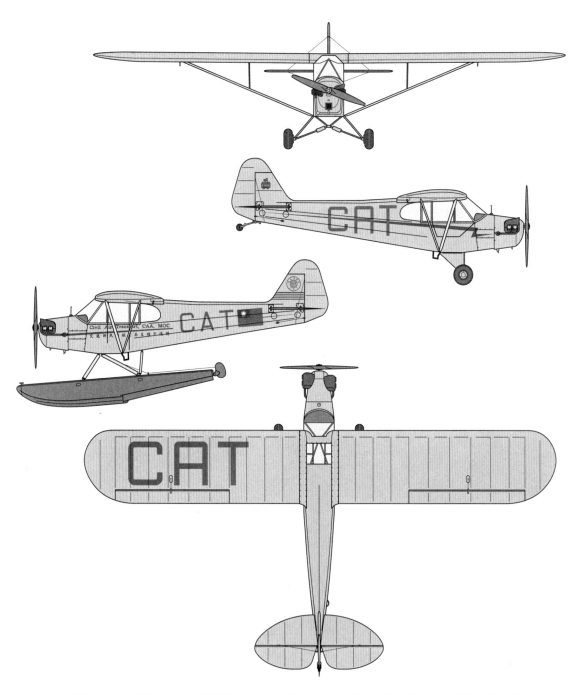

派珀 J-3 "小熊"

Piper J-3 Cub

美国制飞机

派珀 J-3 "小熊" 通用飞机三视图（民航空运队涂装，安装浮筒的侧视图为不同时期的涂装）

（J-3C-65 参数）

机　　种：　通用飞机
用　　途：　观光 / 水位观测
乘　　员：　1+1 人
制 造 厂：　派珀飞机公司
　　　　　　（Piper Aircraft, Inc.）
首　　飞：　1938 年
特　　点：　混合结构 / 上单翼布局 / 固定式起
　　　　　　落架
机长 / 翼展 / 机高：　6.83 / 10.74 / 2.03 米

净重 / 全重：　345 / 550 千克
引　　擎：　1 台大陆 A-65-8 型对列型 4 缸
　　　　　　气冷发动机（Continental A-65-
　　　　　　8），65 马力
最大速度 / 巡航速度：　140 / 121 千米 / 小时
航　　程：　354 千米
升　　限：　3500 米
装备范围：　中国航空公司、民航空运队

　　J-3 以泰勒 E-2 "小熊" 型通用飞机（Taylor E-2 Cub）为基础研发，是派珀公司产量最高、最著名的飞机，其军用型即为著名的 L-4 "蚱蜢" 型联络机。该型飞机于 1938 年首飞，具有结构简单轻便、低速飞行性能优良、易于操控、可短距起降、用途广泛、价格低廉等特点，单价仅 995 ～ 1249 美元，因此一经投产即广受欢迎，并在二战期间美国的 "平民飞行员培训计划"（CPTP）中发挥了不可或缺的作用。

　　J-3 各亚型共制造 14125 架，另有 5687 架军用型 L-4、L-14 和 O-59。二战结束后，大量沦为战后剩余物资的 L-4 以 J-3 的型号流入民用市场，其座舱后部和上部均有大面积视窗，与原始型 J-3 不同。

　　1947 年，民航空运队购得 1 架配备有浮筒的 J-3，注册号 XT-883。该机曾参与 1948 年 4 月 12 至 15 日的潍县撤离行动，并曾协助国民政府抗洪。1949 年 10 月，民航空运队总部搬迁至香港后，曾使用这架飞机在香港港口开展观赏海鸟的观光飞行，后随民航空运队前往台湾。此外，中国航空公司也有至少 1 架 "小熊"。

潍县撤离行动中的民航空运队"小熊"

中国航空公司的"小熊"

美国制飞机

康维尔 CV-240

Convair CV-240

机　　种： 客机

用　　途： 客运 / 邮运

乘　　员： (2～3)+40 人

制 造 厂： 联合−伏尔梯飞机公司
（Consolidated Vultee Aircraft
Corporation）

首　　飞： 1947 年

特　　点： 金属结构 / 下单翼布局 / 可收放起
落架

机长 / 翼展 / 机高： 22.76 / 27.97 / 8.2 米

净重 / 全重： 13381 / 19278 千克

引　　擎： 2 台普惠 R-2800-CA3 "双黄蜂"
型星型 18 缸气冷发动机（Pratt
& Whitney R-2800-CA3 Twin
Wasp），每台 2400 马力

最大速度 / 巡航速度： 507 / 451 千米 / 小时

航　　程： 1931 千米

升　　限： 4900 米

装备范围： 中央航空运输公司

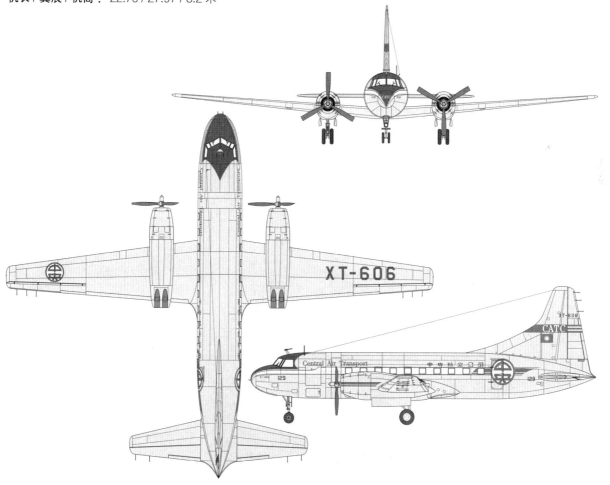

康维尔 CV-240 客机三视图（央航 XT-606 号）

CV-240 是联合-伏尔梯公司（又称康维尔公司）应美国航空（American Airlines）要求研发的双发客机，也是"康维尔班机"系列中的第一种型号。该型飞机为取代老旧的道格拉斯 DC-3 而研发，其原型机 CV-110 于 1946 年 7 月 8 日首飞成功，可搭载 30 名乘客。由于美国航空要求飞机拥有加压客舱并提高载客数量，康维尔公司对 CV-110 进行了大幅改良，载客数增加至 40 人，型号改为 CV-240。改造后的飞机于 1947 年 3 月 16 日首飞成功，次年 2 月 23 日加入美国航空机队服役，各亚型共制造 176 架，其中 153 架是民用客机型，单架售价 316000 ～ 495000 美元。康维尔公司后在 CV-240 基础上又推出了 CV-340、CV-440、CV-580 等著名客机。1960 年，约翰·F·肯尼迪（John F Kennedy）在竞选总统期间使用了名为卡罗琳（Caroline）的 CV-240，该型飞机因此成为美国总统竞选中使用的第一种私人飞机。

CV-240 客机客舱内部

1947 年 7 月，中央航空运输公司为开辟国际航线和维持西北航线，以单架 31.5 万美元向康维尔公司购得 6 架 CV-240，连同相关备件、设备等，总计约 211 万美元。这些飞机于 1948 年交付，注册号为 XT-600、XT-602、XT-604、XT-606、XT-608 和 XT-610。作为 1912—1949 年间中国所购买的最先进的民用飞机，其客舱装饰非常豪华现代，因此而得名"空中行宫"。1949 年的"两航起义"中，XT-610 号由潘国定驾驶自香港启德机场飞回北京西郊机场，1950 年 7 月 27 日被中央军委民用航空局命名为"北京"号，7 月 29 日在北京西郊机场举行命名仪式，并由毛泽东亲笔题写"北京"二字。该机后于 8 月 1 日由潘国定、闵传麟、卞模然等开辟了天津—汉口—广州航线，1956 年 5 月 25 至 29 日又试航了北京—重庆—成都—拉萨和拉萨—印度的航线，1958 年 12 月退役，现存于中国航空博物馆。其余 5 架 CV-240 则滞留香港，后由陈纳德在美国注册民航空运公司通过诉讼获取。

1948 年 10 月 26 日在加利福尼亚降落的央航 XT-608 号

塞斯纳195 "商务班轮"

Cessna 195 Businessliner

美国制飞机

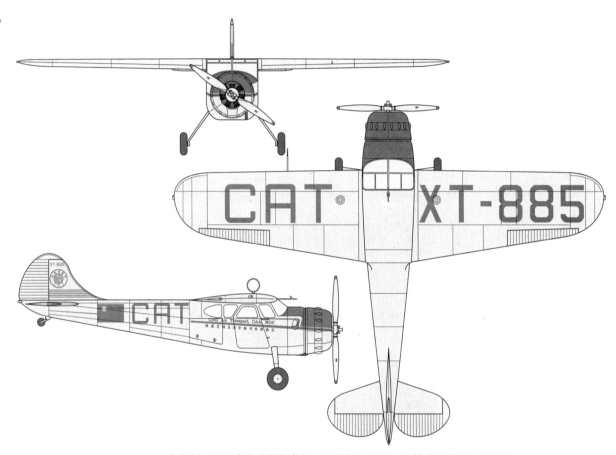

塞斯纳 195 "商务班轮" 客机 / 公务机三视图（民航空运队 XT-885 号）

机　　种：	客机 / 公务机	净重 / 全重：	921 / 1520 千克
用　　途：	客运 / 邮运 / 包机	引　　擎：	1 台雅克布 R-755-A2 型星
乘　　员：	1+4 人		型 7 缸气冷发动机（Jacobs
制 造 厂：	塞斯纳飞机公司（Cessna Aircraft		R-755-A2），300 马力
	Company）	最大速度 / 巡航速度：	278 / 249 千米 / 小时
首　　飞：	1945 年	航　　程：	1207 千米
特　　点：	金属结构 / 上单翼布局 / 固定式起	升　　限：	4875 米
	落架	装备范围：	民航空运队
机长 / 翼展 / 机高：	8.33 / 11.02 / 2.18 米		

塞斯纳195"商务班轮"是塞斯纳公司研发的小型客机/公务机。其原型机 P-780 早在 1944 年就开始研发，次年首飞成功，但因顾及战后剩余物资过多，大批军用飞机转入民用市场的影响，塞斯纳195直至 1947 年 6 月才投入量产，总产量 446 架。该型飞机外形美观，结构坚固耐用，飞行速度、航程和操控性都非常优异，舱内最多可搭载 5 名乘客或 454 千克货物，但售价高昂，单机高达 23500 美元，且使用成本高，耗油量较大，因此多作为商务飞机使用。截至 2017 年 7 月，美国仍有 225 架该型飞机注册在案。

为了在中国西北、东南地区开发新业务，1948 年 11 月，民航空运队以 9 万美元向塞斯纳公司订购了 6 架塞斯纳195（见附表），用于建设西北地区的支线客货运航线。其中 4 架于次年 5 月 1 日运抵香港，主要用于西北地区，另外 2 架则在东南地区使用。5 月 9 日，由菲利克斯·史密斯（Felix Smith）和斯特林·贝米斯（Sterling Bemis）驾驶的塞斯纳195开始将羊毛运出西宁，5 月 15 日正式投入宁夏—兰州的航

1949 年 5 月运抵香港的民航空运队 XT-885 号，该机尚未涂饰民航空运队标识，仅在机翼、尾翼上漆以注册号

线运营，主要用于运送人员、邮件、货物、钱币、出口商品等。随着中国国内局势的进一步发展，1949 年 8 月，民航空运队使用该型飞机先后投入厦门—汕头—长汀航线和飞往台湾的航线，1950 年 3 月 2 日又开通了台北—台南的往返航线。除航线营运外，该型飞机还用于包机和协助政府事务。1949 年 6 月 6 日，国民政府曾租用 1 架塞斯纳 195 用于洞庭湖地区的堤坝巡查和水位监测；同年 8 月底开始协助西北地区的官员撤离；9 月 1 日，国民党当局第 12 兵团司令胡琏曾租用 1 架该型飞机视察东南地区。

注册号 XT-887 的塞斯纳 195 于 1949 年 6 月 19 日在兰州附近因沙尘暴坠毁，飞行员埃迪·诺威奇（Eddie Norwich）和 2 名乘客身亡；XT-885 可能在 1949 年 10 月 11 日被弃置，也可能拆作备件；另外 4 架该型飞机于 1952 年 4 月转售日本。

附表：民航空运队的 6 架塞斯纳 195

生产序号	注册号	后改注册号
7296	XT-884	N8422C
7292	XT-885	—
7297	XT-886	N8424C
7312	XT-887	—
7314	XT-888	N8425C
7315	XT-889	N8423C

福克公司

福克 F.VIIb / 3M

Fokker F.VIIb/3M

机　　种：客机

用　　途：客运 / 邮运

乘　　员：2+10 人

制 造 厂：福克公司（Fokker），美国大西
洋飞机公司（Atlantic Aircraft
Corporation）

首　　飞：1927 年

特　　点：混合结构 / 上单翼布局 / 固定式起
落架

机长 / 翼展 / 机高：14.5 / 21.71 / 3.9 米

净重 / 全重：3049 / 5300 千克

引　　擎：1 台莱特 J-6 "旋风" 型星型
7 缸气冷发动机（Wright J-6
Whirlwind），225 马力和 2 台
莱特 R-760 "旋风" 型星型 7
缸气冷发动机（Wright R-760
Whirlwind），每台 200 马力

最大速度 / 巡航速度：207 / 170 千米 / 小时

航　　程：1200 千米

升　　限：—

装备范围：惠通航空公司、满洲航空株式
会社

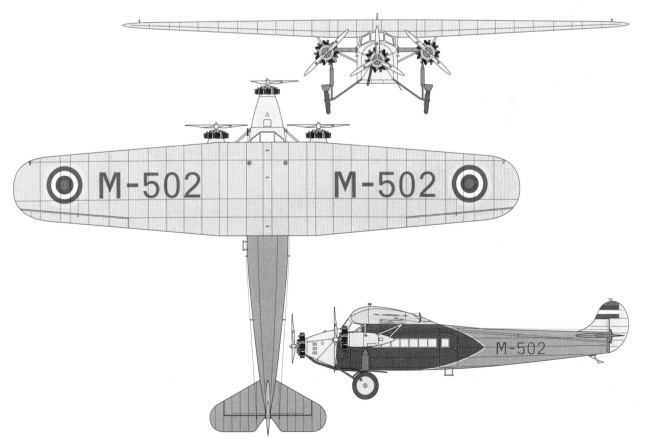

福克三发客机三视图（满航 M-502 号）

荷兰制飞机

研发于 20 世纪 20 年代前期的福克 F.VII/3M（又称福克三发）是 20 世纪 20 年代最成功的客机，也是同时代最著名的客机。该型飞机由福克公司工程师沃尔特·瑞瑟尔（Walter Rethel）设计，原型机 F.VII 于 1924 年 4 月 11 日首飞，采用单发布局，共制造 5 架，主要供荷兰皇家航空公司使用。1925 年，福克公司为提高其可靠性，将发动机由 1 台 360 马力的劳斯-莱斯"鹰"改为 3 台 200 马力的莱特"旋风"，即使在 2 台发动机失效的情况下仍可保持飞行，因此一经推出即广受欢迎，成为美国和欧洲许多早期航空公司的首选飞机。福克三发除供航空公司和军方使用外，也广受飞行探险家的喜爱，曾创造多个飞行记录，对航空业的发展有着深远影响，在 20 世纪二三十年代大量的三发飞机上都可看到福克三发的影子。F.VIIb/3M 是 1927 年推出的增大翼展的改良型，也是产量最多的一种，由荷兰福克公司和其子公司美国大西洋飞机公司同时生产，共制造 154 架。

1932 年 9 月 26 日，满洲航空株式会社成立后，向日本航空输送株式会社租用 2 架 F.VIIb/3M 和 4 架福克"超级通用"，其中第一架福克三发注册号为 J-BBYO；第二架则为同年 10 月 1 日租用，注册号为 J-BBTU，后于 10 月 31 日买下。这 2 架福克三发被满航买下后，注册号分别是 M-501（原 J-BBYO）、M-502（原 J-BBTU）。

由于该型飞机的载客量相较"超级通用"没有明显优势，但 3 台发动机却增加了维护的困难，提高了养护成本，因此多用于临时的特殊航班。其中 M-501 一度命名为"三

满航自日本航空输送株式会社租用的 J-BBYO 号福克三发，后成为 M-501

江"号，主要用于佳木斯—富锦航线，每周飞行 3 次，使两地之间的通邮速度大为增强，三江省（伪满洲国在黑龙江东南部设置的行政区域）省长特地在富锦建造了一个木制机库。M-502 则主要用于运输发动机，不久后因事故报废。1935 年 8 月 3 日，海拉尔（今内蒙古呼伦贝尔辖区）因洪水导致铁路停运，满航的 2 架福克三发和 3 架"超级通用"曾用于该地区的救济运输，并用于奉天—大连航线的客运服务。1938 年，满航曾报告称"已累积飞行 2414 小时的 M-503 号福克三发正在更换发动机"，证实满航曾有 3 架福克三发，但 M-503 的具体状况不详。

满航的福克三发除用于民航外，也供日军用于运输、侦察拍照。1932 年 11 月 9 日，这 2 架飞机曾搭载伪满洲国和日本谈判小组成员飞抵齐齐哈尔与抗日将领苏炳文部谈判，次日飞返。1933 年 1 月 15 日，M-501 搭载了 3 名日本陆军军官自哈尔滨机场起飞，前往黑龙江流域执行拍照侦察任务，返回时因大风撞上机场围栏，导致右侧机翼和螺旋桨损坏，3 天后才修复。热河战役期间，应关东军总部要求，满航于 1933 年 2 月 13 日成立了由 M-501 和 6 架"超级通用"组成的运输队，由关东军直接指挥，向前线运输弹药、给养，并按飞行时间支付酬劳，后于 3 月 21 日解散。

日本人实际控制的惠通航空公司于 1936 年 11 月 7 日成立后，也有 1 架由满航提供的福克三发用于天津—大连航线，后来又增加了 1 架。据称这 2 架飞机即为满航 M-502 和 M-504，由于 M-502 早已报废，因此相应飞机可能是 M-501 或 M-503。

满航 M-502 号客机

柯蒂斯－里德"漫步者"Ⅲ

Curtiss-Reid Rambler Mk.Ⅲ

加拿大制飞机

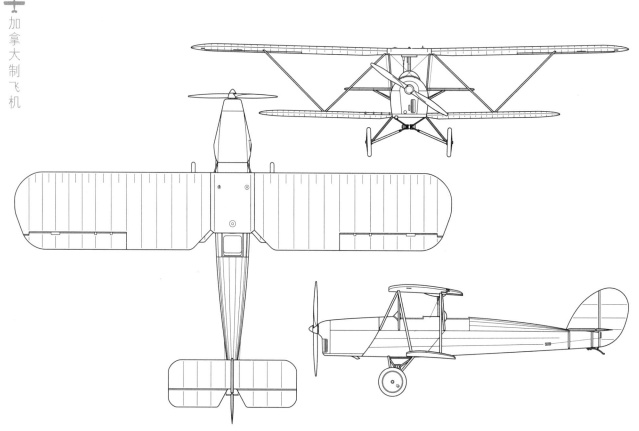

柯蒂斯－里德"漫步者"Ⅲ 运动／教练机三视图

机　　种：	运动／教练机	净重／全重：	488／748 千克
用　　途：	训练／邮运	引　　擎：	1 台德·哈维兰"吉普赛"Ⅲ 型
乘　　员：	2 人		倒置直列型 4 缸气冷发动机（De
制 造 厂：	柯蒂斯－里德飞机公司		Havilland Gipsy Ⅲ），120 马力
	（Curtiss-Reid Aircraft Company）	最大速度／巡航速度：	180／172 千米／小时
首　　飞：	1931 年	航　　程：	—
特　　点：	混合结构／不等翼展双翼布局／固	升　　限：	4420 米
	定式起落架	装备范围：	西南航空公司
机长／翼展／机高：	7.32／10.05／2.44 米		

"漫步者"是里德公司于 20 世纪 20 年代后期研发的双翼运动 / 教练机，在里德公司被柯蒂斯公司收购后改称柯蒂斯-里德"漫步者"。该型飞机由里德公司创始人威尔弗里德·T·里德（Wilfrid T. Reid）设计，机翼可向后折叠以便拖运或存储，起落架可换装浮筒或滑橇。"漫步者"的原型机于 1928 年 9 月 23 日首飞成功，但在着陆时因副翼被卡住而险些酿成事故，此问题后通过修改副翼控制连杆而改善。该型飞机投产后主要供加拿大民间的飞行俱乐部使用，加拿大军方也购买部分作为初级教练机使用。各亚型共制造 45 架，"漫步者" III 是 1931 年推出的改良型，特点是换装了大功率的"吉普赛" III 型发动机，飞行性能提升。

1932 年 3 月中旬，柯蒂斯-里德公司总裁麦科迪（McCurdy）和飞行员爱德华·L·柯蒂斯（Edward L Curtis）将 1 架"漫步者" III（生产序号 1031 / 注册号 CF-ALL）送至香港展销，3 月底飞往广州，后于 1934 年被西南航空公司购得，命名为"天狼"号。同年 5 月 5 日，西南航空计划用该机试航南宁—南舟—独山—贵阳航线，并打算在 6 月 15 日正式开航，但因故未成。该机除供训练外，也用于广州—龙州航线，1935年，西南航空公司机械长黄朝政驾驶"天狼"号带飞政教秘书梁朋时，飞机起火焚毁，二人被烧伤。

命名仪式上的西南航空机队，右侧最近端为"天狼"号，向远端依次为"长庚""启明"和"北斗"号

十　加拿大制飞机

179

诺顿 UC-64A "挪威人"

Noorduyn UC-64A Norseman

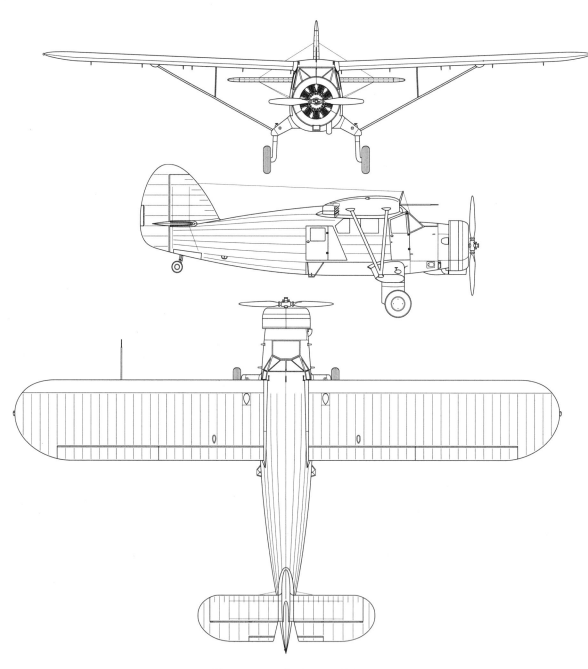

诺顿 UC-64A "挪威人" 运输机三视图

机　　种：	运输机	引　　擎：	1 台普惠 R-1340-AN-1 "黄蜂"	
用　　途：	—		型星型 9 缸气冷发动机（Pratt &	
乘　　员：	1+9 人		Whitney R-1340-AN-1 Wasp），	
制 造 厂：	诺顿航空（Noorduyn Aviation）		600 马力	
首　　飞：	1937 年	最大速度 / 巡航速度：	261 / 238 千米 / 小时	
特　　点：	混合结构 / 上单翼布局 / 固定式起	航　　程：	1851 千米	
	落架	升　　限：	5180 米	
机长 / 翼展 / 机高：	9.75 / 15.7 / 3.2 米	装备范围：	中央航空运输公司	
净重 / 全重：	2123 / 3357 千克			

　　"挪威人"研发于诺顿公司成立之前，由诺顿公司创始人罗伯特·B·C·诺顿（Robert B C Noorduyn）亲自设计，主要用来应对加拿大冬季的严酷气候，并可以在各种粗糙地面、雪地、水面起降。由于加拿大湖泊众多，因此"挪威人"最初以浮筒作为主要起降方式设计，可换装滑橇或陆用起落架，机翼采用上单翼布局，以便在码头装载货物或上下乘客。该型飞机的原型机"挪威人"Mk I 于 1935 年 11 月 14 日以水上飞机的形式首飞成功，具有结构坚固耐用、飞行平稳等特点，投入市场后广受欢迎，并衍生出多种亚型，前后共有近 70 个国家使用该型飞机，直到 2019 年仍有部分可飞。UC-64A（最初型号为 C-64A）是在"挪威人"Mk IV 基础上生产供美国陆军航空队使用的型号，特点是加装 2 个机身油箱，燃油容量增至 914 升，同时可加装 145 升容量的机舱油箱，美军共订购 749 架。

　　1946 年，中央航空运输公司向驻华美军清理物资委员会购得江湾机场的 150 架飞机和大量器材物资，其中包括 2 架 UC-64A。

满飞 MT-1 "隼"

Manshū MT-1 Hayabusa

机　　种：客机

用　　途：客运 / 邮运

乘　　员：1+5 人（原型），1+6 人（量产型）

制 造 厂：满洲飞行机制造株式会社
（ Manchuria Airplane
Manufacturing Company ）

首　　飞：1936 年

特　　点：混合结构 / 下单翼布局 / 固定式起
落架

机长 / 翼展 / 机高：8.88 / 13.6 / 3.65 米（原
型），9.38 / 13.6 / 3.6 米（量产型 ）

净重 / 全重：1700 / 2640 千克（原型），1700 /
2700 千克（量产型 ）

引　　擎：1 台中岛 Ha-1 "寿" 2 改 1 型星型
9 缸气冷发动机（ Nakajima Ha-1
Kotobuki 2 Kai1 ），460～570 马力

最大速度 / 巡航速度：241 / 201 千米 / 小时

航　　程：900 千米

升　　限：6000 米

装备范围：满洲航空株式会社、伪中华航空
股份有限公司

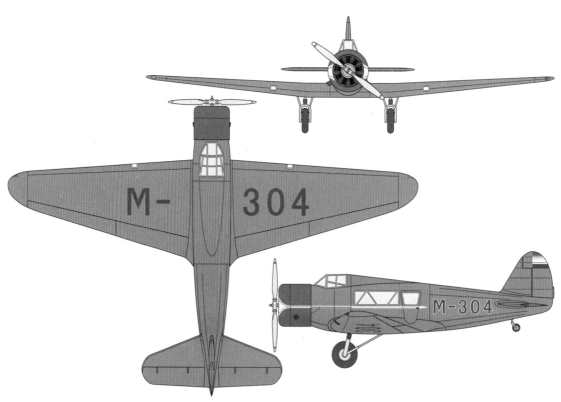

满飞 MT-1 "隼" 三视图（原型机 ）

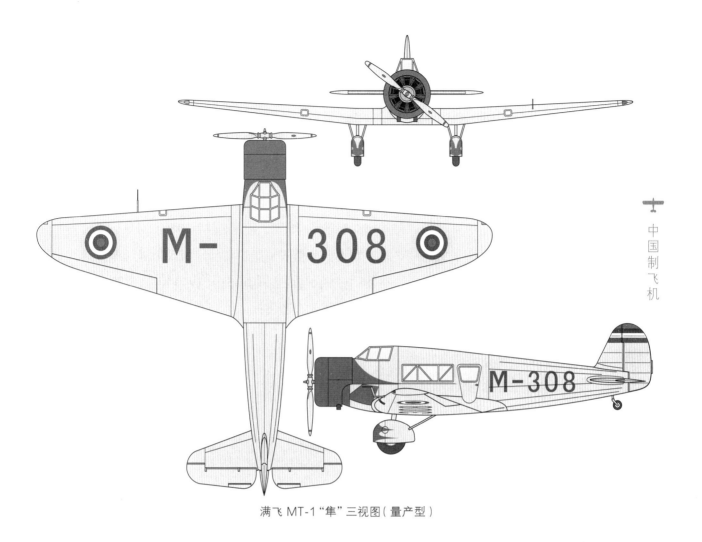

满飞 MT-1 "隼" 三视图（量产型）

　　MT-1 "隼" 是满洲飞行机制造株式会社研发的单发小型客机，主要用于取代老旧的中岛-福克 "超级通用"。该型飞机于 1935 年开始研制，设计中参考了容克 Ju 160 和洛克希德 "奥利安" 型高速客机，外形与 "奥利安" 非常相似，结构设计则与 "超级通用" 相同，机身由焊接钢管结构组成，前部覆以铝制蒙皮，后部则用蒙布覆盖，机翼、尾翼采用木制，布局更加紧凑，起落架为手动可收放式，客舱装有大型窗户，可搭载 5 名乘客。

　　MT-1 的原型机 M-304 于 1936 年 12 月完工，同月 20 日在奉天西机场首飞成功，飞行测试的结果整体令人满意，但手动式可收放起落架操作烦琐且不可靠——飞行员需连续旋转数十次曲柄才可将起落架完全收放。为此，满航为其换装了装有整流罩的固定式起落架，并于次年 4 月再次试飞。M-305 是 MT-1 的第二架原型机，特点是将驾驶舱舱盖由 M-304 的侧开式改为向后滑动打开，飞行员进入驾驶舱的方式改善，但量产后则取消了原型机驾驶舱盖可单独打开的设计，飞行员需通过客舱进入驾驶舱，此改变令飞行员在出现意外时难以逃生。机身长度增加，可搭载 6 名乘客，客舱内增加冷气和供暖设施，客舱窗户框架改为垂直，尾翼改良，同时改善了驾驶舱后部的流线形构造，具有易于操控、飞行平稳、起降性能优良、维护方便、乘坐舒适等特点，但飞行性能和速度相较"超级通用"没有明显提升，且前向视野较差，冷气、供暖设施可靠性不佳。部分后期生产的 MT-1 换装了结构更为紧凑且带有凸起的发动机整流罩，并增加了 2 个进气口，驾驶舱盖下增加 2 个小窗户，方向舵改为牛角配重式。

　　MT-1 于 1938 年投入使用，共制造约 35 架，注册号 M-304 至 M-338，日本国际航空工业也制造了 15 ～ 20 架该型飞机。满飞制造的该型飞机仅供满洲航空株式会社使用，由于设计并不完善，在使用中先后出现多起事故。1940 年 1 月 30 日，M-312 自奉天西机场起飞后起火，迫降于郊区，1 名飞行员和乘客被严重烧伤，另外 1 名飞

MT-1 的第二架原型机 M-305，其驾驶舱为向后打开，便于驾驶员在发生意外时逃生

行员在跳机时被机尾撞死。同年 3 月 19 日，M-307 自北平飞往奉天，途径三河市上空时，因供暖系统发生故障，导致机上人员一氧化碳中毒，飞机坠毁，机组成员和乘客全部丧生，机内搭载的邮件被盗走。在伪满洲国北部使用的该型飞机也发生过类似事件，满航为此将 MT-1 全部退役停用。1944 年，应日本关东军要求，满飞将 1 架该型飞机拆除发动机，机首延长 60 厘米并增加了 50 千克压载物，改造为滑翔机，随后由 Ju 86 Z-2 拖曳，成功进行了奉天—新京的试航，但并未有进一步发展。1945 年 8 月 9 日，苏联出兵中国东北，位于佳木斯的满航成员向哈尔滨撤退，有 1 架搭载满航人员的 MT-1 迷航坠毁，机上乘员全部丧生。二战结束后，满航残存的 4 架该型飞机被苏军掳获，由于苏军对其毫无兴趣，因此全部拆毁。

据称，伪中华航空股份有限公司也有部分日本国际航空工业制造的 MT-1 用于运营，但没有资料证实。

量产型的 MT-1 客机（M-318 号）

中岛－福克"超级通用"、满航一式、满航二式

Nakajima–Fokker Super Universal，Manko Type 1/Type 2

机　　种：	客机 / 运输机
用　　途：	客运 / 邮运 / 航拍 / 测绘 / 搜救 / 观光
乘　　员：	2+6 人
制 造 厂：	中岛飞行机株式会社（Nakajima Hikōki Kabushiki Kaisha），满洲航空株式会社（Manchukuo National Airways）
首　　飞：	1931 年
特　　点：	混合结构 / 上单翼布局 / 固定式起落架

机长 / 翼展 / 机高：	11.09 / 15.43 / 2.82 米
净重 / 全重：	1720 / 3000 千克
引　　擎：	1 台中岛 Ha-1 "寿"二改一型星型 9 缸气冷发动机（Nakajima Ha-1 Kotobuki 2 Kai1），460 马力
最大速度 / 巡航速度：	242 / 171 千米 / 小时
航　　程：	900 千米
升　　限：	6000 米
装备范围：	满洲航空株式会社、惠通航空公司、伪中华航空股份有限公司

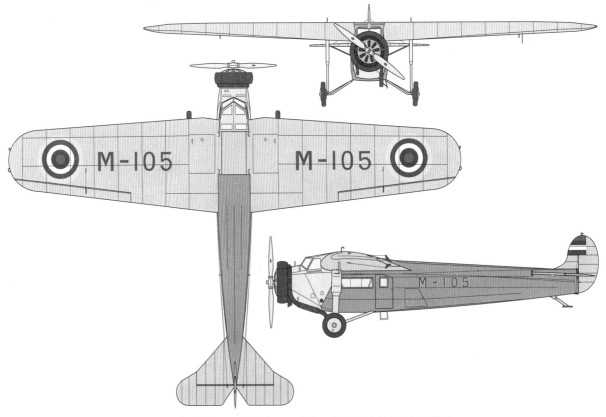

中岛－福克"超级通用"客机 / 运输机三视图（满航 M-105 号）

"超级通用"是荷兰福克公司的美国子公司——美国大西洋飞机公司（Atlantic Aircraft Corporation）在福克"通用"型客机基础上推出的改良型。该型飞机在"通用"基础上扩大尺寸，驾驶舱改为封闭式，客舱容量增大，起落架改良，可搭载6名乘客。其原型机于1928年3月首飞，投产后广受市场欢迎，销量超过大西洋公司此前的任何产品，共制造约80架，并授权加拿大维克斯公司、日本中岛公司仿制。中岛公司于1931年开始仿制，仿制机先后换装了450马力的中岛−布里斯托"木星"型发动机（Nakajima-Bristol Jupiter）和460马力的"寿"发动机，除供日本航空输送株式会社使用外，也供日本军方使用。

　　早在1929年4月，日本航空输送株式会社就使用"超级通用"开通了东京—大连的商业航线。1932年9月26日，满洲航空株式会社成立后，自日本航空输送株式会社租借了4架该型飞机（注册号J-CBKO、J-EJBO、J-BBWO、J-CBUO）。这4架飞机后被满航买下，注册号M-114至M-117；10月1日，满航又通过日本航空输送株式会社购得4架，其中3架立即交付，注册号M-101至M-103；同时满航直接向中岛公司订购了10架"超级通用"，其中第一架（注册号M-104）于10月24日交付，其余9架则于次年10月前陆续交付，注册号M-105至M-113。这些"超级通用"中，除满航直接向中岛公司订购的飞机安装的是"寿"型发动机外，其余均为布里斯托"木星"VI（Bristol Jupiter VI）型发动机，其中安装"寿"发动机的飞机每架62415日元，安装"木星"发动机的飞机价格则为63825日元。由于满航认为中岛公司交付飞机的

满航 M-105 号"超级通用"

速度难以满足发展需求，因此未经中岛或福克公司许可，开始自行仿制"超级通用"。1933 年 10 月 2 日，满航自制的 2 架该型飞机（注册号 M-118、M-119）正式交付使用，此后满航新获得的"超级通用"均为自制而成，至少制造 40 架（一说 81 架），其中大部分是用于客运的"满航一式"，另有 6 或 7 架为机身结构改造、安装拍照摄影装置的"满航二式"。

"超级通用"和"满航一式""满航二式"是满洲航空株式会社使用时间最久、使用范围最广的飞机。1932 年 11 月 3 日 7：47，M-102 自奉天起飞，飞往朝鲜新义州，是满航首次商业飞行；当天 9：04，M-104 从奉天起飞，于 10：20 飞抵新京，自此开航了齐齐哈尔—哈尔滨—新京—奉天—新义州的商业航线，乘客可搭乘满航飞机到达朝鲜新义州，再转乘日本航空输送株式会社的航班飞往日本东京。

1933 年，为稳固伪满政权的统治，镇压抗日力量，经日本关东军批准，满航于 11 月开办了摄影部，使用满航二式和满航三式进行航拍、测绘、航空勘探等任务。1934 年 5 月，日本王子制纸公司曾委托满航对长白山附近进行航空林业调查。1936 年 1 月 9 日，一群京都大学学生在大兴安岭附近因降雪失联，满航派 M-108 前往附近执行搜

"超级通用"客机客舱内部

索救援任务，因天气恶劣未果，次日成功寻获。同年 5 月 24 日起，满航使用该型飞机开辟了大连—奉天的周末观光航线，M-107 每周日 10 点搭载 6 名乘客由大连出发，沿满铁路线飞往奉天，当日 17 点 15 分乘客再搭乘满铁"亚细亚"号列车返回大连。该航线备受乘客欢迎，美中不足的是"超级通用"噪音过大，甚至会影响乘客间的交谈。

由于日本陆军航空队的运输能力非常薄弱，因此满航自成立起就始终担负着商业运输和协助作战的双重角色。1933 年，满航曾组织了一支队伍对伪蒙古军总司令李守信进行空中支援。1933 年 2 至 3 月间的热河战役（热河抗战）期间，应日本关东军总部要求，满航于 2 月 13 日成立了 1 个由 6 架"超级通用"（注册号 J-CBKO、J-EJBO、M-101、M-106、M-107、M-109）和 1 架福克三发组成的运输队，由关东军直接指挥，负责运输弹药、给养至前线，并将前线受伤的士兵运回，关东军按飞行时间向满航支付酬劳。3 月 15 日后，M-104、M-105、M-110、M-111 也加入行动，战役结束后，运输队于 3 月 21 日解散。1935 年 12 月下旬，由 4～10 架满航"超级通用"和福克三发组成的第一川田中队曾协助亲日的内蒙古王公德王（即德穆楚克栋鲁普亲王，后任傀儡政权伪蒙疆联合自治政府主席）作战，执行侦察和轰炸任务。在 1936 年初伪

满航自行仿制的第一架"满航一式" M-118

满与蒙古边界冲突中，满航于 2 月 20 日派出 12 架"超级通用"驻扎于海拉尔机场对陆军进行空中支援（一说为 3 架"超级通用"和 2 架 DH.80 通用飞机），并在机场附近练习扫射轰炸。同年岁末的百灵庙战役（绥远抗战）期间，满航又组建了包括 6 架"超级通用"、1 架 DH.80、4 架中岛九一式战斗机、2 架川崎八八式侦察机的第二川田中队协助德王和李守信部作战。1937 年 6 月，日苏两国在黑龙江干岔子岛爆发武装冲突（干岔子岛事件），日军曾包机 3 架"超级通用"运载潜水员和相关设备前往冲突地区。同年，满航还应关东军要求对伪满洲国与蒙古边境，黑龙江上、中游，哈巴罗夫斯克，伪满洲国与苏联东部交界处进行侦察拍照。1937 年全面抗战爆发后，满航于 7 月 11 日组建了由 9 架"超级通用"组成的运输队协助日军作战。1939 年 5 至 9 月的"诺门罕战役"期间，满航组建了运输队前往海拉尔协助日军作战，自 5 月 11 日起，满航参战的飞机每天至少飞行 6 架次，7 月 1 日满航又派 8 架"超级通用"前往前线。整个战役期间，共有 3 架"超级通用"被苏军击毁。

M-103 是满航损失的第一架"超级通用"，也是满航自成立以来损失的第一架飞机，该机于 1932 年 9 月 28 日飞往海拉尔时，因遭遇地面战斗而改飞齐齐哈尔，后因燃料不足迫降损毁，机上乘员被苏军或当地抗日武装杀死。M-105 于 1933 年 9 月 20 日被关东军征用，自哈尔滨飞往富锦时，因超载坠毁。M-139 于 1935 年 7 月 8 日赠予内蒙古的德王作为专机，另有部分"超级通用"租借给伪满洲国陆军航空队使用。1937 年 6 月 22 日，1 架自朝鲜新义州起飞的该型飞机在安东（今辽宁丹东）附近坠毁，机上 2 人死亡，7 人重伤。M-101 于 1937 年 8 月 14 日自新京飞往张家口时，因天气恶劣在热河（今内蒙古、河北、辽宁的部分地区）边界坠毁。9 月 24 日，M-120 在北平密云附近被地面炮火击落，机上乘员全部丧生。1938 年 3 月 4 日，M-127 在济南附近执行侦察拍照任务时被地面抗日武装击落，机上 6 人中有 3 人丧生，1 人重伤，死者的骨灰后由伪中华航空股份有限公司的"天津"号 AT-2 运回。1939 年 7 月 15 日，M-143 在飞离海拉尔机场时被 3 架苏军波利卡波夫伊-16 战斗机击落。

1945 年 8 月 9 日，苏联出兵中国东北，位于热河的满航成员向奉天撤退，由于"超级通用"大多机龄老旧、不适飞行，只有少量该型飞机于 8 月 12 至 14 日自佳木斯飞往锦州，8 月 15 日飞往奉天。日本投降后，8 月 28 日，满航曾派出 1 架"超级通用"前往搜寻 1 支未投降的日军部队；其余 13 架尚可飞行的该型飞机则应苏军要求飞往蒙古的温都尔汗。

惠通航空公司于 1936 年 11 月 7 日成立后，也有 6 架自满航获得的"超级通用"，主要用于北平—天津—山海关、天津—北平—张家口—张北航线，惠通航空解散后移交新组建的伪中华航空股份有限公司使用。

中岛 LB-2 "晓"

Nakajima LB-2 Akatsuki-go

机　　种：轰炸机

用　　途：搜索 / 运输

乘　　员：4+6 人

制 造 厂：中岛飞行机株式会社（Nakajima Hikōki Kabushiki Kaisha）

首　　飞：1936 年

特　　点：金属结构 / 中单翼布局 / 可收放起落架

机长 / 翼展 / 机高：19.33 / 26.69 / 5.45 米

净重 / 全重：5750 / 9630 千克

引　　擎：2 台中岛 "光" 二型星型 9 缸气冷发动机（Nakajima Hikari 2），每台 800 马力

最大速度 / 巡航速度：328 / 240 千米 / 小时

航　　程：6000 千米

升　　限：—

装备范围：满洲航空株式会社

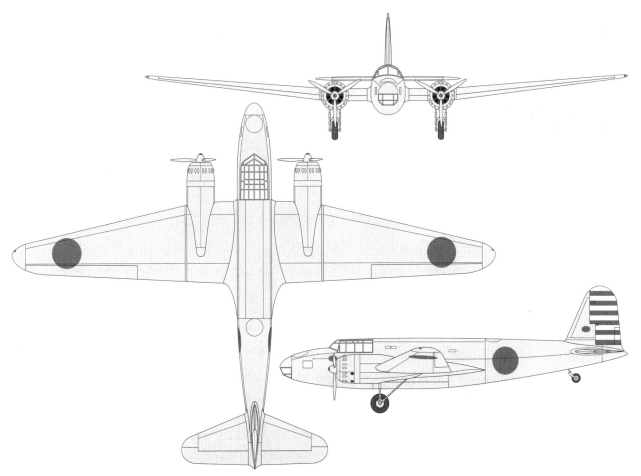

中岛 LB-2 "晓" 远程客机三视图

在奉天东机场测试发动机的 LB-2

　　1934 年，由于三菱重工的八试特殊侦察机（G1M）表现优异，日本海军将研发新一代陆基轰炸机的任务交给了三菱重工。为此，中岛公司于同年自发研制 LB-2 型远程轰炸机和三菱竞争，其中 LB 代表"远程轰炸机"（Long-range Bomber），中岛公司内部则称其为"中岛式中型陆上攻击机"。该机由工程师松村健一设计，大幅参考了道格拉斯 DC-2，结构、外观和尺寸与 DC-2 非常相似，机翼改为中单翼布局，自卫武器为 2 挺 7.7 毫米九二式机枪，可搭载 800 千克炸弹。LB-2 仅制造 1 架，于 1936 年 3 月制成并交日本海军测试，代号为九试陆上攻击机。由于日本海军更青睐三菱九六式陆上攻击机，对该机兴趣不大。

　　1936 年夏初，满洲航空株式会社董事长永渊三郎访问日本大田市中岛公司，免费获得了 LB-2 和 1 架诺斯罗普"伽马"5A。该机随即被中岛公司改造为客机，其原有的武备被拆除，舱体改为可搭载 6 位乘客的客舱，炸弹舱改为辅助油箱，机首轰炸瞄准舱改为货舱，机组成员由 6 人减少至 4 人。次年 3 月 22 日，该机在奉天机场进行试飞，注册号 M-505。6 月 25 至 27 日，由于 1 辆日军补给车在伪蒙疆联合自治政府辖区区域内的沙漠中失踪，满航派遣 LB-2 前往搜索，并运送了一批人员和物资飞往商都（内蒙古乌兰察布市辖县），是该机仅有的一次实用飞行任务。

　　满航原计划利用该机的超远航程，与 2 架亨克尔 He 116A-0 一起建立经苏联飞往德国的亚欧航线，但由于 LB-2 的起落架强度不足，在机场停放时需在机翼下增加支撑，且着陆性能较差，加上日苏"诺门罕战役"以及中国国内全面抗战的爆发等因素的影响，满航开辟亚欧航线的计划被迫取消。LB-2 废置于奉天北部机场，1941 年作为研究设备拆解。

中岛 九七式输送机、AT-2

Nakajima Army Type 97 Transport/AT-2

机　　种：客机 / 运输机

用　　途：客运 / 邮运 / 观光

乘　　员：3+8 人

制 造 厂：中岛飞行机株式会社（Nakajima Hikōki Kabushiki Kaisha）

首　　飞：1936 年

特　　点：金属结构 / 下单翼布局 / 可收放起落架

机长 / 翼展 / 机高：15.3 / 19.95 / 3.9 米（AT-2），15.3 / 19.92 / 4.15 米（キ 34）

净重 / 全重：3500 / 5250 千克

引　　擎：（AT-2）2 台中岛"寿"41 型星型 9 缸气冷发动机（Nakajima Kotobuki 41），每台 710 马力；（キ 34）2 台中岛ハ 1 乙型星型 9 缸气冷发动机（Nakajima Ha-1b），每台 650 马力

最大速度 / 巡航速度：360 / 300 千米 / 小时（AT-2），365 / 310 千米 / 小时（キ 34）

航　　程：1200 千米

升　　限：7000 米

装备范围：满洲航空株式会社、惠通航空公司、伪中华航空股份有限公司、中央航空运输公司

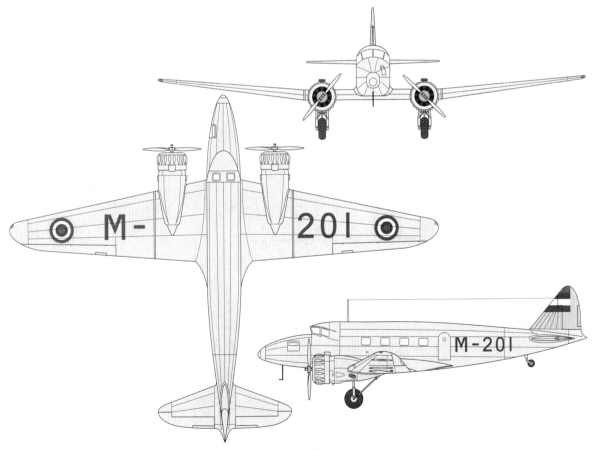

中岛 AT-2 客机三视图（满航 M-201）

日本制飞机

193

AT-2 研发于 20 世纪 30 年代中期，是日本自行生产的第一种现代化客机。该型飞机以道格拉斯 DC-2 为基础研发，实质上是 DC-2 的缩小型，结构和布局与 DC-2 相同，驾驶舱玻璃采用反常规的前向倾斜，以减弱恶劣天气对飞行员视野的影响。AT-2 的原型机 AT-1 于 1936 年 9 月 12 日首飞，装有 2 台 580 马力的"寿"2-1 型发动机，飞行性能出色，量产型换装了"寿"41 型发动机，共制造 32 架，主要供大日本航空株式会社和伪满洲国使用。九七式输送机（キ 34）是 AT-2 的军用型，特点是用八 1 乙型发动机取代了"寿"41 型，飞行稳定性和可操控性改良，后期还换装了光滑无凸起的发动机整流罩。该型飞机于 1937 年 11 月通过日本陆军检测，根据日本皇纪（以日本传说中第一代天皇神武天皇即位的公元前 660 年为元年，1937 年为皇纪 2597 年）命名为九七式输送机，简称九七输，盟军代号"索拉"（Thora）。九七输由中岛公司和立川公司同时生产，截至 1942 年停产共制造 319 架，在二战期间主要供日本陆军、海军用于运输、通讯联络、伞降训练和空投补给任务。

　　1936 年 9 月 30 日，满洲航空株式会社自日本航空输送株式会社接收了 1 架 AT-2（即 AT-2 的第一架原型机，注册号 M-201），用于试航奉天—新京航线，并于同年 12 月 15 日正式投入商业运营。这是满航投入使用的第一种可收放起落架的飞机，相较其此前的主力客机"超级通用"，M-201 无论速度、乘坐舒适度还是飞行性

停泊于北平机场的伪中航的 AT-2 客机

AT-2 客机客舱内部

能都有着质的提高。满航对该机的表现非常满意，随即增购了 5 架（注册号 M-202 至 M-206）。截至同年 5 月，满航共有 12 架 AT-2 投入运营。与满航的其他飞机相同，这些飞机同时也供日军使用。1941 年 9 月，满航成立了 2 支运输队，各装备 6 架 AT-2，供日军投入太平洋战争，这些飞机均于 1944 年 9 月 21 日在马尼拉被美军空袭炸毁。

1937 年，惠通航空公司自满航获得 2 架 AT-2 用于营运，其中第一架命名为"北平"号，同年 2 月交付，最初曾用于观光飞行；第二架命名为"天津"号，3 月交付。惠通航空计划增购 2 架该型飞机，其中至少有 1 架交付，命名为"上海"号，另一架状况不详。这 4 架飞机可能就是满航 M-201 至 M-204。同年 6 月 1 日，惠通航空使用 AT-2 开航了天津—大连—汉城（首尔）—福冈—东京航线，但主要用于运输邮件和赠送给日本政府、航空界官员的金鱼，南京国民政府对此曾提出抗议，但惠通航空未予理会。惠通航空解散后，这些飞机移交新组建的伪中华航空股份有限公司使用。

1943 年 6 月 25 日，中央航空运输公司自国民政府空军接收了 4 架飞机，其中包括 1 架俘获的日军九七式输送机，编号为"中一"（注册号 XT-ATB）。该机移交央航后，为便于维护换装了莱特"飓风"型发动机。由于央航飞机短缺，1944 年初，"中一"一度成为唯一可用的飞机。1944 年 3 月 26 日，该机因缺乏配件、年久失修坠毁。

日本制飞机

满航使用的第一架 AT-2 客机 M-201

195

三菱"雏鹤"式

Mitsubishi Hinazuru-type

日本制飞机

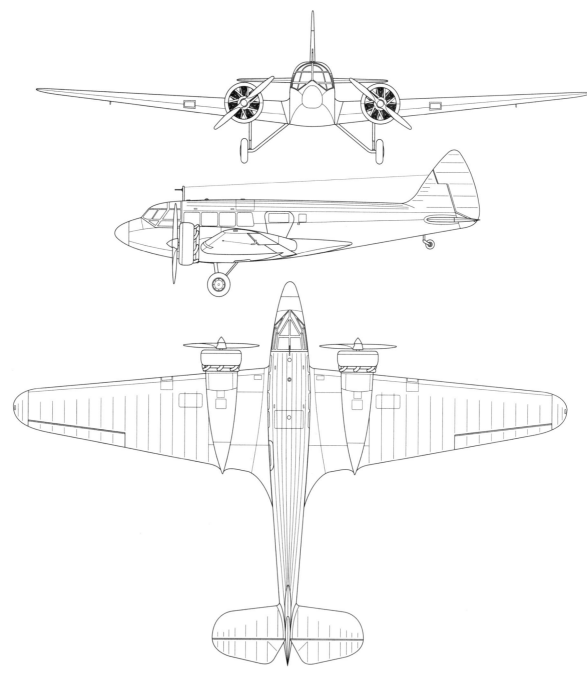

三菱"雏鹤"客机三视图

机　　种：客机
用　　途：—
乘　　员：（1～2）+（6～8）人
制 造 厂：三菱重工业株式会社
（Mitsubishi Heavy Industries, Ltd.）
首　　飞：1936 年
特　　点：木制结构 / 下单翼布局 / 可收放起落架

机长 / 翼展 / 机高：—
净重 / 全重：1776 / 2664 千克

引　　擎：2 台阿姆斯特朗·西德利"山猫" IV C 型星型 7 缸气冷发动机（Armstrong Siddeley Lynx IV C），每台 225 马力或 2 台沃尔斯利"白羊座" Mk.III 型星型 7 缸气冷发动机（Wolseley Aries Mk.III），每台 225 马力
最大速度 / 巡航速度：—
航　　程：1027 千米
升　　限：—
装备范围：满洲航空株式会社

　　AS.6"使者"是英国空速公司在 AS.5"信使"基础上研发的双发单翼小型客机，价格较低，主要供财力有限的小型航空公司使用。其原型机于 1934 年 6 月 26 日首飞成功，各亚型共制造 52 架，颇受小型航空公司欢迎，其发展型 AS.10"牛津"的总产量高达 8751 架。

　　1935 年 6 月，日本三菱重工向英国空速公司购买了 AS.6 的仿制权和 2 架样机，仿制的飞机称为"雏鹤"式。为便于生产，三菱重工为仿制的飞机换装了日本自产的瓦斯电"神风"型发动机（Gasuden Jimpu），但在试飞中因发动机舱阻力过大而坠毁，随机工程师榊原死亡。为此，三菱重工为后续制造的"雏鹤"安装了仿制的阿姆斯特朗·西德利"山猫" IV C 或沃尔斯利"白羊座" Mk.III 型发动机，共制造 11 架，供日本航空输送株式会社使用，其中至少 1 架移交满洲航空株式会社，交付时间、注册号、使用状况不详。

三菱 一〇〇式输送机、MC-20

Mitsubishi Army Type 100 Transport/MC-20

（MC-20-I、MC-20-II 参数）

机　　种：客机 / 运输机

用　　途：客运 / 邮运

乘　　员：4+11 人

制 造 厂：三菱重工业株式会社
（Mitsubishi Heavy Industries, Ltd.）

首　　飞：1940 年（MC-20-I），1942 年（MC-20-II）

特　　点：金属结构 / 下单翼布局 / 可收放起落架

机长 / 翼展 / 机高：16.1 / 22.6 / 4.86 米

净重 / 全重：5522 / 7860 千克（MC-20-I），5585 / 8173 千克（MC-20-II）

引　　擎：（MC-20-I）2 台中岛ハ5 改型星型 14 缸气冷发动机（Nakajima Ha-5KAI），每台 1080 马力；（MC-20-II）2 台三菱ハ102 "瑞星"型星型 14 缸气冷发动机（Mitsubishi Ha-102 Zuisei），每台 1080 马力

最大速度 / 巡航速度：430 / 320 千米 / 小时（MC-20-I），470 / 360 千米 / 小时（MC-20-II）

航　　程：1400 千米（MC-20-I），1500 千米（MC-20-II）

升　　限：7000 米（MC-20-I），8000 米（MC-20-II）

装备范围：满洲航空株式会社、伪中华航空股份有限公司、伪中华航空公司、中央航空运输公司

三菱 MC-20-I 客机三视图（伪中华航空股份有限公司 C-5105 号）

一〇〇式输送机（简称一〇〇输，キ番号キ57）是三菱重工应日本陆军要求研发的双发运输机，是中岛九七式输送机的后继机，主要用于人员运输。该型飞机以三菱九七式重爆击机为基础研发，采用新设计的机身，机翼改为下单翼布局，尾翼、发动机和起落架则沿用九七重爆。其原型机于1940年8月首飞，同年以一〇〇式输送机一型（キ57-I）的型号投产，盟军代号"托布斯"（Topsy）。由于其基础设计大多来自九七重爆，因此继承了九七重爆优良的飞行性能和可操控性，但运载量较低，舱内沿舱壁两侧布置有可折叠的木座椅，最多仅可搭载14～15名全副武装的士兵，或1.5吨货物。MC-20-I是一〇〇输一型的民用型号，区别是以横向布置的11个座椅取代折叠式木座椅，其应用范围非常广泛，大日本航空株式会社、朝日新闻等日本著名企业均有使用，以至于日本军方内部通常都将一〇〇输称为"MC输送机"。MC-20-I和一〇〇输一型共制造101架。一〇〇输二型（キ57-II）是1942年推出的改良型，换装了与九七重爆二型相同的ハ102"瑞星"型发动机、发动机短舱和螺旋桨，机翼结构强化并加装除冰设备，货舱扩大，部分零件改良，后期型还增加了拖曳滑翔机设施。MC-20-II是一〇〇输二型的民用型，二者共制造406架。

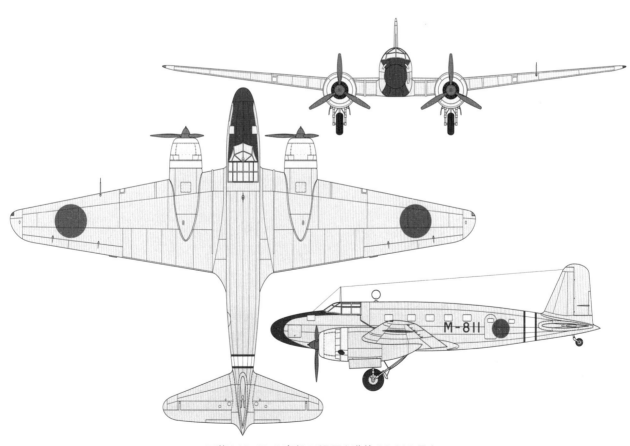

三菱MC-20-II客机三视图（满航M-811号）

1941 年 4 月 1 日，满洲航空株式会社在日本东京接收至少 6 架 MC-20，并于同年 12 月 3 日试航了东京—新京的直达航线。1943 年满航又接收了至少 3 架一〇〇输，同年底，满航的 MC-20 / 一〇〇输大多拆除了乘客座椅，改造为运输机。截至抗战胜利，满航先后共有至少 15 架 MC-20 / 一〇〇输用于运营，其注册号分别为 M-601、M-602、M-604、M-606 至 M-609、M-611、M-613、M-614、M-616、M-619 至 M-621，其中 M-604 于 1941 年 6 月 21 日坠毁。

满航的 MC-20 / 一〇〇输除商业用途外，也供日军作战之用。1943 年 3 月 8 日，应日本关东军要求，满航组建了 1 支由 6 架三菱九七式重爆击机组成的侦察拍照队前往西南太平洋新不列颠岛的拉包尔市（今属巴布亚新几内亚独立国，太平洋战争期间，日军在此设有司令部，驻屯重兵）西南的瓦纳卡努机场，并由 6 架 MC-20 负责运输任务，其中 2 架九七重爆于 8 月 17 日被美军空袭炸毁，1 架 MC-20 于次年 1 月 31 日在印尼的安汶机场被 1 架日本陆军的川崎二式复座战斗机撞毁了左侧机翼，无法维修。1943 年 12 月 23 日，满航又组织了 1 支由 3 架中岛一〇〇式重爆击机组成的侦察拍照队，并由 1 架 MC-20 担任通讯任务，这架飞机于次年 1 月初在飞往台湾途中坠毁。1944 年 10 月 26 日，有 1 架满航 MC-20 在运载日本陆军人员和补给物资飞往福冈时因天气原因迫降于海面。

二战后，满航幸存的该型飞机被苏军和东北民主联军缴获，据苏联著名试飞员 V·维尼特斯基（V Vinitsky）称，MC-20 是类似大小的运输机中飞行性能最好的，明显优于 C-47 和里-2。

伪中华航空股份有限公司和 1943 年 12 月成立的伪中华航空公司也使用 MC-20，主要用于北平—大连、北平—上海和北平—大同航线。抗战结束后，有 3 架该型飞机被中央航空运输公司接收，由于其结构老化、年久失修，仅作为配件使用。

伪中航"白鹤"号 MC-20II 客机

日本制飞机

立川飞行机株式会社

立川 一式双发高等练习机 丙型

Tachikawa Army Type 1 Transport Model C

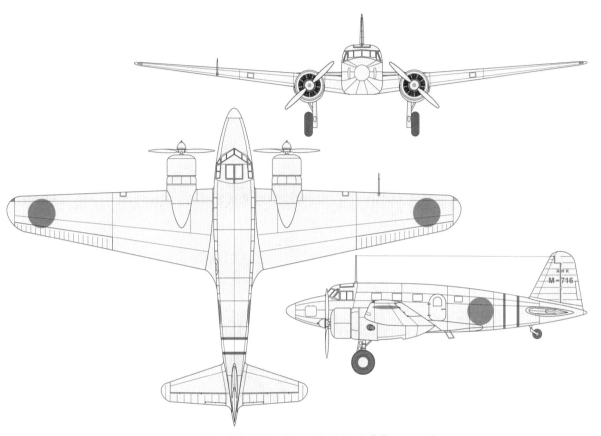

立川 一式双发高等练习机 丙型三视图（满航 M-716）

机　　种：运输机

用　　途：客运 / 邮运

乘　　员：2+8 人

制 造 厂：立川飞行机株式会社
（Tachikawa Hikōki Kabushiki
Kaisha）

首　　飞：1940 年

特　　点：金属结构 / 下单翼布局 / 可收放起
落架

机长 / 翼展 / 机高：11.94 / 17.9 / 3.58 米

净重 / 全重：2954 / 3897 千克

引　　擎：2 台日立ハ 13 甲型星型 9 缸气冷
发动机（Hitachi Ha-13a），每台
510 马力

最大速度 / 巡航速度：375 / 240 千米 / 小时

航　　程：960 千米

升　　限：7180 米

装备范围：满洲航空株式会社、伪中华航空
公司

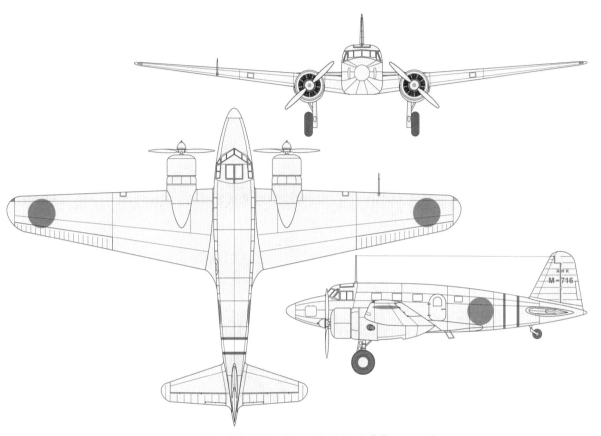 日本制飞机

一式双发高等练习机（キ番号キ54）是立川公司应日本陆军要求研发的高级教练机，又称一式双发高练、一式双高练、双发高练，盟军代号"希科里"（Hickory）。该型飞机由工程师品川信次郎设计，主要作为九五式二型练习机的后继机，除用于培训飞行员外，还用于训练导航员、通讯员、轰炸员、射击员等，相当于美国的比奇AT-7、AT-11型高级教练机。其原型机于1940年6月24日首飞，次年7月服役，因具有良好的操控性和飞行性能，且驾驶舱视野良好，机身结构坚固耐用，故产量远远超过了立川公司最初的计划，截至1945年6月停产，各亚型共制造1342架。双发高练丙型是用于运输的亚型，可搭载8名乘客，配备有洗手间和行李舱。

1943年8月至1944年，汪伪政权自日军接收3架双发高练丙型，分别命名为"淮海"号、"和平"号和"建国"号，供日伪官员作为专机使用。1944年底汪伪的"国府专机班"取消后，这3架飞机移交伪中华航空公司使用，1945年8月20日，周致和（周仕仁）等人驾驶"建国"号起义，飞往延安。满洲航空株式会社在二战期间也有数量不详的双发高练，主要用于新京—牡丹江—东安（今黑龙江密山）航线。满航的双发高练注册号可能是由M-701开始，具体注册号和数量不详，其中1架注册号为M-716。

满航 M-716 客机

202

昭和飞行机工业株式会社

昭和 零式输送机二二型

Shōwa Navy Type 0 Transport Model 22

机　　种：运输机
用　　途：客运 / 包机
乘　　员：4+21 人
制 造 厂：昭和飞行机工业株式会社
（ Showa Aircraft Industry
Co.Ltd. ）
首　　飞：1942 年
特　　点：金属结构 / 下单翼布局 / 可收放起
落架

机长 / 翼展 / 机高：19.51 / 20.96 / 7.46 米

净重 / 全重：7125 / 12500 千克
引　　擎：2 台三菱 "金星" 五三型星型 14
缸气冷发动机（ Mitsubishi Kinsei
53 ），每台 1200 马力
最大速度 / 巡航速度：393 / 240 千米 / 小时
航　　程：3000 千米
升　　限：7280 米
装备范围：伪中华航空公司、中央航空运输
公司、西南航空公司

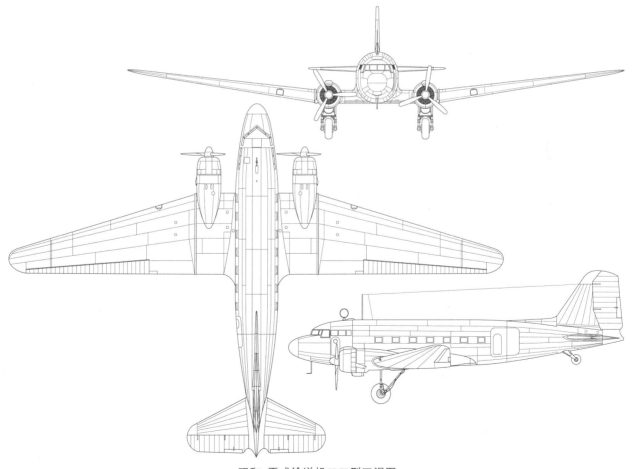

昭和 零式输送机二二型三视图

零式输送机(机体略番 L2D)是昭和公司应日本海军要求,在道格拉斯 DC-3 基础上仿制的,是二战期间日本海军的主力运输机之一。1938 年 2 月 28 日,由三井物产株式会社组建的昭和公司向美国道格拉斯公司购得 DC-3 的仿制权和 5 架样机,仿制的飞机于 1941 年 7 月 15 日首飞成功,同年投入量产,盟军代号为"塔比"(Tabby)。由于昭和公司产能不足,中岛公司也参与制造,各亚型共制造约 486 架,其中 71 架是中岛公司所制。零式输送机二二型(L2D3)是 1942 年推出的改良型,最初称为"D2型输送机改",特点是换装"金星"五一、五二或五三型发动机,机身结构强化,增设机翼油箱和机械师座位,机舱内部简化,座舱两侧各增加 3 个观察窗。

抗战期间,日本至少将 3 架零式二二型提供给汪伪国民政府,供伪中华航空公司使用。抗战胜利后,这 3 架飞机移交中央航空运输公司,但由于其结构老化、年久失修,且央航于战后购得大量的 C-47,因此仅作为配件使用。与此同时,西南航空公司成立复业筹备委员会,向国民政府交通部申请备案,并曾进行一些非正式的航线飞行,但他们仅有 3 架残机(日军战败后留在广州)和 1 架零式输送机(在台湾接收),且仅零式可用。西南航空使用该机先后开航广州—北海、广州—汕头的客运航线,但在广州交通银行包机运送钞票的任务中,该机在海口着陆后即损坏无法修理,未能飞返。

日本制飞机

零式输送机客舱内部

抗战胜利后停放于北平机场的零式输送机和中航飞行员,右侧是中航美籍飞行员山姆·特里(Sam Terry)和比尔·纽波特(Bill Newport)

日本国际航空工业

日国 一式输送机

Kokusai Army Type 1 Transport

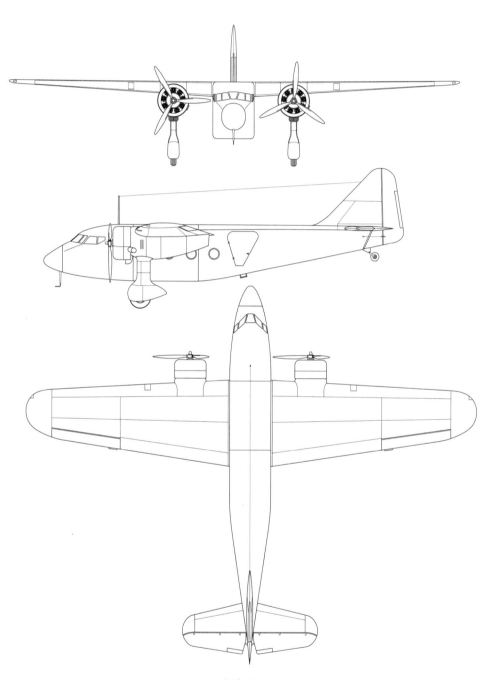

日国一式输送机三视图

机　　　种：　运输机

用　　　途：　—

乘　　　员：　3+8 人

制　造　厂：　日本国际航空工业（Nippon
　　　　　　　Kokusai Koku Kogyo K.K）

首　　　飞：　1941 年

特　　　点：　混合结构 / 上单翼布局 / 固定式起
　　　　　　　落架

机长 / 翼展 / 机高：　13.4 / 16.79 / 3.05 米

净重 / 全重：　2880 / 4400 千克

引　　　擎：　2 台ハ 13 甲型星型 9 缸气冷发动
　　　　　　　机（Hitachi Ha-13a），每台 450
　　　　　　　马力

最大速度 / 巡航速度：　307 / 276 千米 / 小时

航　　　程：　800 千米

升　　　限：　—

装备范围：　满洲航空株式会社

1938 年，应大日本航空株式会社要求，日本国际航空工业研发了 TK-3 型双发客机以取代老旧的中岛-福克"超级通用"和三菱"雏鹤"。该型飞机虽因自重超重且运载能力差而未能通过审查，但却获得日本陆军的关注，要求日国航空以 TK-3 为基础研发一种轻型运输 / 联络机来取代中岛九七式输送机。日国航空在 TK-3 基础上换装了新设计的机身、垂直尾翼和大功率发动机，从而使飞行速度、运载量和爬升能力都获得显著提高，并且易于生产。

经改良的飞机于 1941 年首飞成功，同年投入量产，根据日本皇纪命名为一式输送机，キ番号为キ 59，盟军代号"甘德"（Gander）。由于该型飞机的设计并不先进，因此产量不多，截至 1943 年停产共制造 20 架（一说 59 架），后被立川一式双发高等练习机取代。二战期间，至少有 1 架该型飞机移交满洲航空株式会社使用，交付时间和使用状况不详。

第二章

中国民用航校使用飞机

阿弗罗 504J、504K

Avro 504J/504K

英国制飞机

机　　种：教练机

用　　途：训练/观光

乘　　员：2人

制 造 厂：阿弗罗公司（A.V. Roe and Company）

首　　飞：1916年（Avro 504J），1917年（Avro 504K）

机体特点：木制结构/等翼展双翼布局/固定式起落架

机长/翼展/机高：8.97/10.97/3.18米

净重/全重：—/771千克（Avro 504J），558千克/830千克（Avro 504K）

引　　擎：（Avro 504J）1台罗纳型9缸转缸发动机（Le Rhône），110马力；（Avro 504K）1台"土地神"莫洛索佩季型9缸转缸发动机（Gnome Monosoupape），100马力

最大速度/巡航速度：145/121千米/小时（Avro 504K）

航　　程：402千米（Avro 504K）

升　　限：4876米（Avro 504K）

装备范围：筹办航空事宜处训练班、北洋政府航空署、舍特勒尔（私人用户）

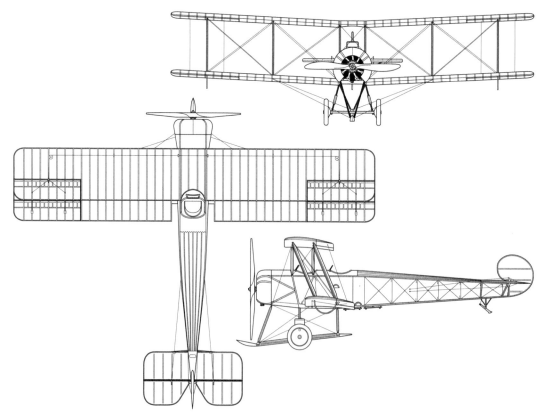

阿弗罗 504J 教练机三视图

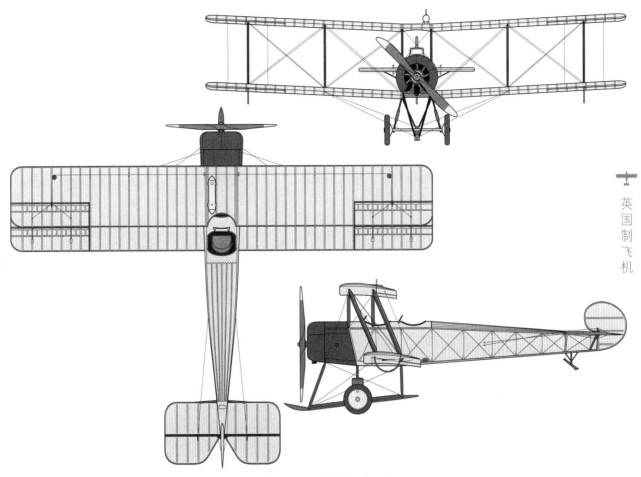

阿弗罗 504K 教练机三视图

　　阿弗罗 504 是阿弗罗公司研发的最著名的教练机之一，也是一战期间产量最高的飞机。该型飞机以阿弗罗 500 为基础研发，原型机于 1913 年 9 月 18 日首飞成功，具有结构简单、坚固耐用、飞行平稳、易于操控等特点，同年投入量产，先后衍生出超过 20 个亚型，可担负多种任务，并有多个国家在其基础上仿制，共制造超过 11000 架。一战结束后，大量阿弗罗 504 型教练机投入民用市场，用于训练、观光飞行、特技表演、私人飞机、拖曳广告横幅等，直到 20 世纪 30 年代仍在民间使用。

　　阿弗罗 504J 是 1916 年推出的教练机亚型，没有安装任何武备，发动机为 100 马力的"土地神"9B-2 型或 80 马力的罗纳 9C 型，装有双套控制系统和通话软管，非常适合作为初级教练机使用，因此投产后立即获得英国皇家飞行队的青睐，成为英军标准教练机，共生产 1850 架。阿弗罗 504K 是 1917 年推出的改良型，结构和功能与阿弗罗 504J 相同，特点是装有通用发动机支架，可换装 90 ～ 220 马力的多种发动机，投产后迅速取代了阿弗罗 504J 的地位，直到一战结束后仍在生产，总产量高达 6300 架左右，是所有阿弗罗 504 中产量最高的亚型，1925 年后被阿弗罗 504N 取代。

1919 年 2 月 24 日，中华民国北京政府（北洋政府）交通部通过英商福公司购得安装 110 马力罗纳发动机的阿弗罗 504J 和汉德利·佩季 O/7 型客机各 6 架，并附带备用零件、器材和修理工具等，用于开办北京—库伦航线。这 6 架阿弗罗 504J 是中国首批具有现代意义的教练机，同年 8 至 9 月间随第二批 O/7 一起运往中国，在南苑组装测试后，于次年 4 至 5 月间由英籍教官开展培训，其中 2 架命名为"哈密"和"包头"号。

画面左侧居前的是南苑航校的阿弗罗 504K 教练机，右侧为大维梅运输机

维克斯公司销往中国的首架阿弗罗 504K，机前为英籍教官 C·帕特森（C Patteson）和南苑航校学员

后售予浙江军阀的阿弗罗 504K

1919 年 8 月 12 日，北洋政府陆军部和英国维克斯公司经反复协商后，签订了总额约 180.32 万英镑的《中英航空贷款合同》，计划购买 20 架阿弗罗 504K、40 架维克斯"商用维梅"运输机和 25 架维克斯"维梅"高级教练机及相关备件，以开办国内航线。次年 6 月 13 日，又将阿弗罗 504K 的订购数量增至 60 架（每架 1450 英镑），同时购买 10 台"土地神"莫洛索佩季型发动机作为备件。这些飞机于 1920 年 3 月 20 日起分批运往中国，首批于 7 月运抵北京南苑航校组装测试，其余 40 架则于 1921 年春运抵。此前南苑航校使用的法制高德隆系列教练机早已老旧过时，且仅有 1 套控制系统，不利于教学。此番引进的阿弗罗 504J、504K 不但性能先进，且均装有双套控制系统，令航校的培训效果和教学效率都获得了巨大提升。

1920 年 7 月直皖战争结束后，北洋政府先前购买的 2 批飞机被直系、奉系军阀瓜分，其中 14 ～ 16 架阿弗罗 504K 和 2 架阿弗罗 504J 被奉系军阀掳往东北，后有 4 架经谈判归还南苑航校，其余则多被直系军阀运往保定航校。1922 年，北洋政府航空署使用该型飞机开办游览飞行业务，以南苑航校毕业学员作为义务驾驶员，搭载 1 名乘客自南苑起飞，在空中游览北京故宫，每次收费 15 元，由于顾客较少，不久后即宣告结束，计划中的长城空中游览也因此放弃。

1920 年 7 月，上海中央公司（Central Garage Company）通过英国汉伯里公司（Hanbury & Company）的普罗布斯特（Probst）转购 1 架安装 80 马力雷诺发动机的阿弗罗 504K。该机运往中国后被海关扣留，1922 年被浙江督军卢永祥聘请的德籍工程师费迪南德·利奥波德·舍特勒尔（Ferdinand Leopold Schoettler）买下用作私人飞机，后转售卢永祥供浙江航空队使用。

维克斯"教学器"（小维梅）

Vickers Instructional Machine（VIM）

✈ 英国制飞机

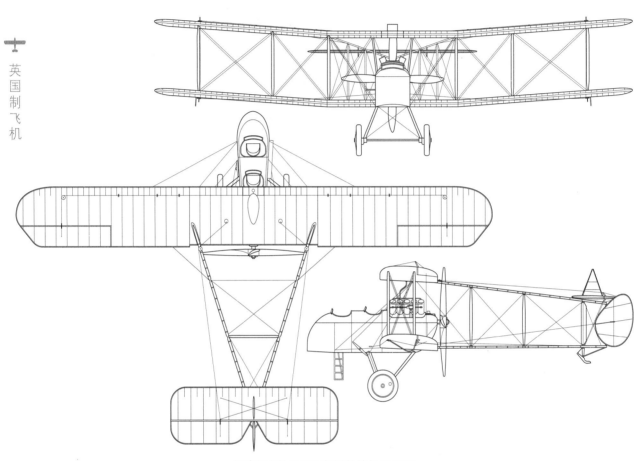

维克斯"教学器"高级教练机三视图

机　　种：	教练机	净重/全重：	1341 千克/1661 千克
用　　途：	训练	引　　擎：	1 台劳斯－莱斯"鹰"VIII 型 V 型
乘　　员：	2 人		12 缸液冷发动机（Rolls-Royce
制 造 厂：	维克斯有限公司		Eagle VIII），360 马力
	（Vickers Limited）	最大速度/巡航速度：	161/— 千米/小时
首飞时间：	1920 年	航　　程：	—
机体特点：	混合结构/等翼展双翼布局/固定	升　　限：	3960 米
	式起落架	装备范围：	北洋政府航空署、直隶航空处
机长/翼展/机高：	9.86 / 14.53 / 3.76 米		

"教学器"高级教练机是维克斯公司为"商用维梅"型运输机量身定制的高级教练机。该型飞机并非维克斯公司研发机种，而是以皇家飞机制造厂的 F.E.2D 型战斗机（Royal Aircraft Factory F.E.2d）为基础改造，因此未获得维克斯公司机型型号序列，仅命名为"教学器"。为使学员更快地了解"商用维梅"的特性，"教学器"换装了与"商用维梅"相同的劳斯-莱斯"鹰"VIII 型发动机，同时采用全新设计的机身短舱，装有双套控制系统，而原有的武器挂载能力则予以保留。该型飞机共改造 35 架，全部售予中国。

1919 年 8 月 12 日，为开办国内航线，中华民国北京政府（北洋政府）陆军部与维克斯公司签订了总额约 180.32 万英镑的《中英航空贷款合同》，其中包括 25 架"教学器"高级教练机、40 架"商用维梅"运输机、20 架阿弗罗 504K 初级教练机及相关备件，次年 6 月 13 日又将"教学器"的订购数量增至 35 架。由于"教学器"的音译与"商用维梅"相似，因此通常称为"小维梅"。这 35 架小维梅（生产序号 X41 至 X75）于 1920 年 9 月全部制成，但由于直皖战争的影响，直至次年 1 至 2 月间才交付。这些飞机经清河飞机工厂组装测试后，于 1921 年 4 月起在清河机场成立训练小组，由赵云鹏主持的直隶航空处大维梅训练班也于同年 10 月 1 日成立。这两处训练班均由英籍教官施训，主要用于阿弗罗 504K 与大维梅之间的过渡飞行。截至 1923 年 11 月，仍有 8 到 10 位学员在清河机场训练，并进行了一些夜航培训。第一次直奉战争（1922 年 4 月 28 日至 5 月 5 日）后，直系军阀把持了北洋政府，将 4 架小维梅划拨保定航空队，此后其他该型飞机也逐步被军阀收归己用，残存者最终并入奉系军阀的东北空军。

刊登于 1921 年 1 月 6 日《飞行》杂志第 5 页的"教学器"教练机

亚历山大 "鹰石" A-2

Alexander Eaglerock A-2

机　　种：　运动 / 教练机

用　　途：　训练

乘　　员：　3 人

制 造 厂：　亚历山大飞机公司（Alexander
Aircraft Company）

首　　飞：　1926 年

特　　点：　混合结构 / 不等翼展双翼布局 / 固
定式起落架

机长 / 翼展 / 机高：　7.6 / 11.18 / 2.94 米

净重 / 全重：　662 / 1018 千克

引　　擎：　1 台柯蒂斯 OX-5 型 V 型 8 缸液
冷发动机（Curtiss OX-5），
90 马力

最大速度 / 巡航速度：　159 / 136 千米 / 小时

航　　程：　724 千米

升　　限：　3718 米

装备范围：　福建民用航空学校

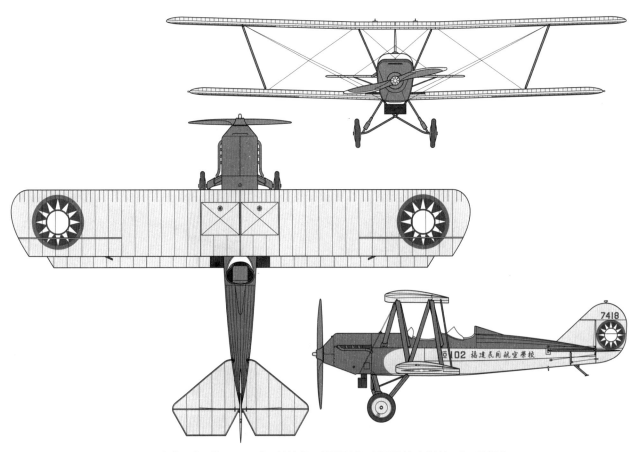

亚历山大 "鹰石" A-2 运动 / 教练机三视图（福建民用航空学校 102 号机）

"鹰石"是亚历山大公司于20世纪20年代中期研发的一系列三座运动/教练机，也是该公司生产的最著名的飞机。该系列飞机于1925年开始设计，次年投产，结构和布局与美国同时期流行的其他运动/教练机并无二致，机身采用焊接钢管结构，机翼为木制。"鹰石"系列飞机的用途非常广泛，涵盖了飞行训练、特技飞行、运输邮件或小型货物、农药喷洒、航空摄影、航空旅行等，一经推出即广受欢迎，截至1932年停产，各型共制造895架，区别多为发动机的不同。"鹰石"A-2是1926年推出的改良型，特点是采用当时产量巨大、价格低廉的柯蒂斯OX-5型发动机，因此售价极低，初期售价仅2475美元/架，后期则降至2000美元。该型飞机的飞行性能良好，但在进行特技飞行时发动机功率不足，因此部分"鹰石"A-2换装了100马力的柯蒂斯OXX-6型发动机。

　　1928年，福建民用航空学校通过旧金山太平洋商业公司（Pacific Commercial Co., San Francisco）购得2架"鹰石"A-2（生产序号606/原注册号7196、生产序号616/原注册号7418）。这2架飞机于同年9月运往中国，但在海运途中受损，其中生产序号616的飞机后被修复，编号102，另一架状况不详。1930年初，福建航校因资金不足停办，员工、学生和5架飞机被广东航校接收，2架"鹰石"A-2编入广东空军第5中队，编号505、506。

福建民用航空学校的102号机

伏立特飞机公司

伏立特 10

Fleet 10

美国制飞机

机　种：	运动 / 教练机
用　途：	训练
乘　员：	2 人
制 造 厂：	伏立特飞机公司（ Fleet Aircraft ）
首　飞：	1930 年
特　点：	混合结构 / 等翼展双翼布局 / 固定式起落架
机长 / 翼展 / 机高：	6.64 / 8.53 / 2.36 米

净重 / 全重：	509 / 908 千克
引　擎：	1 台金纳 B-5R 型星型 5 缸气冷发动机（ Kinner B-5R ）, 125 马力
最大速度 / 巡航速度：	167 / 一 千米 / 小时
航　程：	483 千米
升　限：	3200 米
装备范围：	中国航空协会中国飞行社

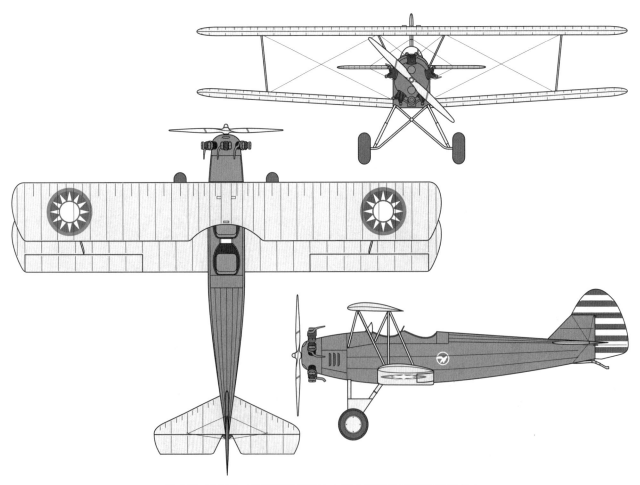

伏立特 10 运动 / 教练机三视图 (中国飞行社飞行训练班用机)

218

中国飞行社的伏立特 10，机前为李霞卿

伏立特教练机是加拿大伏立特飞机公司和美国联合公司于 20 世纪二三十年代同时生产的一系列教练机，该系列飞机均采用相同的结构和布局，外形大同小异，有着结构简单、维护方便、飞行性能良好、可自由换装同等级发动机等特点。由于该系列飞机同时在美国和加拿大生产，因此部分飞机虽设计相同，但型号不同。伏立特 10 是伏立特 7 的改良型，共有 8 个亚型，其共同特点是垂直尾翼为三角形，起落架主轮采用中心铰接式，区别多为发动机的不同。中国空军在 20 世纪 30 年代曾大量购置该型飞机用于训练，这些飞机的美国型号是伏立特 10，加拿大型号则为伏立特 10B。

1934 年 12 月 11 日，南京国民政府向伏立特公司购得 30 架伏立特 10B 和 20 架散件，于次年 5 月自加拿大运往中国，散件交由上海海军制造飞机处组装。中国航空协会主办的中国飞行社为了培训飞行员，曾向海军制造飞机处订购 2 架该型飞机，但仅交付 1 架。1936 年 6 月 18 日，中国飞行社开学典礼时，女飞行员李霞卿曾驾驶这架飞机进行飞行表演。中国飞行社第一期训练班均使用该机训练，同年 12 月 21 日，第一期训练班学员毕业，36 人中有 30 人完成课程。

金纳飞机和发动机公司

金纳 P "轿车"

Kinner P Sedan

机　　种：　通用飞机

用　　途：　训练 / 观光

乘　　员：　2 人

制　造　厂：　金纳飞机和发动机公司（Kinner Airplane & Motor Corporation）

首　　飞：　1932 年

特　　点：　混合结构 / 不等翼展双翼布局 / 固定式起落架

机长 / 翼展 / 机高：　—

净重 / 全重：　—

引　　擎：　1 台金纳 C-5 型星型 5 缸气冷发动机（Kinner C-5），210 马力

最大速度 / 巡航速度：　—

航　　程：　—

升　　限：　—

装备范围：　中国航空协会中国飞行社

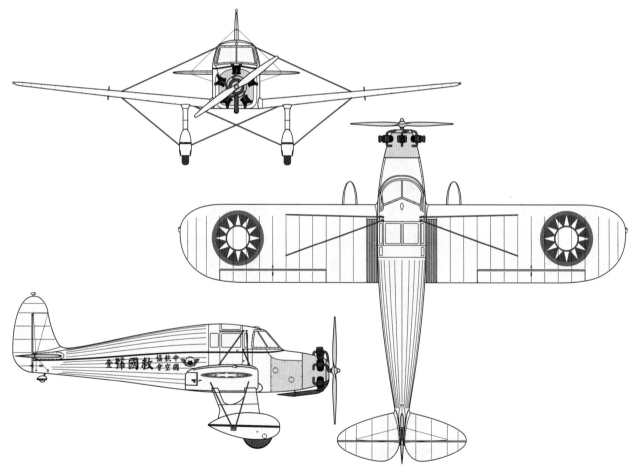

金纳 P "轿车" 运动飞机三视图（中国航空协会航空救国壹号）

交付中国之前的金纳 P，右侧依次是金纳 R 和金纳 K

　　金纳 P "轿车" 是金纳公司以金纳 K "运动者" 型双座轻型通用飞机为基础，为公司负责人罗伯特·波特（Robert Porter）和莉莉安·波特（Lillian Porter）夫妇量身打造的通用飞机。该机实质上是金纳 K 的豪华型，结构和布局与后者非常相似，特点是换装金纳 C-5 型发动机，机身直径和座舱扩大，起落架加装整流罩。金纳 P 仅制造 1 架，注册号 X/NC12257，生产序号 1。

　　1935 年 10 月 10 日，中国航空协会主办的中国飞行社在上海龙华成立，次年初通过美信洋行（L. E. Gale Company）购得金纳 P。该机机翼漆有军用机徽，机身后部两侧漆有 "中国航空协会" 和 "航空救国壹号"。1936 年 5 月，为庆祝中国航空协会的新总部大楼 "飞机楼" 在上海建成，该机曾用于航空协会提供的免费观光飞行。

克莱姆轻型飞机制造有限公司

克莱姆 L 25 d Ⅶ、L 25 Ⅰa

Klemm L 25 d Ⅶ/L 25 Ⅰa

德国制飞机

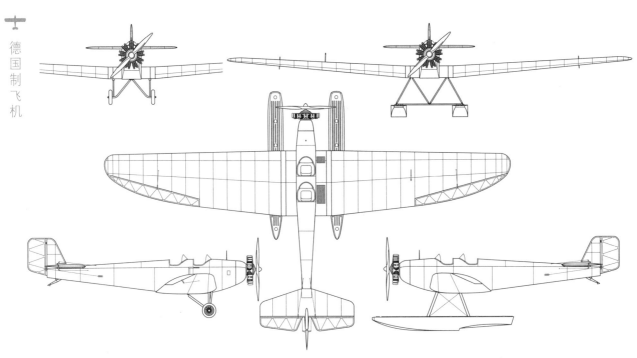

克莱姆 L 25 Ⅰa 运动 / 教练机三视图

机　　种： 运动 / 教练机

用　　途： 训练 / 滑翔机拖曳

乘　　员： 2 人

制 造 厂： 克莱姆轻型飞机制造有限公司
（ Klemm Leichtflugzeugbau
GmbH ）

首　　飞： 1928 年

特　　点： 木制结构 / 下单翼布局 / 固定式起
落架

机长 / 翼展 / 机高： 7.5 / 13 / 2.05 米（ L 25 d
Ⅶ ），7.7 / 13 / 1.75 米（ L 25 Ⅰa ）

净重 / 全重： 285 / 500 千克（ L 25 d Ⅶ ），
420 / 720 千克（ L 25 Ⅰa ）

引　　擎： （ L 25 d Ⅶ ）1 台西斯 HM 60 R
型倒置直列型 4 缸气冷发动机
（ Hirth HM 60 R ），80 马力；
（ L 25 Ⅰa ）1 台萨尔姆森 AD.9 型
星型 9 缸气冷发动机（ Salmson
AD.9 ），40 马力

最大速度 / 巡航速度： 160 / 140 千米 / 小时（ L
25 d Ⅶ ），140 / 125 千米 / 小时
（ L 25 Ⅰa ）

航　　程： 650 千米

升　　限： 4800 米（ L 25 d Ⅶ ），6500 米（ L
25 Ⅰa ）

装备范围： 福建民用航空学校、满洲飞行协
会 / 满洲空务协会

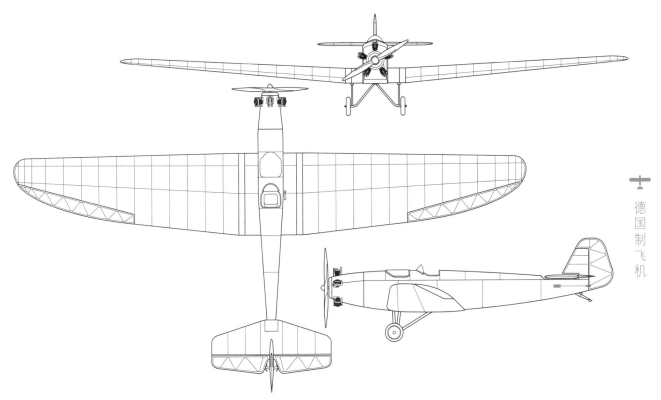

克莱姆 L 25 d VII 运动 / 教练机三视图

满洲空务协会使用的 L 25 d VII

L 25（后改称 Kl 25）是克莱姆公司在 L 20 型教练机基础上推出的发展型，也是该公司研发的最成功的飞机之一。该型飞机由罗伯特·卢瑟（Robert Lusser）于 1927 年开始设计，次年首飞成功，延续了 L 20 结构简单、装配容易、翼载荷低、飞行性能优良等特点，起落架可换装浮筒或滑橇以适应不同环境的起降。L 25 于 1928 年投产，截至 1939 年停产，各亚型共制造约 600 架，除供应航校、飞行俱乐部、私人外，也作为德国空军的初级教练机使用，英国、美国共仿制约 150 架。L 25 d VII 是安装西斯 HM 60 R 发动机的亚型；L 25 Ia 是安装萨尔姆森 AD.9 发动机的亚型。

1928 年 9 月，福建民用航空学校通过香港进口 2 架 L 25 Ia 用于培训学员，其中 1 架配备有浮筒。1930 年初，福建航校因资金不足停办，员工、学员、器材和残存的 5 架飞机被广东航校接收，其中包括至少 1 架 L 25 Ia。

伪满政权的满洲空务协会成立初期，有 1 架 L 25 用于拖曳滑翔机以培养滑翔机教练员。该机曾参加 1936 年的滑翔表演，根据照片分析可能是 L 25 d VII。

勒普·卡森斯坦飞机公司

勒普·卡森斯坦 Kl 1c "燕子"

Raab–Katzenstein Kl 1c Schwalbe

机　　种：　运动 / 教练机

用　　途：　训练

乘　　员：　2 人

制 造 厂：　勒普·卡森斯坦飞机公司（Raab-
　　　　　　Katzenstein-Flugzeugwerke
　　　　　　GmbH）

首　　飞：　1926 年

特　　点：　混合结构 / 不等翼展双翼布局 / 固
　　　　　　定式起落架

机长 / 翼展 / 机高：　6.25 / 8 / 2.54 米

净重 / 全重：　490 / 740 千克

引　　擎：　1 台西门子–哈斯基 SH 12 型 9
　　　　　　缸星型气冷发动机（Siemens-
　　　　　　Halske SH 12），125 马力

最大速度 / 巡航速度：　149 / 130 千米 / 小时

航　　程：　500 千米

升　　限：　3500 米

装备范围：　福建民用航空学校

十
德
国
制
飞
机

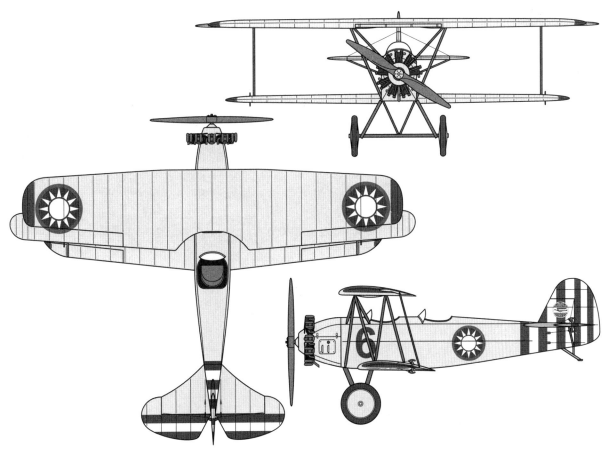

勒普·卡森斯坦 Kl 1c "燕子" 运动 / 教练机三视图（航校 6 号）

1925 年 11 月，由于迪特里希–戈比飞机公司（Dietrich-Gobiet Flugzeugbau AG）陷入财务危机，该公司的试飞员安东尼斯·勒普（Antonius Raab）和工程师卡森斯坦（Katzenstein）创建了勒普·卡森斯坦公司，Kl 1（后改称 RK 1）即为该公司研发的第一种飞机。该型飞机实质上是迪特里希–戈比 DP VI 型双翼教练机的发展型，也是勒普·卡森斯坦公司研发的最著名的飞机。Kl 1 的原型机于 1926 年 1 月 16 日首飞成功，同年投产，各亚型共制造 42 架。Kl 1c 是换装西门子–哈斯基 SH 12 型发动机的亚型，共制造 10 架。1928 年，德国著名特技飞行员吉哈德·菲泽勒（Gerhard Fieseler）驾驶 1 架 Kl 1c 创造了倒飞的世界记录，从而获得了德国特技飞行冠军。

福建民用航空学校成立后，购得 1 架 Kl 1c 用于训练飞行员。该机与 1 架 RK 9 "莺"于 1929 年春运抵中国，Kl 1c 编号为 6。1930 年初，福建航校因资金不足停办，包括该机在内的飞机、器材、员工、学生被广东航校接收。

画面右侧的机尾即为福建航校 6 号机，其左侧是厦门海军航空处的阿弗罗 594 教练机，再左即为完成跨国飞行的"厦门"号

勒普·卡森斯坦 RK 2a "鹈鹕"

Raab–Katzenstein RK 2a Pelikan

机　种：运动 / 教练机

用　途：训练

乘　员：2 人

制 造 厂：勒普·卡森斯坦飞机公司（Raab-Katzenstein-Flugzeugwerke GmbH）

首　飞：1926 年

特　点：混合结构 / 不等翼展双翼布局 / 固定式起落架

机长 / 翼展 / 机高：7.89 / 10.9 / 2.7 米

净重 / 全重：570 / 840 千克

引　擎：1 台西门子-哈斯基 SH 11 型星型 5 缸气冷发动机（Siemens-Halske SH 11），90 马力

最大速度 / 巡航速度：140 / 120 千米 / 小时

航　程：560 千米

升　限：3200 米

装备范围：福建民用航空学校

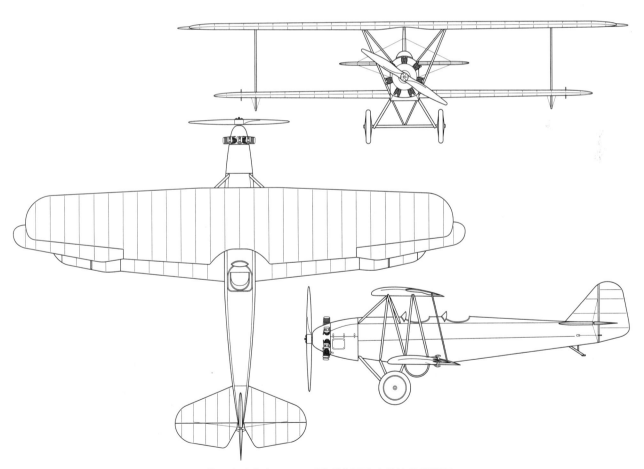

勒普·卡森斯坦 RK 2a "鹈鹕" 运动 / 教练机三视图

RK 2"鹈鹕"是勒普·卡森斯坦公司研发的第二种飞机,由保罗·约翰·霍尔(Paul John Hall)设计,作为 Kl 1 的后继机,其结构和布局与 Kl 1 非常相似,实质上是 Kl 1 的放大型。RK 2 的原型机于 1926 年 8 月 30 日首飞成功,飞行性能良好,具有飞行平稳、安全性高、易于操控、可短距起降、降落速度慢等特点,但转向灵敏性较差。RK 2 投产后主要作为航校教练机使用,也有飞行特技表演、广告宣传、观光飞行等用途。由于其价格相对便宜,每架售价 15500 英镑(包括发动机和注册费在内),因此颇受欢迎,截至 1929 年停产,各亚型共制造 24 架。RK 2a 是最初的量产型,也是产量最多的亚型,特点是换装西门子-哈斯基 SH 11 型发动机,共制造 16 架。

1929 年,福建民用航空学校购得 1 架 RK 2a 供训练使用。该机于同年 11 月前运抵中国,是福建航校成立后组装完成的第一架飞机,后在一次着陆事故中损毁,驾机演示的教官因此被辞退。

福建航校的 RK 2a 教练机

勒普·卡森斯坦 RK 9 "莺"

Raab–Katzenstein RK 9 Grasmücke

机　　种：运动 / 教练机

用　　途：训练

乘　　员：2 人

制　造　厂：勒普·卡森斯坦飞机公司（Raab-
Katzenstein-Flugzeugwerke
GmbH）

首　　飞：1928 年

特　　点：混合结构 / 不等翼展双翼布局 / 固
定式起落架

机长 / 翼展 / 机高：6.85 / 8.96 / 2.3 米

净重 / 全重：250 / 450 千克

引　　擎：1 台安赞尼型 W 型 3 缸气冷发动
机（Anzani），35 马力

最大速度 / 巡航速度：120 / 100 千米 / 小时

航　　程：400 千米

升　　限：3000 米

装备范围：福建民用航空学校

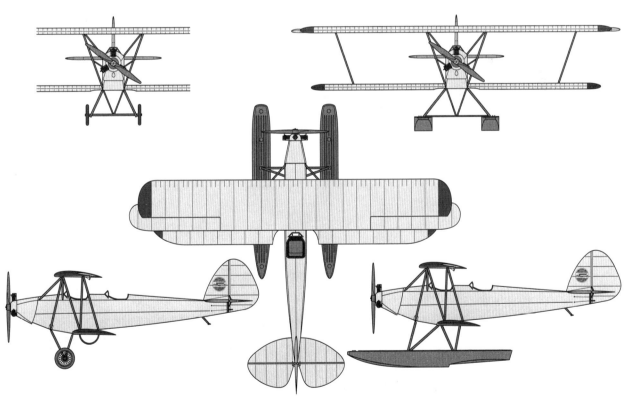

勒普·卡森斯坦 RK 9 "莺" 运动 / 教练机三视图

RK 9 教练机座舱内部

RK 9 "莺" 是勒普·卡森斯坦公司应德国航空协会要求研发的轻型运动 / 教练机，也是该公司破产前研发的最后一种飞机。该型飞机由保罗·约翰·霍尔和埃里希·加梅林（Erich Gammelin）共同设计，侧重于降低成本，以满足德国航空协会要求的"为所有人飞行的廉价全民飞机"，同时也是为了应对 Kl 1 和 RK 2 占有市场后造成的需求饱和。RK 9 于 1928 年 10 月的柏林航空展首次亮相，具有爬升速度快、翼载荷低、降落速度慢、可短距起降、载重量大等特点，非常适合航校训练、广告宣传、飞行旅行等用途，且价格低廉，每架售价仅 6900 德国马克，因此投产后颇受欢迎，其购买者多为私人用户或飞行俱乐部，各亚型共制造 24 架。RK 9 是最初的量产型，装有 1 台 35 马力的安赞尼型发动机，共制造 16 架。

1929 年春，福建民用航空学校购得的 1 架附带浮筒的 RK 9，与 1 架 Kl 1c "燕子"一起运抵中国，由于福建航校条件较差，机库有限，因此该机组装完成后只能露天停放。福建航校曾计划为 RK 9 换装浮筒，但没有成功。航校停办后，包括该机在内的飞机、器材、员工、学员被广东航校接收。

运往中国之前的 RK 9 教练机

容克 A 50

Junkers A 50

机　　种：运动 / 教练机

用　　途：训练

乘　　员：2 人

制 造 厂：容克飞机与发动机制造公司
（ Junkers Flugzeug-und
Motorenwerke AG ）

首　　飞：1929 年

特　　点：金属结构 / 下单翼布局 / 固定式起
落架

机长 / 翼展 / 机高：7.12 / 10.02 / 2.4 米

净重 / 全重：360 / 600 千克

引　　擎：1 台阿姆斯特朗·西德利 "香
猫" 型星型 5 缸气冷发动机
（ Armstrong Siddeley Genet ），
88 马力

最大速度 / 巡航速度：172 / 145 千米 / 小时

航　　程：600 千米

升　　限：4600 米

装备范围：中国飞行协会上海飞行社

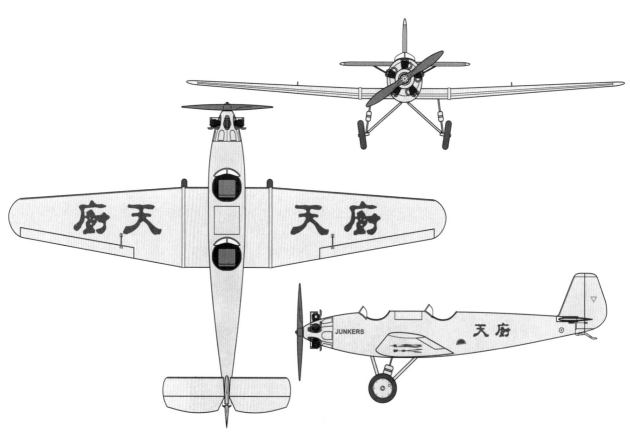

容克 A 50 运动 / 教练机三视图（"天厨附" 号）

20 世纪 20 年代后期，容克公司认为全金属结构的教练机比流行的木制结构教练机具有更强的性能和竞争力，因此推出了 A 50 型运动 / 教练机。该型飞机最初命名为 EF 31，由容克公司的首席设计师赫尔曼·波尔曼（Hermann Pohlmann）设计，采用与同时期的容克运输机相似的结构，表面为波纹状金属蒙皮。其原型机于 1929 年 2 月 13 日首飞，有着简洁的流线形外观以及易于操控、飞行性能良好等特点，特别是留空时间可长达 5 个小时，非常适合航校培训、运动飞行和特技飞行，也可供私人航空旅行使用。容克公司对 A 50 的预计产量高达 5000 ~ 6000 架，因此于 1930 年进行了数次创纪录的飞行来宣传预热，然而因价格过于高昂，该型飞机销量不佳，各亚型共制造 69 架，仅售出 50 架。

1930 年 6 月，山西当局通过禅臣洋行向容克公司订购了 3 架飞机供山西航空队使用，其中包括 1 架 A 50（生产序号 3531）。这些飞机自德国运往中国的途中，8 月 2 日因获悉中原大战爆发而改运日本。1933 年，上海天厨味精厂员工集资购得 1 架容克 K 47 战斗机捐赠国民政府，在同年 7 月 15 日的捐赠典礼上，因德方失误导致飞机受损，德方将这架 K 47 运回德国修复后，将 1 架 A 50 附赠中国作为补偿。这架 A 50 即为 1930 年山西当局订购的飞机。1934 年 3 月 18 日，该机在上海龙华机场举办的捐献暨命名典礼上被命名为 "天厨附" 号，后赠予中国飞行协会创办的上海飞行社。

交付前的 A 50 教练机，远处是 1 架容克 A 35 高速邮机

贝克尔 Bü 131B "英格曼"

Bücker Bü 131B Jungmann

十
德
国
制
飞
机

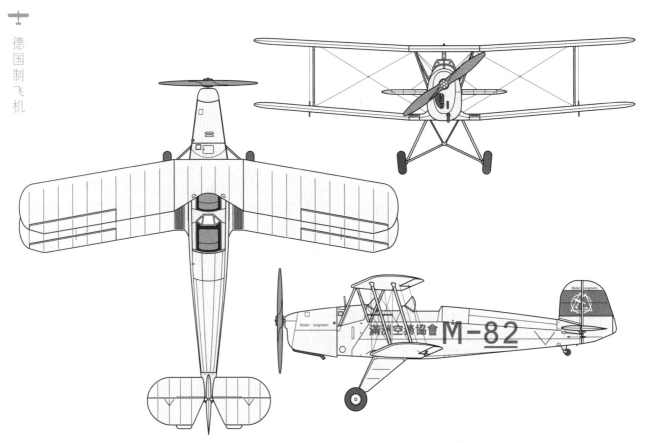

贝克尔 Bü 131B "英格曼" 运动 / 教练机三视图 (满洲空务协会 M-82)

机　　种：	运动 / 教练机	
用　　途：	训练 / 滑翔机拖曳	
乘　　员：	2 人	
制 造 厂：	贝克尔飞机制造有限公司	
	(Bücker-Flugzeugbau GmbH)	
首　　飞：	1936 年	
特　　点：	混合结构 / 等翼展双翼布局 / 固定	
	式起落架	
机长 / 翼展 / 机高：	6.62 / 7.4 / 2.28 米	

净重 / 全重： 380 / 670 千克

引　　擎： 1 台西斯 HM 504A-2 型直列型
倒置 4 缸气冷发动机 (Hirth HM
504A-2)，100 马力

最大速度 / 巡航速度： 183 / 170 千米 / 小时

航　　程： 628 千米

升　　限： 4050 米

装备范围： 满洲飞行协会 / 满洲空务协会

Bü 131 "英格曼"（"英格曼"意为"年轻人"）研发于 20 世纪 30 年代前期，是贝克尔公司成立后量产的第一种飞机，也是德国最后一种投产的双翼机。该型飞机由贝克尔公司工程师安德斯·J·安德森（Anders J Andersson）设计，原型机 Bü 131V-1 于 1934 年 4 月 27 日首飞成功，装有 1 台 80 马力的西斯 HM 60R 型发动机，具有结构简单、坚固耐用、操纵灵敏、机动性好等优点。Bü 131 于 1935 年投产，各亚型共制造约 4200 架，主要供德国空军作为标准初级教练机，同时也供德国民间航校使用，由于其机动性和操控性都非常出色，因此常用于特技表演。Bü 131B 是 1936 年推出的改良型，也是产量最多的亚型，特点是换装大功率的西斯 HM 504R 型发动机，飞行性能提高。

1938 年 3 月，伪满政权的满洲飞行协会向贝克尔公司购得 5 架 Bü 131B，主要用于训练飞行员和拖曳滑翔机。这些飞机于同年 3 月 20 日全部交付，并在奉天东机场公开展示，其中 4 架的注册号是 M-81 至 M-84。

满洲空务协会 M-82 号 Bü 131B

戈平根 Gö 1 "狼"

Göppingen Gö1 Wolf

机　　种：	高级滑翔机		特　　点：	混合结构 / 上单翼布局 / 固定式起落架
用　　途：	训练		机长 / 翼展 / 机高：	6.3 / 14 / 1.4 米
乘　　员：	1 人		净重 / 全重：	145 / 220 千克
制 造 厂：	戈平根·马丁·申普运动飞机制造公司（Sportflugzeugbau Göppingen Martin Schempp）		滑翔速度：	45 千米 / 小时
首　　飞：	1935 年		装备范围：	满洲飞行协会 / 满洲空务协会、汪伪新国民运动促进委员会滑翔机讲习会

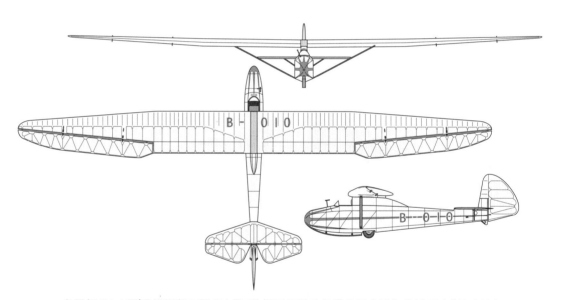

戈平根 Gö 1 "狼" 滑翔机三视图（"汪伪新国民运动促进委员会滑翔机讲习会" B-010）

　　Gö 1 "狼" 研发于 20 世纪 30 年代中期，是戈平根公司成立后生产的第一种飞机，由沃尔夫·西斯（Wolf Hirth）和莱因霍尔德·塞格（Reinhold Seeger）于 1934 年开始设计，主要用来同格鲁瑙婴儿型滑翔机（Grunau Baby）竞争市场。Gö 1 于 1935 年投产，截至 1940 年停产共制造约 100 架。1939 年，在巴黎附近的圣日耳曼举行的首届国际滑翔机特技飞行比赛中，1 架参赛的该型飞机获得了银牌。

　　伪满的满洲空务协会成立后，设立了奉天、新京、安东、抚顺、哈尔滨、吉林和齐齐哈尔 7 个支部，其中抚顺支部拥有 10 架初级滑翔机和 18 架中、高级教练机，就包括 2 架 Gö 1，其他支部状况不详。1940 年 1 月 4 日，满洲空务协会的飞行员弘中正利在大连附近驾驶 1 架 Gö 1 创造了飞行 3 小时 25 分钟的记录。

　　1943 年 5 月 27 日至 7 月 10 日，应汪伪国民政府和大东亚省（日本政府于 1942 年 9 月设置的内阁机构，负责统筹管理其在东亚的占领区）的要求，日方在中国南京、上海和苏州举办了"汪伪新国民运动促进委员会滑翔机讲习会"，日本《每日新闻》社向其捐赠了 3 架具体型号不详的初级滑翔机和 1 架 Gö 1，并由该社航空部成员志鹤忠夫、加藤几太郎、岛本真、小川健尔进行培训。讲习会结束后又进行了南京—上海的"空中列车"滑翔机拖曳表演。

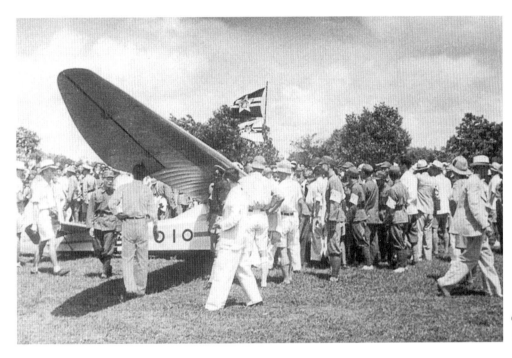

《每日新闻》社向汪伪政府提供的 Gö 1 滑翔机

1943 年 7 月"汪伪新国民运动促进委员会滑翔机讲习会"后进行的南京—上海"空中列车"表演，拖曳机为汪伪空军装备的空技 三式陆上初步练习机

亨利·波泰茨飞机公司

波泰茨 36 / 1

Potez 36/1

法国制飞机

机　　种：　通用飞机

用　　途：　训练

乘　　员：　2 人

制 造 厂：　亨利·波泰茨飞机公司

　　　　　　（Aéroplanes Henry Potez）

首　　飞：　1927 年

特　　点：　木制结构 / 上单翼布局 / 固定式起
落架

机长 / 翼展 / 机高：　—

净重 / 全重：　—

引　　擎：　1 台雷诺 4Pa 型直立型 4 缸气冷
发动机（Renault 4Pa），70 马力

最大速度 / 巡航速度：　—

航　　程：　—

升　　限：　—

装备范围：　中国飞行协会上海飞行社

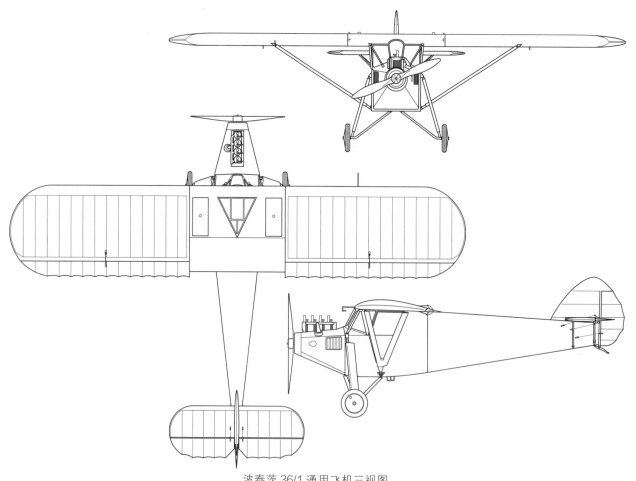

波泰茨 36/1 通用飞机三视图

研发于 20 世纪 20 年代后期的波泰茨 36 被誉为是真正催生 20 世纪 30 年代航空旅行的飞机。该型飞机主要供私人运动飞行或航空旅行,在设计中充分考虑了私人用户使用的方便性,机翼可向后折叠,以便存储或拖运。其原型机于 1927 年首飞,具有易于操控、飞行安全性高等特点,同年投产,各亚型共制造约 300 架,很受私人用户、小型航空公司和飞行俱乐部的欢迎。波泰茨 36/1 是安装雷诺 4Pa 型发动机的亚型,共制造 2 架。

1934 年 3 月,中国飞行协会上海飞行社筹备成立,杜月笙捐赠了 1 架安装 70 马力雷诺发动机的波泰茨 36 供其作为教练机使用。3 月 18 日,该机在上海龙华机场举办的捐献暨命名典礼上被命名为"月文"号。根据照片分析,这架波泰茨 36 没有安装前缘襟翼,可能是 1 架波泰茨 36/1。

波泰茨 36/1 客舱内部

捐赠给中国飞行协会上海飞行社的"月文"号,机前为杜月笙和单人驾机跨国飞行的孙桐岗

石川岛飞行机制作所

立川 九五式一型练习机

Tachikawa Army Type 95-1 Medium Grade Trainer

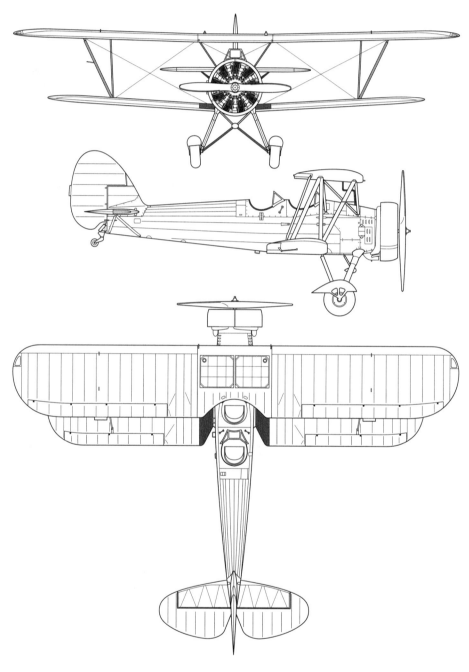

立川九五式一型练习机三视图

机　　种：教练机
用　　途：训练
乘　　员：2 人
制 造 厂：石川岛飞行机制作所
　　　　　（ Ishikawajima Aircraft
　　　　　Manufacturing Company ）
首　　飞：1935 年
特　　点：混合结构 / 不等翼展双翼布局 / 固
　　　　　定式起落架

机长 / 翼展 / 机高：7.52 / 10.32 / 3 米
净重 / 全重：1015 / 1425 千克
引　　擎：1 台日立ハ 13 甲型星型 7 缸气冷
　　　　　发动机（ Hitachi Ha-13a ），350
　　　　　马力
最大速度 / 巡航速度：240 / 150 千米 / 小时
航　　程：840 千米
升　　限：5500 米
装备范围：满洲航空株式会社

　　九五式一型练习机是石川岛飞行机制作所（立川公司的前身）于 20 世纪 30 年代中期应日本陆军要求研发的双翼中级教练机。1934 年 4 月，日本陆军要求石川岛飞行机制作所研发一种"阶梯机"，可通过换装不同功率的发动机作为初级教练机和中级教练机使用。其第一架原型机于同年 9 月制成，装有 1 台 150 马力的中岛 NZ 型发动机，主要作为初级教练机；第二、三架原型机则是安装大功率日立ハ 13 型发动机的中级教练机。在试飞过程中，由于初级教练机型存在发动机功率不足和重心问题，飞行性能较差，其研发方案被取消；中级教练机型则于 1935 年 7 月投产，キ番号为キ 9，盟军代号为"云杉"（Spruce）。该型飞机由立川公司和日本国际航空工业同时生产，各亚型共制造 2618 架，除供日本陆军使用外，也提供给泰国、伪满洲国和汪伪政府使用，二战后期还曾用于神风特攻。此外，日本通信省航空机成员养成所等民用机构也使用九五式一型训练飞行员。

　　1938 年 3 月，满洲航空株式会社开办了一所航校以训练飞行员，使用的教练机即为九五式一型（一说为九五式三型 / キ 17，但キ 17 于 1938 年 12 月方才定型投产，因此该说为误）。

日本式 鸢型

Nihon Tohi Type

（日本式鸢 3 型参数）

机　　种：	中级滑翔机	
用　　途：	训练	
乘　　员：	1 人	
制 造 厂：	日本小型飞行机株式会社	
	（Nihon Kogata Hikōki Kabushiki	
	Kaisha）	
首　　飞：	—	

特　　点：　混合结构 / 上单翼布局 / 固定式起
　　　　　　落架

机长 / 翼展 / 机高：6.4 / 10.6 / 2.5 米

净重 / 全重：110 / 175 千克

滑翔速度：50 千米 / 小时

装备范围：满洲飞行协会 / 满洲空务协会

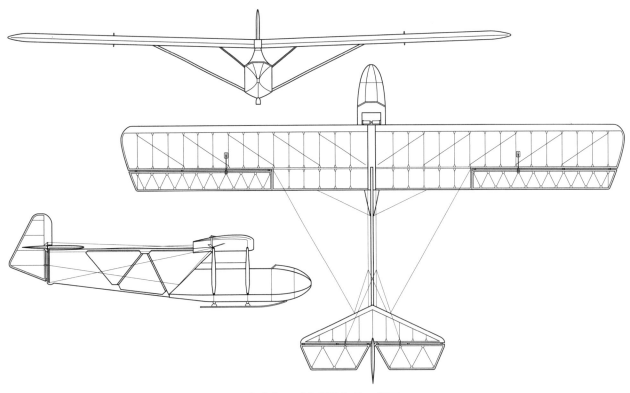

日本式鸢 3 型中级滑翔机三视图

　　日本式鸢型由日本小型飞行机株式会社董事兼总工程师宫原旭设计，机舱为流线
形鳗型，其余部分则是和初级教练机相同的框架式，具有结构简单、坚固耐用的特点。
伪满的满洲空务协会成立后，最初使用的中级滑翔机即为日本式鸢型。

日本式 鸠型

Nihon Hato Type

机　种： 初级滑翔机

用　途： 训练

乘　员： 1 人

制 造 厂： 日本小型飞行机株式会社
（Nihon Kogata Hikōki Kabushiki Kaisha）

首　飞： 一

特　点： 混合结构 / 上单翼布局 / 固定式起落架

机长 / 翼展 / 机高： 5.8 / 10 / 2.115 米

净重 / 全重： 91.2 / 151.2 千克

滑翔速度： 50 千米 / 小时

装备范围： 满洲飞行协会 / 满洲空务协会

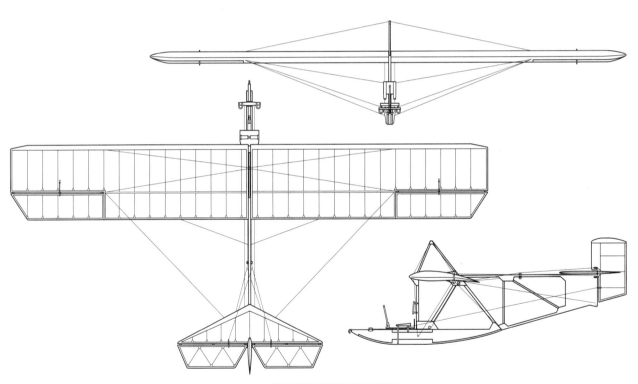

日本式鸠型初级滑翔机三视图

日本式鸠型是日本小型飞行机株式会社研发的初级滑翔机，由宫原旭设计，又称雾峰（雾ヶ峰）式鸠型，与二战期间研发的雾峰式 **K-14** "鸠"是不同的飞机。伪满的满洲空务协会成立后，最初使用的初级滑翔机即为日本式鸠型。

日

本

制

飞

机

满洲空务协会使用的日本式鸠型滑翔机

前田式 703

Maeda 703

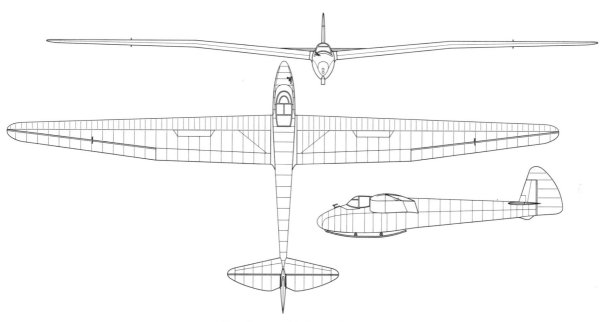

前田式 703 型高级滑翔机三视图

机　　种：高级滑翔机
用　　途：训练
乘　　员：1 人
制 造 厂：前田航研工业（Maeda Aviation
　　　　　Research Industry Co.）
首　　飞：1940 年

特　　点：木制结构 / 中单翼布局 / 固定式起
　　　　　落架
机长 / 翼展 / 机高：6.7 / 14.98 / 1.1 米
净重 / 全重：153 / 230 千克
滑翔速度：55 千米 / 小时
装备范围：满洲飞行协会 / 满洲空务协会

　　前田式 703 型高级滑翔机由前田航研工业创始人前田健一设计，是日本早期自行设计的性能最好的滑翔机之一。其原型机于 1940 年首飞，具有良好的飞行性能和可操控性，其中前两架原型机为鸥翼设计，第三架则为水平翼。在满洲空务协会下设的奉天、新京、安东、抚顺、哈尔滨、吉林和齐齐哈尔 7 个支部中，抚顺支部拥有 10 架初级滑翔机和 18 架中、高级教练机，其中包括 2 架前田式 703，其他支部状况不详。

伊藤式 A-2

Ito Model A-2

日本制飞机

机　　种：	初级滑翔机
用　　途：	训练
乘　　员：	1 人
制 造 厂：	伊藤飞行机株式会社（Itouhikouki K.K）
首　　飞：	—
特　　点：	混合结构 / 上单翼布局 / 固定式起落架

机长 / 翼展 / 机高：	5.45 / 10.04 / 2.165 米
净重 / 全重：	84 / 144 千克
滑翔速度：	38 千米 / 小时
装备范围：	东亚青年航空联盟汉口分社、满洲飞行协会 / 满洲空务协会

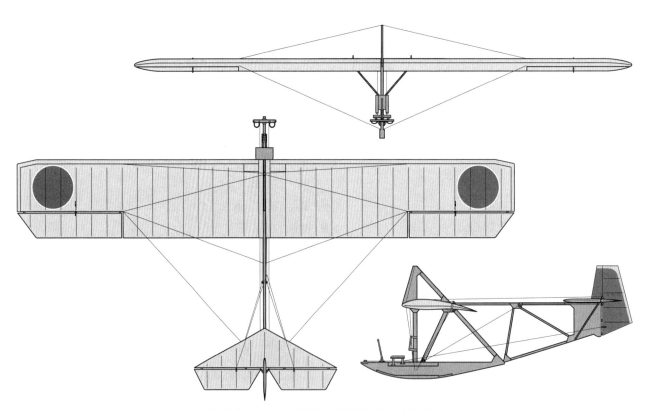

伊藤式 A-2 初级滑翔机三视图（"张市长"号）

伊藤式 A-2 是伊藤飞行机株式会社研发的轻型滑翔机，由山崎好雄（Yosio Yamasaki）设计，主要供民间飞行社培训初级飞行员。1940 年 12 月上旬，为宣传并加强所谓"中日友谊"，东亚青年航空联盟汉口分社（Hankou branch of the Towa Seinen Koku Renmei）购得 2 架伊藤式 A-2，在武汉跑马场交付，其中 1 架名为"张市长"号，可能与汪伪政权的武汉特别市市长张仁蠡有关。伪满的满洲空务协会也有购自日本的伊藤式 A-2，用于训练飞行员。

东亚青年航空联盟汉口分社"张市长"号滑翔机

伊藤式 C-2

Ito Model C-2

机　　种：　高级滑翔机

用　　途：　训练

乘　　员：　1 人

制 造 厂：　伊藤飞行机株式会社（Itouhikouki
　　　　　　K.K）

首　　飞：　—

特　　点：　混合结构 / 上单翼布局 / 固定式起
　　　　　　落架

机长 / 翼展 / 机高：　6.232 / 14.21 / 1.406 米

净重 / 全重：　145 / 220 千克

滑翔速度：　49 千米 / 小时

装备范围：　满洲飞行协会 / 满洲空务协会

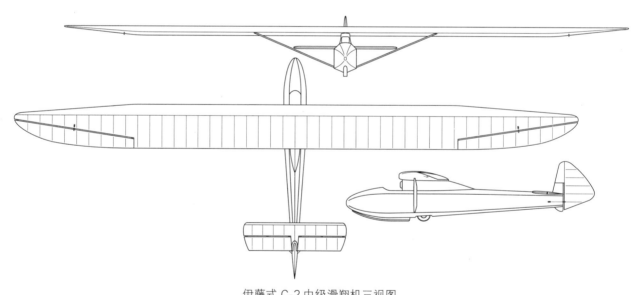

伊藤式 C-2 中级滑翔机三视图

　　伊藤式 C-2 以伊藤式 C-1 为基础研发。伪满的满洲空务协会成立后，有数量不详
的该型飞机用于训练。1939 年 4 月 1 日，满洲飞行协会哈尔滨支部的飞行员益井驾驶
1 架伊藤式 C-2 创造了在 2500 米高空滑翔 1 小时 45 分的记录。

十
日
本
制
飞
机

满航 MG-1、MG-2、MG-3

Manko MG-1/MG-2/MG-3

参　　数：不详

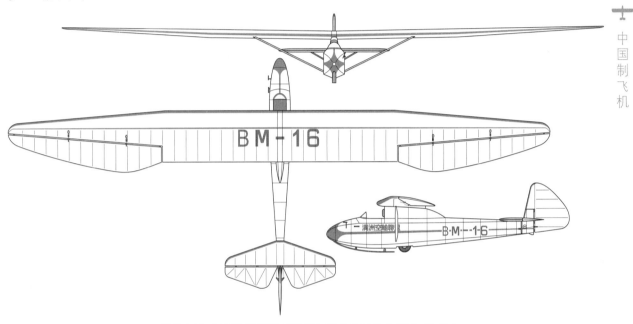

满航 MG-3 高级滑翔机三视图（满洲空务协会 BM-16 号）

1936 年 8 月 29 日，伪满政权的满洲飞行协会在新京（长春）成立，1939 年 8 月 1 日改组为满洲空务协会。协会最初使用的滑翔机是从日本购买的日本式鸠型、日本式鸢型，后改为满洲航空株式会社制造的 MG-1、MG-2 和 MG-3。MG-1、MG-2 具体状况不详，MG-3 是在戈平根 Gö 1 "狼" 基础上改良的高级教练机，于 1939 年 11 月投产。

满洲空务协会的 MG-3 滑翔机

第三章
民国时期中国政府和
部分部门使用飞机

英国费尔雷航空有限公司

费尔雷 III F Mk. III B

Fairey III F Mk. III B

机　　种： 舰载侦察机

用　　途： 训练

乘　　员： 3 人

制 造 厂： 费尔雷航空有限公司
（Fairey Aviation Company Limited）

首　　飞： 1926 年

特　　点： 金属结构 / 不等翼展双翼布局 / 固定式起落架

机长 / 翼展 / 机高： 11.2 / 13.95 / 4.32 米

净重 / 全重： 1779 / 2858 千克

引　　擎： 1 台纳皮尔 "狮子" IX A 型 W 型 12 缸液冷发动机（Napier Lion IX A），570 马力

最大速度 / 巡航速度： 209 / 174 千米 / 小时

航　　程： 2432 千米

升　　限： 6095 米

武　　备： 1 挺固定式 7.7mm 维克斯机枪（机首左侧），1 挺可旋转 7.7mm 刘易斯机枪（后座），227 千克炸弹

装备范围： 救济水灾委员会

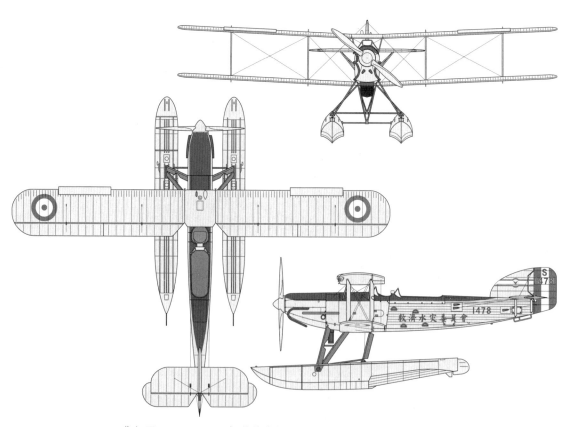

费尔雷 III F Mk. III B 舰载侦察机三视图（"救济水灾委员会" 号）

费尔雷 III 是英国使用时间最久的双翼舰载侦察机，也是两次世界大战之间英国使用范围最广的舰载机，部分型号直至 1941 年仍在服役。该型飞机的原型机 N.10 于 1917 年 9 月 14 日首飞成功，其后推出了费尔雷 IIIA、B、C、D、E、F、M 等多种亚型，其中大部分可换装轮式起落架或浮筒以供不同环境的起降，机翼可向后折叠，便于储存。费尔雷 III F 是根据英国航空部"19/24 规范"研发的改良型，于 1926 年 4 月 20 日首飞，也是产量最多的型号，下辖 Mk.I 至 Mk. VI 等多种亚型，共制造约 622 架。费尔雷 III F Mk.III 是其中产量最多的亚型，共制造 291 架，特点是将机翼由 Mk.II 的金属与木制混合结构改为全金属结构，Mk.IIIB 是在 Mk.III 基础上强化机身，可供弹射使用的亚型，总产量 79 架。

1930 年 4 月，英商安利洋行（Arnhold & Co.）将 1 架安装 450 马力纳皮尔"狮子" IX A 型发动机的费尔雷 III F Mk. III M（生产序号 F1129 / 注册号 G-AABY）送至中国展销，但在首次起飞时就因故障坠毁，后送返英国。1931 年夏季，武汉三镇因长江流域普降暴雨而发生特大洪灾，南京国民政府特设了救济水灾委员会，英国也派遣了"竞技神"号航空母舰（HMS Hermes）前往汉口附近协助国民政府调查灾情，搭载于该舰的第 440 航空队有 1 架费尔雷 III F Mk.III B（生产序号 F1321 / 注册号 S1478）可能借给救济水灾委员会使用，机身两侧漆有"救济水灾委员会"字样。著名飞行员查尔斯·林白（Charles Lindbergh）和安妮·莫罗·林白（Anne Morrow Lindbergh）夫妇也以"竞技神"号为基地，驾驶 1 架洛克希德"天狼星"（Lockheed Sirius）水上飞机协助调查灾情。

从"竞技神"号航母吊向江面的"救济水灾委员会"号

派珀 PA-11 "小熊特别版"

Piper PA-11 Cub Special

美国制飞机

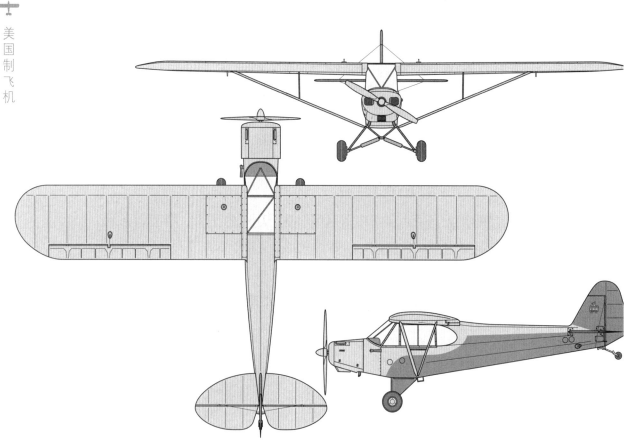

派珀 PA-11 "小熊特别版" 通用飞机三视图

机　种：	通用飞机		净重/全重：	290 / 544 千克
用　途：	警用/水位观测		引　擎：	1 台大陆 A65-8 型对列型 4 缸气
乘　员：	1+1 人			冷发动机（Continental A65-8），
制造厂：	派珀飞机公司			65 马力
	（Piper Aircraft, Inc.）		最大速度/巡航速度：	161 / 139 千米/小时
首　飞：	1946 年		航　程：	483 千米
特　点：	混合结构/上单翼布局/固定式起		升　限：	4200 米
	落架		装备范围：	广东省政府
机长/翼展/机高：	6.79 / 10.75 / 2.03 米			

PA-11 是派珀飞机公司在 J-3"小熊"基础上研发的轻型多用途通用飞机。二战后，由于大量沦为战后剩余物资的军用飞机充斥着民用市场，因此派珀公司设计 PA-11 时侧重于减少成本、降低售价，每架售价仅 2445 美元，虽然价格仍高于老旧的军机，但因机龄全新，因此有非常强的竞争力。

PA-11 的结构、布局和外观与 J-3 非常相似，发动机支架角度较低，发动机整流罩为完全封闭式，机身重量减轻，飞行性能更加出色，并可短距起降。其原型机于 1946 年 8 月首飞，次年投产，截至 1949 年停产共制造 1428 架，另制造了 105 架换装 95 马力大陆 C90-8F 型发动机的军用型 L-18B。

1948 年 6 月，广东省政府向派珀飞机公司购得 6 架 PA-11（生产序号 11-1508、11-1509、11-1510、11-1525、11-1544、11-1549），同年 8 月 13 至 18 日，由民航空运队的机械师组装完成，其中 1 架装有浮筒，用于在珠江起降。广东省政府用这 6 架 PA-11 担负市政和警用任务，也用于观测河流水位，其中生产序号 11-1544 的该型飞机后在台湾注册为 B-11103。

1948 年，广东省政府订购的 PA-11 通用飞机

第四章 中国私人飞机

高须式 5 号

Takasou No.5

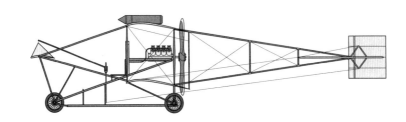

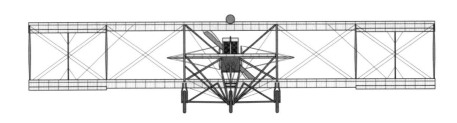

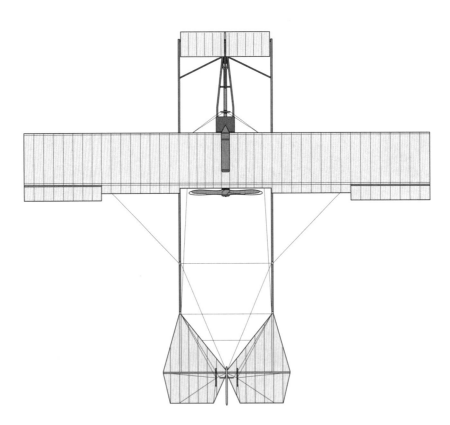

高须式 5 号飞机三视图

机　　种：	通用飞机	机长 / 翼展：	9.62 / 11 米
用　　途：	私人飞机	全　　重：	530 千克
乘　　员：	1 人	引　　擎：	1 台豪尔－斯考特型 V 型 8 缸液
制 造 者：	高须孝之 (Takayuki Takasou)		冷发动机 (Hall-Scott), 60 马力
首　　飞：	1915 年	最大速度：	96 千米 / 小时
特　　点：	木制结构 / 等翼展双翼布局 / 固定	航　　程：	—
	式起落架	升　　限：	—

　　高须式 5 号是日本人高须孝之制造的单座单发双翼推进式飞机。该机以高须式 4 号为基础研发，与此前制造的高须式 1、2、3、4 号一样，均为美制柯蒂斯 D 型推进机的仿制品。高须式 5 号装有 1 台与高须式 4 号相同的豪尔－斯考特型发动机，特点是将原本位于上下翼之间的副翼移至下翼，与上翼副翼通过连杆联动，油箱位于机翼上方，与中国航空先驱冯如制造的改良型推进机非常相似。

　　高须式 5 号仅制造 1 架，1915 年 3 月在大阪首飞成功，高须孝之曾驾驶其在冲绳、台湾飞行表演，并于同年 12 月参加了在日本鸣门市举办的第二次日本民间飞行会，获得飞行速度奖冠军和飞行高度奖亚军。比赛次日，该机因发动机故障迫降于武库川河，修复后，高须孝之将机身售予一位中国买家，发动机则留下用于制造高须式 6 号飞机。

展览中的高须式 5 号推进机

阿姆斯特朗・惠特沃斯 F.K.8

Armstrong Whitworth F.K.8

机　　种：侦察机
用　　途：私人飞机
乘　　员：2 人
制 造 厂：阿姆斯特朗・惠特沃斯飞机公司（Armstrong Whitworth Aircraft）
首　　飞：1916 年
特　　点：木制结构 / 等翼展双翼布局 / 固定式起落架

机长 / 翼展 / 机高：9.58 / 13.26 / 3.33 米
净重 / 全重：869 / 1275 千克
引　　擎：1 台比尔德莫尔型直列型 6 缸液冷发动机（Beardmore），160 马力
最大速度 / 巡航速度：153 / 120 千米 / 小时
航　　程：—
升　　限：3962 米
所 有 者：W・麦克贝恩（W McBain）

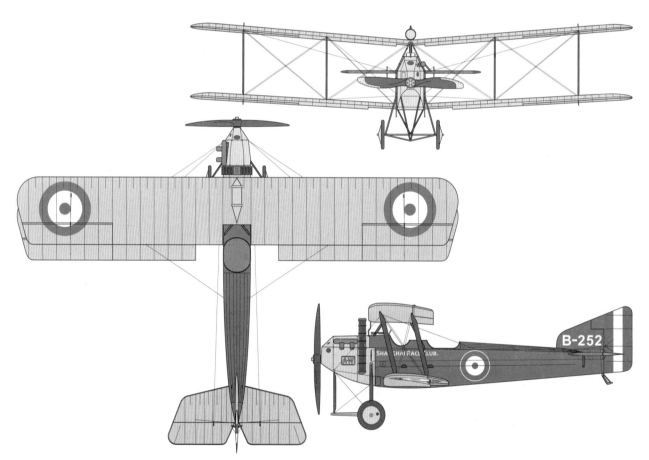

阿姆斯特朗・惠特沃斯 F.K.8 侦察机三视图（麦克贝恩所属机）

昵称为"大阿克"（Big Ack）的 F.K.8 以 F.K.3 "小阿克"为基础研发，主要用于取代 F.K.3 和皇家飞机制造厂的 B.E.2c。该型飞机由荷兰飞机设计师弗雷德里克·库霍芬（Frederick Koolhoven）设计，最初命名为 F.K.7。F.K.8 的原型机于 1916 年 5 月首飞，结构和外形与 F.K.3 基本相同，尺寸扩大，换装大功率发动机，飞行性能提升，同时配备有双套驾驶系统，可在危急时由后座侦察员 / 射击员驾驶返回，因此也可作为教练机使用。F.K.8 于 1916 年秋季投产，以结构坚固耐用、飞行平稳、性能可靠而广受飞行员欢迎，在一战中担负多种军事任务，总产量 1650 架。一战后，有 8 架该型飞机投入民用市场，澳大利亚昆士兰州和北领地航空服务公司（Queensland and Northern Territory Aerial Services）曾购买 2 架用于邮运，是澳大利亚最早的邮运飞机。

1920 年，英国少校 W·麦克贝恩（W McBain）将 1 架编号 B-252 的 F.K.8 运至上海，作为私人飞机使用。这架飞机座舱侧面写有英文"Shanghai Race Club"（上海跑马场），在 1920 年曾飞行数次，后于 1921 年 11 月 11 日坠毁。1922 年，该机被送至龙华飞机制造厂修理，其后可能售予浙江督军卢永祥。

座舱侧面写有"上海跑马场"的 F.K.8

德·哈维兰 DH.60M "金属蛾"

De Havilland DH.60M Metal Moth

机　种：运动 / 教练机

用　途：私人飞机

乘　员：2 人

制 造 厂：德·哈维兰飞机有限公司
（De Havilland Aircraft Company
Limited）

首　飞：1928 年

特　点：混合结构 / 等翼展双翼布局 / 固定
式起落架

机长 / 翼展 / 机高：7.29 / 9.14 / 2.68 米

净重 / 全重：436 / 635 千克

引　擎：1 台德·哈维兰 "吉普赛" I 型
直列型 4 缸气冷发动机（De
Havilland Gipsyl），100 马力或 1
台德·哈维兰 "吉普赛" II 型直列
型 4 缸气冷发动机（De Havilland
GipsyII），120 马力

最大速度 / 巡航速度：169 / 137 千米 / 小时

航　程：515 千米

升　限：5486 米

所 有 者：冯庸

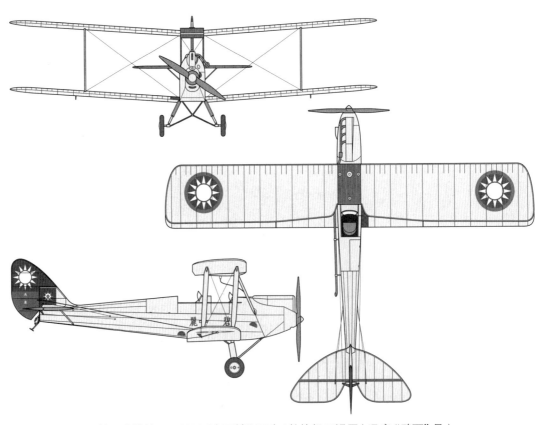

德·哈维兰 DH.60M "金属蛾" 运动 / 教练机三视图（冯庸 "碧丽" 号）

研发于 20 世纪 20 年代的 DH.60 是德·哈维兰公司研发的知名度最高的教练机之一，也是著名的"蛾"系列飞机的鼻祖。该型飞机以 DH.51 为基础研发，原型机 DH.60"卷云蛾"于 1925 年 2 月 22 日首飞成功，装有 1 台 60 马力的 ADC"卷云"型发动机，具有结构简单、价格低廉、易于维护、飞行平稳、安全性好、座舱舒适、机翼可折叠等特点，一经投产即广受欢迎，并衍生多种亚型，先后创造多个飞行记录，是同时期飞行俱乐部、航校和私人使用最多的机种之一，直到二战后才被大量涌入民用市场的 DH.82"虎蛾"型军用教练机取代。DH.60M"金属蛾"是在 DH.60G 基础上换装金属结构机身的亚型，维护更加简便，主要供海外用户使用，共制造 755 架，其中 539 架是德·哈维兰公司所制。

1929 年 11 月，时在东北航空处任职的冯庸购得"北风"号波泰茨 32 之后，感觉该机没有甚么用处。经张学良同意，便用"北风"号换得 1 架东北航空队的 DH.60M 教练机，命名为"碧丽"号（一说该机由冯庸的妹妹冯碧君、冯丽君捐款所购，因此得名）。这架 DH.60M 即为同年东北航空处通过安利洋行（Arnhold & Co.）订购的 10 余架飞机之一，原东北航空队编号为 6 号。冯庸对该机非常喜爱，1930 年 9 月初，曾驾驶该机飞往哈尔滨（途中曾在长春降落），抵达后受到热烈欢迎。1931 年 3 月，冯庸还计划驾驶该机飞往天津，并电询傅作义是否有地点可以降落，后因天津东局子机场杂草过多，无法使用而作罢。同年 8 月 5 日，英国女飞行家埃米·约翰逊驾机访问日本，途经沈阳，冯庸曾驾驶"碧丽"号前往欢迎。

冯庸的"碧丽"号

康珀 CLA.7 "雨燕"

Comper CLA.7 Swift

机　种：	运动机	
用　途：	私人飞机	
乘　员：	1 人	
制 造 厂：	康珀飞机有限公司	
	（ Comper Aircraft Company Ltd. ）	
首　飞：	1930 年	
特　点：	混合结构 / 上单翼布局 / 固定式起落架	

机长 / 翼展 / 机高： 5.4 / 7.32 / 1.61 米

净重 / 全重： 245 / 447 千克

引　擎： 1 台鲍博伊 R 型星型 7 缸气冷发动机（ Pobjoy R ），75 马力

最大速度 / 巡航速度： 225 / 190 千米 / 小时

航　程： 611 千米

升　限： 6705 米

所 有 者： 冯庸

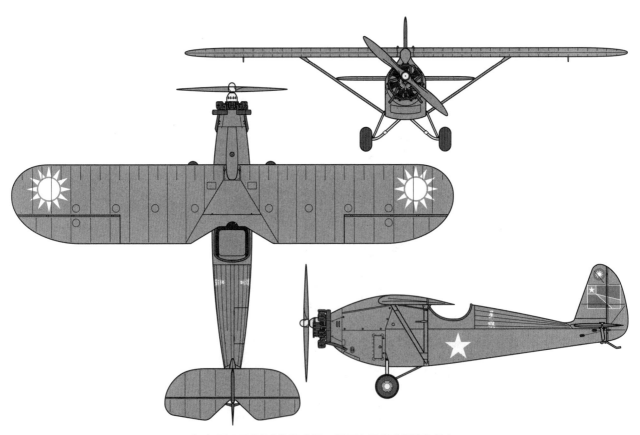

康珀 CLA.7 "雨燕"运动机三视图（ 冯庸 "星旗" 号 ）

CLA.7"雨燕"是康珀公司在20世纪20年代末研发的单座轻型运动飞机,也是该公司成立后生产的第一种飞机。由公司创始人尼古拉斯·康珀(Nicholas Comper)设计,原型机于1930年1月首飞成功,装有1台40马力的ABC"蝎子"发动机,同年投入量产,共制造45架。其中前7架量产型安装的是40马力的"萨尔姆森"AD.9发动机,后3架安装的是120~130马力的德·哈维兰"吉普赛"发动机,其余均为鲍博伊R型发动机。"雨燕"的用户多为私人和航空俱乐部,英国国王爱德华八世(1936年1月至1936年12月在位)曾拥有1架该型飞机,并在1932年的国王杯大赛上获得第二名。

1927—1931年,中国第一所私立大学冯庸大学(校址在沈阳)自国外订购了7架飞机,其中有2架安装鲍博伊R型发动机的CLA.7,命名为"辽鹤""星旗"号。"辽鹤"号购买状况不详,涂装与"星旗"号相同,仅座舱后部文字不同。这2架飞机与"赤马"号C7A常停于冯庸大学中庸楼西侧的小型机场中。"辽鹤"号曾在杭州南湖坠毁,但损伤较小,后可能被修复。据称,1928年冯庸在沈阳举办"东三省联合运动会",张学良在出席开幕式后,为避开日方监视,曾驾驶"辽鹤"号自冯庸大学飞返东北航空处,但当时CLA.7尚未研发,因此所驾飞机可能是"迅雷""疾风"号U 12a。

据西方资料记载,1933年5月,远东航空公司将1架CLA.7(生产序号S30/12、原注册号EC-AAT)送至上海展销,后被奉系军阀吴俊升之子吴泰勋(又名吴幼权)购得,并聘请原东北空军飞行员聂恒裕担任飞行教练。根据1张聂恒裕与聂伟廉在"吴幼权的私人飞机"前拍照的照片以及康珀公司"雨燕"的销售序列表判断,该机可能就是冯庸的"星旗"号,"辽鹤"号的生产序号可能是S31/4或S31/11。

聂恒裕和聂伟廉与"吴幼权的私人飞机",该机涂装与冯庸所拥有的飞机相同,可能就是"星旗"号

高德隆 G.III

Caudron Type G.III

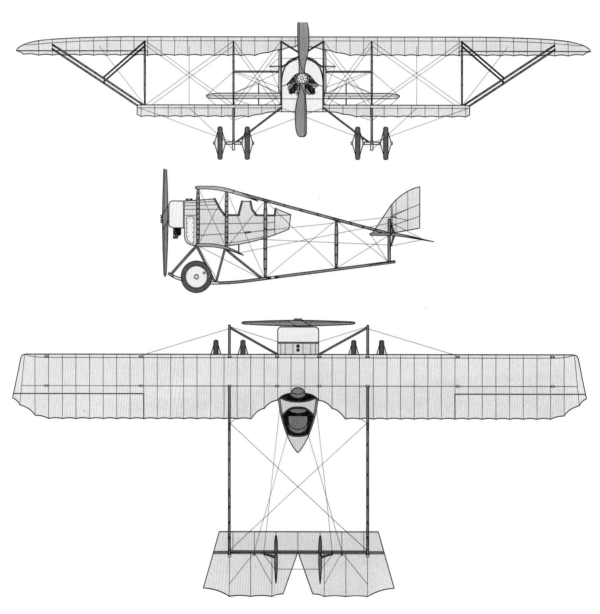

高德隆 G.III 侦察 / 教练机三视图

机　　种：侦察 / 教练机
用　　途：私人飞机
乘　　员：2 人
制 造 厂：高德隆飞机公司（Société des
　　　　　Avions Caudron）
首　　飞：1914 年
特　　点：木制结构 / 不等翼展双翼布局 / 固
　　　　　定式起落架
机长 / 翼展 / 机高：6.4 / 13.4 / 2.5 米

净重 / 全重：420 / 710 千克
引　　擎：1 台罗纳 9C 型 9 缸转缸发动机，
　　　　　80 马力（Le Rhône 9C）
最大速度 / 巡航速度：108 / 86 千米 / 小时
航　　程：—
升　　限：4300 米
所 有 者：罗克斯（Roques）和马斯
　　　　　（Masse）

　　高德隆 G.III（又称 G.3）是芮纳·高德隆（René Caudron）和加斯顿·高德隆（Gaston Caudron）兄弟以 G.II 型教练机为基础研发的军用侦察 / 教练型。该型飞机于 1914 年 5 月首飞，结构和外观与 G.II 非常相似，特点是以通用标准型副翼取代传统高德隆教练机的软边后缘副翼，上翼后缘增加切口。由于 G.III 加装了双套操控系统，培训飞行员的效率和飞行性能都获得了显著提升，同时保留传统高德隆教练机结构简单、飞行平稳、易于操控、安全性好等优点，因此很受飞行员欢迎，在一战期间曾用于多种军事任务，各亚型共制造 2800 多架。

　　1921 年，高德隆公司将 1 架 G.III 赠予中国，同年 10 月，该机由法国空军参赞罗克斯和飞行教官马斯运抵北京，但并未立即移交北洋政府，而是作为二人的私人飞机使用，次年 8 月 26 日移交。

波泰茨 32

Potez 32

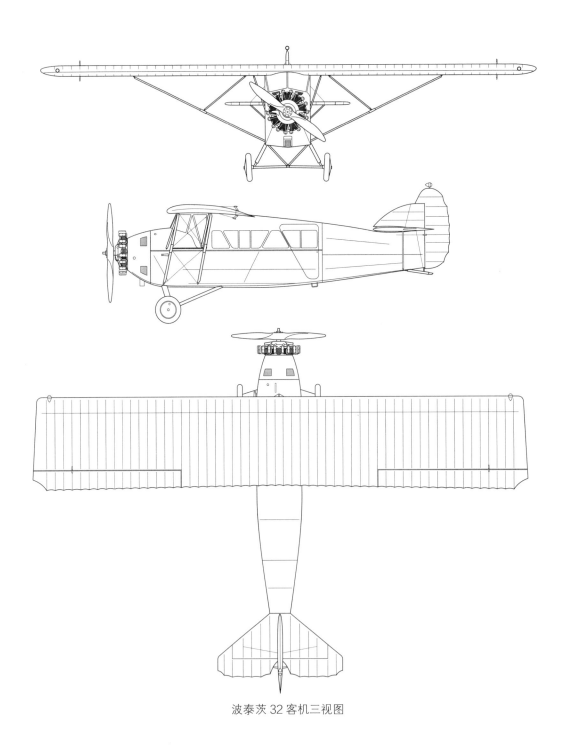

波泰茨 32 客机三视图

机　　种：客机
用　　途：私人飞机
乘　　员：2+4 人
制 造 厂：亨利·波泰茨飞机公司
　　　　　（Aéroplanes Henry Potez）
首　　飞：1927 年
特　　点：木制结构 / 上单翼布局 / 固定式起
　　　　　落架
机长 / 翼展 / 机高：10.15 / 14.5 / 4 米

净重 / 全重：950 / 1750 千克
引　　擎：1 台萨尔姆森 9AB 型星型 9 缸气
　　　　　冷发动机（Salmson 9AB），230
　　　　　马力
最大速度 / 巡航速度：190 / 160 千米 / 小时
航　　程：670 千米
升　　限：4500 米
所 有 者：冯庸

波泰茨 32 是波泰茨公司在波泰茨 29 型双翼客机基础上研发的单翼小型客机，沿用了波泰茨 29 的机身、尾翼和起落架，换装萨尔姆森 9AB 型发动机，客舱内可容纳 4 名乘客，客舱后部有盥洗间和衣帽柜，行李舱位于地板下。波泰茨 32 的原型机于 1927 年 9 月 22 日首飞成功，次年投入量产，截至 1930 年停产，各亚型共制造约 55 架，区别多为发动机的不同。由于该型飞机从侧面看来外观轮廓硕大，机身前后高度几乎等齐，所以中国飞行员也根据其音译称之为"大肚包台兹机"。

1929 年，冯庸通过天津中央公司（Central Garage）购得 1 架波泰茨 32，命名为"北风"号。该机于同年 11 月运抵奉天，通常由东北空军飞行员聂恒裕驾驶。1930 年，冯庸用其与东北空军交换了 1 架 DH.60M 教练机，命名为"碧丽"号。

四川当局于 1929 年购得该型飞机和波泰茨 33/2 共 4 架，并计划用这些飞机中的 3 架和 2 架 DH.60G "吉普赛蛾"、3 架布雷盖 Br.14 一起经营上海—成都航线，后因该航线被中国航空公司承接而取消。

乌戴特飞机制造有限公司

乌戴特 U 12a "火烈鸟"

Udet U 12a Flamingo

机　　种： 运动 / 教练机

用　　途： 私人飞机

乘　　员： 2 人

制 造 厂： 乌戴特飞机制造有限公司（Udet Flugzeugbau GmbH）

首　　飞： 1925 年

特　　点： 木制结构 / 等翼展双翼布局 / 固定式起落架

机长 / 翼展 / 机高： 7.47 / 9.96 / 2.8 米

净重 / 全重： 525 / 800 千克

引　　擎： 1 台西门子－哈斯基 SH 11 型星型 7 缸气冷发动机（Siemens-Halske SH 11），96 马力

最大速度 / 巡航速度： 140 / 115 千米 / 小时

航　　程： 450 千米

升　　限： 3350 米

所 有 者： 冯庸

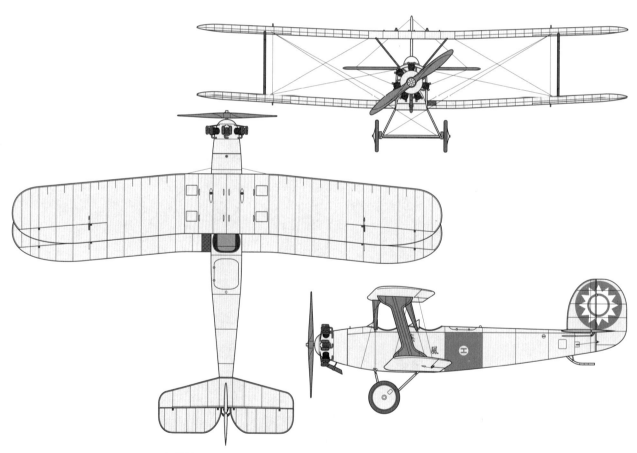

乌戴特 U 12a "火烈鸟" 运动 / 教练机三视图（冯庸 "疾风" 号）

U 12 研发于 20 世纪 20 年代中期，由乌戴特公司首席设计师汉斯·亨利·赫尔曼（Hans Henry Herrmann）设计，1925 年 4 月 7 日首飞，次年投产，并授权奥地利、匈牙利和拉脱维亚仿制，各亚型共制造约 240 架，是德国 20 世纪二三十年代最受航校欢迎的运动 / 教练机之一。乌戴特公司的创始人恩斯特·乌戴特（Ernst Udet）多次驾机进行非常精彩且危险的飞行表演——疾速俯冲并用翼尖拣起机场地面上的手帕，该型飞机因此而名噪一时。1926 年，乌戴特公司因财政困境破产，U 12 由巴伐利亚飞机制造公司接管生产，因此又称 BFW U 12。U 12a 是最初的量产型，装有 1 台西门子-哈斯基 SH 11 型发动机，主要用作航校初级教练机。

1927—1931 年，冯庸大学自国外订购了 7 架飞机，其中有 2 架 U 12a，分别命名为 "迅雷" 和 "疾风" 号。这 2 架飞机的购买状况不详，可能与 1927 年山东军阀张宗昌通过德商礼和洋行（Carlowitz & Co.）购买的 3 架同型飞机有关。1929 年的 "中东路事件"（为收回苏联在中国东北铁路的特权而发生的中苏军事冲突，中方主要由张学良麾下的东北军参战）期间，冯庸大学曾组织义勇军前往边境，并用火车将 "迅雷" 号运至边境，冯庸曾 2 次驾驶该机搭载边防军军官飞越中苏边境进行侦察。

德
国
制
飞
机

冯庸的 "疾风" 号

271

费尔柴尔德飞机公司

费尔柴尔德 22 C7A

Fairchild 22 C7A

机　　种： 运动 / 教练机

用　　途： 私人飞机

乘　　员： 2 人

制 造 厂： 费尔柴尔德飞机公司（Fairchild Aircraft Corporation）

首　　飞： 1931 年

特　　点： 混合结构 / 高单翼布局 / 固定式起落架

机长 / 翼展 / 机高： 6.6 / 10 / 2.41 米

净重 / 全重： 一

引　　擎： 1 台美国"卷云"III 高配型倒置直列型 4 缸气冷发动机（American Cirrus III Hi-drive），95 马力

最大速度 / 巡航速度： 183 / 151 千米 / 小时

航　　程： 467 千米

升　　限： 4572 米

所 有 者： 冯庸

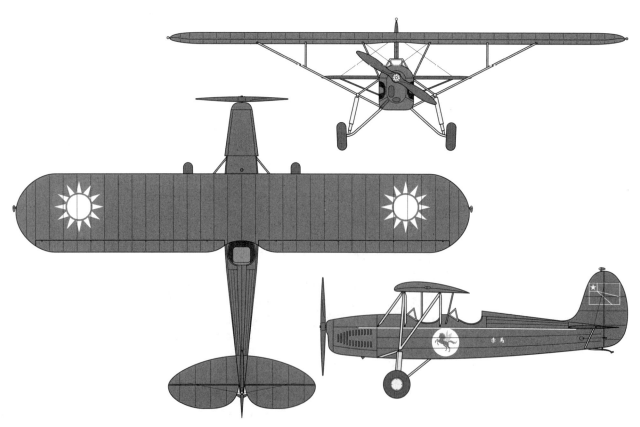

费尔柴尔德 22 C7A 运动 / 教练机三视图（冯庸"赤马"号）

费尔柴尔德 22 研发于 20 世纪 30 年代初，由克雷德·里斯纳（Kreider-Reisner）设计，侧重于减少制造成本以降低售价，以应对美国经济大萧条带来的销售困境。其原型机于 1931 年首飞成功，同年投产，有 C7、C7A 至 C7G 等多个亚型。随着经济大萧条的结束，用户们转而青睐飞行性能和乘坐舒适性更佳，具有封闭式驾驶舱的新型飞机，费尔柴尔德 22 随之停产，各亚型共制造 127 架。费尔柴尔德 22 C7A 是产量最多的亚型，共制造 58 架，单架售价 2775 美元，1933 年降价至 2275 美元。

1927—1931 年，冯庸大学自国外订购了 7 架飞机，其中有 1 架费尔柴尔德 22 C7A，命名为"赤马"号。该机购买状况不详，可能与 1931 年张学良以"中国国家航空公司"名义通过豪斯根贸易公司（Hosken Trading Company）购买的同型私用飞机有关。"赤马"号被冯庸涂饰为通体红色，前座舱两侧绘有飞翔的天马图样，后座舱两侧写有"赤马"二字，常停于冯庸大学中庸楼西侧的小型机场中，除供冯庸练习飞行技术外，也供冯大的学生观察飞机构造和试坐，但试坐飞机需经冯庸批准，并且采取每分钟付费 1 角的方式来限制乘坐时间。1932 年，冯庸曾驾驶该机拜访时任热河省主席的奉系元老汤玉麟。

冯庸的"赤马"号，左侧是 1 架中国航空公司洛宁客机

布伦纳−温克尔公司

布伦纳−温克尔 "小鸟" CK

Brunner-Winkle Bird CK

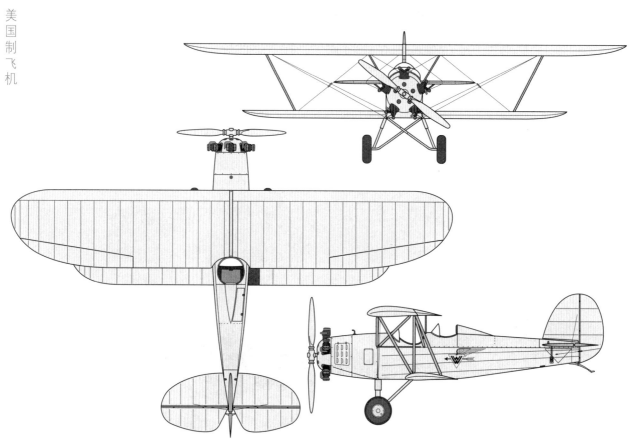

布伦纳−温克尔 "小鸟" CK 教练机三视图（吴幼权 "飞鸟" 号）

机　种：	运动 / 教练机	
用　途：	私人飞机	
乘　员：	3 人	
制 造 厂：	布伦纳−温克尔公司（Brunner-Winkle）	
首　飞：	1930 年	
特　点：	混合结构 / 不等翼展双翼布局 / 固定式起落架	

机长 / 翼展 / 机高： 6.9 / 10.36 / 2.64 米

净重 / 全重： —

引　擎： 1 台金纳 B-5 型星型 5 缸气冷发动机（Kinner B-5），125 马力

最大速度 / 巡航速度： 190 / 161 千米 / 小时

航　程： 853 千米

升　限： —

所 有 者： 吴幼权

"小鸟"是布伦纳–温克尔公司于1928—1931年间生产的三座运动/教练机。其原型机"小鸟"A于1928年9月首飞，采用当时流行的金属与木制混合结构，装有1台价格低廉、性能可靠的柯蒂斯OX-5型发动机，具有易于操控、维护简便、安全性好、价格较低等特点，各亚型共制造约240架。"小鸟"CK是1930年推出的改良型，特点是换装金纳B-5型发动机，共制造45架，每架售价4395美元。

1931年，1架"小鸟"CK（生产序号4034/原注册号N919M）被送至上海的卡尔·纳姆马赫（Carl Nahmmacher）处展销，纳姆马赫所属的中国航空机械贸易公司（China Airmotive Company）是布伦纳–温克尔公司在中国的代理。据西方资料称，该机后为张学良所购；根据1932年9月13日出版的《北洋画报》称，这架"小鸟"CK为吴幼权所购，命名为"飞鸟"号，并聘请原东北空军飞行员聂恒裕担任飞行教练。吴幼权曾驾驶该机自北平飞往天津，在东局子机场降落，并在天津搭载赵道生夫人、朱海光夫人体验飞行。

吴幼权和"飞鸟"号

戴-A

Day-A

美国制飞机

机　　种：教练机

用　　途：私人飞机

乘　　员：2 人

制 造 者：查尔斯·希利·戴（Charles Healy Day）

首　　飞：1931 年

特　　点：混合结构 / 不等翼展双翼布局 / 固定式起落架

机长 / 翼展 / 机高：7.54 / 10.36 / — / 米

净重 / 全重：—

引　　擎：1 台马丁 D-333 型倒置直列型 4 缸气冷发动机（Martin D-333），120 马力

最大速度 / 巡航速度：185 / 136 千米 / 小时

航　　程：—

升　　限：—

所 有 者：查尔斯·希利·戴

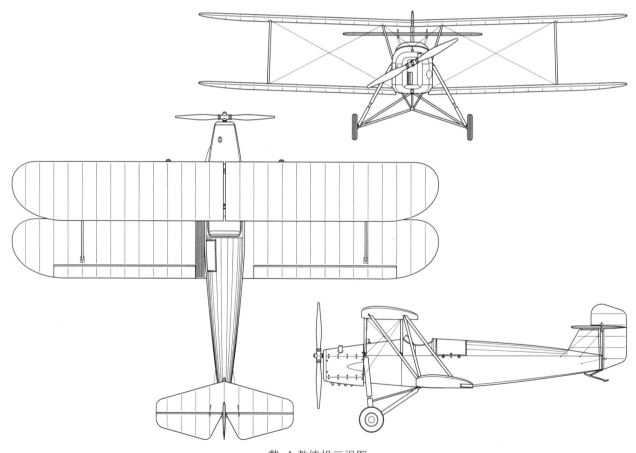

戴-A 教练机三视图

戴-A（又称戴-特别版 / Day Special）是新标准飞机公司（New Standard Aircraft Corporation）前总裁查尔斯·希利·戴辞职后，以个人名义研发、制造的用于环游世界的小型教练机。该机在设计上侧重于飞行安全性和乘坐舒适性，且易于操控，非常适合经验较少的新手飞行员，但油箱容量较小，仅可容纳 24 加仑燃料。为了环球飞行，查尔斯为该机又加装了 24 加仑油箱，但仍无法飞越海洋。

戴-A 于 1931 年春制成，同年 5 月 6 日拆解，2 天后从美国经海运运往伦敦。5 月 18 日，查尔斯夫妇驾驶该机自伦敦赫斯顿机场起飞，在 7 个月内飞越欧洲和亚洲 27 个国家，访问 74 个城市，总航程超过 25749 千米，最终于 12 月 20 日回到美国新泽西州纽瓦克市。

1934 年，查尔斯受蒋介石邀请担任韶关飞机修理厂总工程师，同年 2 月以"亚洲探险飞行"的名义将戴-A 自美国运至广州，作为私人飞机使用。全面抗战爆发后，戴-A 被日军飞机空袭炸毁，查尔斯于 1940 年离开中国返回纽约。

美国制飞机

查尔斯·希利·戴夫妇和戴-A 教练机

277

波特菲尔德 35-70 "飞翔"

Porterfield 35-70 Flyabout

机　　种：　通用飞机

用　　途：　私人飞机

乘　　员：　1+1 人

制 造 厂：　波特菲尔德飞机公司（Porterfield Aircraft Corporation）

首　　飞：　1935 年

特　　点：　金属结构 / 上单翼翼布局 / 固定式起落架

机长 / 翼展 / 机高：6.17 / 9.75 / 2.01 米

净重 / 全重：366 / 594 千克

引　　擎：　1 台勒布朗 5DE 型星型 5 缸气冷发动机（LeBlond 5DE），70 马力

最大速度 / 巡航速度：185 / 161 千米 / 小时

航　　程：　360 千米

升　　限：　4570 米

所 有 者：　A · L · 帕特森（A L Patterson）和莱斯利 · A · 刘易斯（Leslie A Lewis）

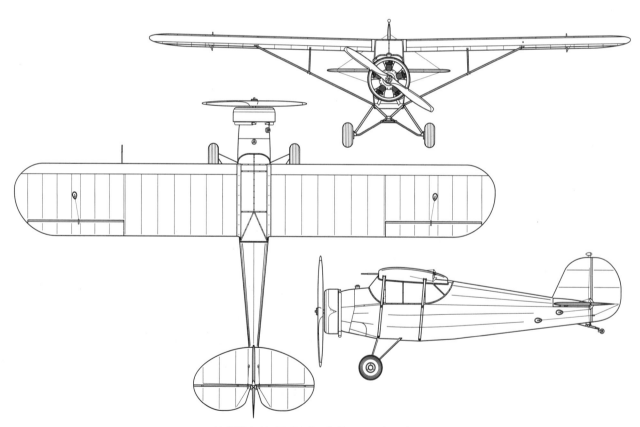

波特菲尔德 35-70 "飞翔" 通用飞机三视图

波特菲尔德 35 是由诺埃尔·霍卡迪（Noel Hockaday）设计，美国堪萨斯城怀恩多特高中的学生们集体制造的轻型通用飞机，最初名为"怀恩多特小狗"（Wyandotte Pup）。该型飞机的设计方案后被波特菲尔德公司收购并投产，主要作为私人飞机使用，具有尺寸较小、价格低廉、易于操控、坚固耐用等特点，各亚型共制造超过 240 架，最低配置的价格仅 1695 美元。波特菲尔德 35-70 是安装勒布朗 5DE 型发动机的亚型，其中"70"代表发动机功率。

1936 年，波特菲尔德公司驻华代表 A·L·帕特森和莱斯利·A·刘易斯将 1 架波特菲尔德 35-70（生产序号 245）进口至中国作为私人飞机使用。全面抗战爆发后，该机是最后一架离开上海龙华机场的民用飞机，于 8 月 13 日在上海跑马场降落时受损，修复后归属阿奇博尔德·刘易斯（Archibald Lewis）所有，后在香港注册为 VR-HCY，1941 年 10 月 22 日注销。

1939 年 3 月 23 日，中国著名女飞行员颜雅清与李霞卿在美国开展环美飞行募捐，为中国抗战筹集捐款。4 月 3 日，罗斯科·特纳上校（Col. Roscoe Turner）在华盛顿机场将 1 架注册号为 NC-20706 的红色波特菲尔德 35W 型飞机（安装 90 马力华纳小圣甲虫型发动机的豪华型，又称波特菲尔德 90）赠予颜雅清，机身两侧和机翼下方写有"Spirit of New China"（新中国精神）英文字样。同年 5 月 1 日，颜雅清驾驶该机在阿拉巴马州因迷航迫降，飞机损坏，颜雅清受伤，环美飞行计划被迫取消。

罗斯科·特纳上校赠予颜雅清的"新中国精神"号

布雷达 Ba.19ter

Breda Ba.19ter

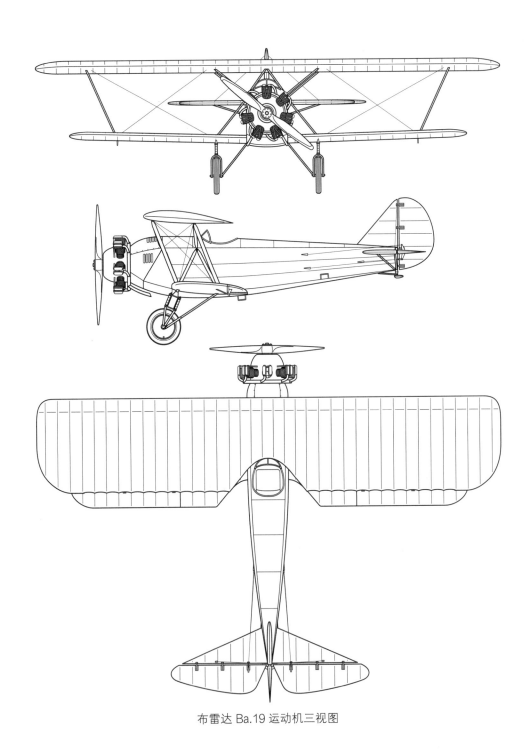

布雷达 Ba.19 运动机三视图

（Ba.19 参数）

机　　种：运动 / 教练机
用　　途：私人飞机
乘　　员：1 人
制　造　厂：埃内斯托·布雷达公司（Società Italiana Ernesto Breda）
首　　飞：1930 年
特　　点：混合结构 / 不等翼展双翼布局 / 固定式起落架
机长 / 翼展 / 机高：6.6 / 9 / 2.2 米

净重 / 全重：750 / 910 千克
引　　擎：1 台阿姆斯特朗·西德利 "猎豹" IIA 发动机（Armstrong Siddeley Cheetah IIA），260 马力
最大速度 / 巡航速度：240 / 200 千米 / 小时
航　　程：840 千米
升　　限：7500 米
所　有　者：约瑟夫·福克斯（Joseph Fuchs）

研发于 1928 年的 Ba.19 是 20 世纪 30 年代意大利最著名的特技飞机之一，由布雷达公司工程师凯撒·帕拉维奇诺（Caesar Palavichchino）和朱塞佩·潘塞里（Giuseppe Panzeri）设计，主要用于竞赛、训练、空中表演和特技飞行。Ba.19 投产后主要供意大利空军使用，曾多次参加国际航展，并连续打破倒飞世界记录，意大利空军特技飞行队使用该型飞机表演的编队特技飞行曾名噪一时。Ba.19ter 是安装阿姆斯特朗·西德利 "猎豹" IIA 型发动机的双座教练型，系由单座型改造而成。

1933 年 10 月，德国纽伦堡的约瑟夫·福克斯博士购买了 1 架漆有醒目图案的 Ba.19ter（生产序号 1843）运至中国，作为私人飞机使用。

第五章　香港、澳门地区民用飞机

波音 C

Boeing Model C

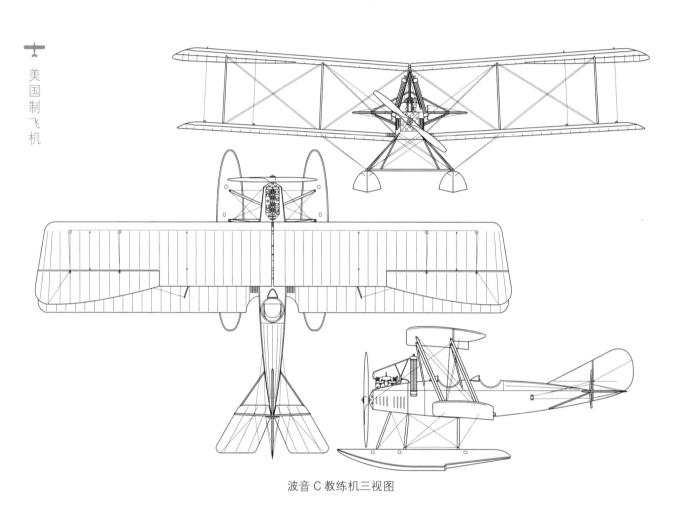

波音 C 教练机三视图

机　　种： 教练机

用　　途： —

乘　　员： 2 人

制 造 厂： 波音飞机公司（Boeing Airplane Company）

首　　飞： 1916 年

特　　点： 木制结构 / 等翼展双翼布局 / 双浮筒

机长 / 翼展 / 机高： 8.23 / 13.36 / 3.84 米

净重 / 全重： 861 / 1086 千克

引　　擎： 1 台豪尔–斯考特 A-7 型直列型 4 缸液冷发动机（Hall-Scott A-7），100 马力

最大速度 / 巡航速度： 117 / 105 千米 / 小时

航　　程： 322 千米

升　　限： 1981 米

装备范围： 澳门航空运输公司

1915 年下半年，波音公司的前身太平洋航空制品公司（Pacific Aero Products Co.）开始研发波音 C 型教练机（又称波音 2）。该型飞机由波音公司首任工程师、中国航空工业奠基人之一的王助设计，是波音公司的首款"全波音"设计。1916 年 5 月，波音 C 在麻省理工学院进行风洞测试，11 月 15 日首飞成功。1917 年 4 月，美国海军向波音公司购买了 50 架波音 C 和 1 架改为单浮筒设计并换装柯蒂斯 OX-5 发动机的波音 C-1F，波音 C 也因此成为波音公司首个获得商业成功的项目。1919 年 3 月 3 日，威廉·E·波音（William E. Boeing）和埃迪·哈伯德（Eddie Hubbard）驾驶 1 架装载 60 封邮件的波音 C-700（波音 C 的邮运型）从加拿大温哥华飞抵美国西雅图，是航空史上首次国际邮运。

1919 年，澳门航空运输公司创始人查尔斯·德·里库（Charles de Ricou）在美国购买了一批战后剩余物资供澳门航空运输公司使用，其中包括 1 架波音 C、5 架柯蒂斯 H-16、2 架柯蒂斯 HS-2L 和 3 架艾尔马林 39B，这些飞机于次年 3 月 2 日经纽约运抵香港，次日运往澳门。波音 C 后因火灾焚毁，残骸被弃置。

焚毁后被弃置的澳门航空运输公司波音 C 残骸

艾尔马林飞机与发动机公司

艾尔马林 39B

Aeromarine 39B

机　种：	水陆交换教练机
用　途：	观光
乘　员：	2 人
制 造 厂：	艾尔马林飞机与发动机公司（Aeromarine Plane and Motor Company）
首　飞：	1917 年
特　点：	木制结构 / 不等翼展双翼布局 / 单浮筒

机长 / 翼展 / 机高：9.25 / 14.32 / 4.01 米
净重 / 全重：880 / 931 千克
引　擎：1 台柯蒂斯 OXX-6 型 V 型 8 缸液冷发动机（Curtiss OXX-6），100 马力
最大速度 / 巡航速度：117 / 103 千米 / 小时
航　程：439 千米
升　限：1524 米
装备范围：澳门航空运输公司

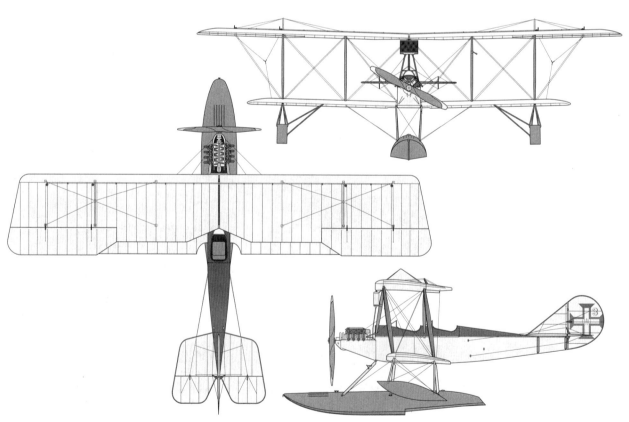

艾尔马林 39B 水陆交换教练机三视图（澳门航空运输公司 3 号机）

艾尔马林 39 是艾尔马林公司于 1917 年应美国海军要求研发的水陆交换教练机，主要供美国海军执行训练、侦察任务。该型飞机共有两种亚型，其中艾尔马林 39A 安装的发动机是豪尔-斯考特 A-7 型，并配备双浮筒，垂直尾翼为圆形，共制造 50 架；艾尔马林 39B 则采用柯蒂斯 OXX-6 型发动机和单浮筒，垂直尾翼改为三角形，共制造 150 架。这两种亚型均可将浮筒换装陆用起落架或滑橇。

1922 年，戈弗雷·希瓦利埃（Godfrey De Courcelles Chevalier）驾驶 1 架艾尔马林 39B 成功降落于美国"兰利"号航空母舰上，是首架在航行中的航母上成功降落的飞机。

1919 年，查尔斯·德·里库在美国购得 3 架艾尔马林 39B、5 架柯蒂斯 H-16、2 架柯蒂斯 HS-2L 和 1 架波音 C。这些飞机于 1920 年 3 月 2 日由"达克雷堡"号货轮经纽约运抵香港，次日运往澳门，3 架艾尔马林 39B 的编号分别为 2、3、4。同年 6 月，3 架艾尔马林 39B 和 1 架 HS-2L 在香港开展了观光飞行。1921 年，澳门航空运输公司因未获开航许可和财务问题倒闭，2 架艾尔马林 39B 于次年 12 月售予澳门当局，1 架则已于 1920 年卖给中国广东革命政府（一说有 2 架该型飞机于 1922 年 1 月卖给孙中山），并参加了 1920 年爆发的第一次粤桂战争。

1920 年 6 月"航空日"中，停泊在香港浅水湾海滩的澳门航空运输公司 3 号机

柯蒂斯 HS-2L

Curtiss HS-2L

机　　种：水上巡逻机

用　　途：观光

乘　　员：1+4 人

制 造 厂：柯蒂斯飞机与发动机公司
（Curtiss Aeroplane and Motor
Company）

首　　飞：1918 年

特　　点：木制船身型结构 / 不等翼展双翼
布局

机长 / 翼展 / 机高：11.88 / 22.58 / 4.44 米

净重 / 全重：1950 / 2917 千克

引　　擎：1 台自由 L-12 型 V 型 12 缸液冷
发动机（Liberty L-12），360 马力

最大速度 / 巡航速度：133 / 112 千米 / 小时

航　　程：832 千米

升　　限：1590 米

装备范围：澳门航空运输公司、艾伯特航空
学校

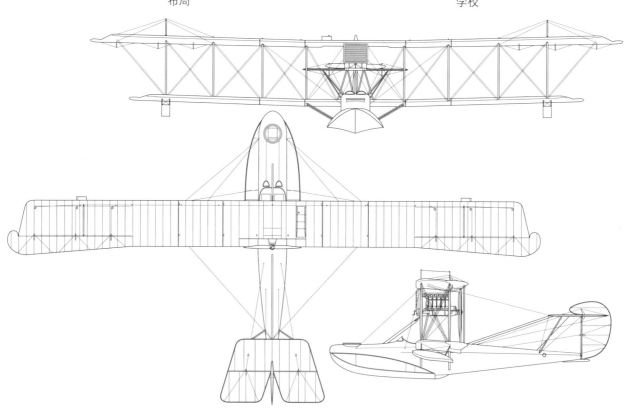

柯蒂斯 HS-2L 水上巡逻机三视图

　　一战期间，为应对德国潜艇的威胁，柯蒂斯公司在 H-14 型双发水上飞机基础上
研发了 HS 系列水上巡逻机，其中 "H" 代表水上飞机（hydroplane），"S" 代表单发动

机（single）。HS-1L 是第一种投产的型号，"L"代表自由型发动机。由于该型飞机载弹量较小，所挂载的 80 千克炸弹无法一击重创潜艇，柯蒂斯公司于 1918 年在其基础上推出改良型 HS-2L。该型飞机的特点是翼展大幅扩展，发动机安装位置提高并换装大桨距螺旋桨，方向舵改良。HS-2L 的飞行速度虽相较 HS-1L 有所减缓，但失速速度也随之降低，同时可挂载威力更强的 100 千克炸弹，美国海军对其性能非常满意，下令将原 HS-1L 订购合同中未出厂的飞机全部按 HS-2L 标准修改，已出厂的 HS-1L 则仅用于训练，各厂共生产 HS-2L 超过 1000 架。一战结束后，大量 HS 系列水上飞机沦为战后剩余物资销往民用市场，多改造为客机或运输机使用。

查尔斯·德·里库 1919 年在美国所购得的 11 架飞机中，包括 2 架 HS-2L。这些飞机于次年 3 月 2 日运抵香港，3 月 3 日运往澳门。HS-2L 被改造为可搭载 4 名乘客的客机，其中 1 架于 6 月 3 日和 3 架艾尔马林 39B 一起抵达香港开展观光飞行，另外 1 架则未组装。有 1 架该型飞机被售予中国广东革命政府，并参加了 1920 年爆发的第一次粤桂战争。1921 年，澳门航空运输公司倒闭后，包括 HS-2L 在内的多架飞机被广东革命政府购得（一说 2 架 HS-2L 于 1922 年 1 月售予孙中山）。

1925 年 3 月，香港艾伯特航空学校自菲律宾购得 1 架柯蒂斯 F-5L 和 3 架"较小的柯蒂斯双翼机"。据称，这些飞机是大约 3 年前自美国运往中国途中被海关扣留的 6 架飞机中的一部分，可能是直系军阀吴佩孚以"大中华航空公司"名义向柯蒂斯公司代表詹姆斯·塞尔文所订购的，其中 3 架"较小"的飞机可能是 2 架 HS-2L 和 1 架"金莺"。因经营困难，艾伯特航校于 1925 年 8 月将 2 架 HS-2L 转售荷兰飞行员赫尔汀（Helting）。

1920 年 6 月"航空日"中，停泊在香港浅水湾海滩的澳门航空运输公司 HS-2L（左）和艾尔马林 39B（右）

柯蒂斯 H-16 "大美洲"

Curtiss H-16 Large America

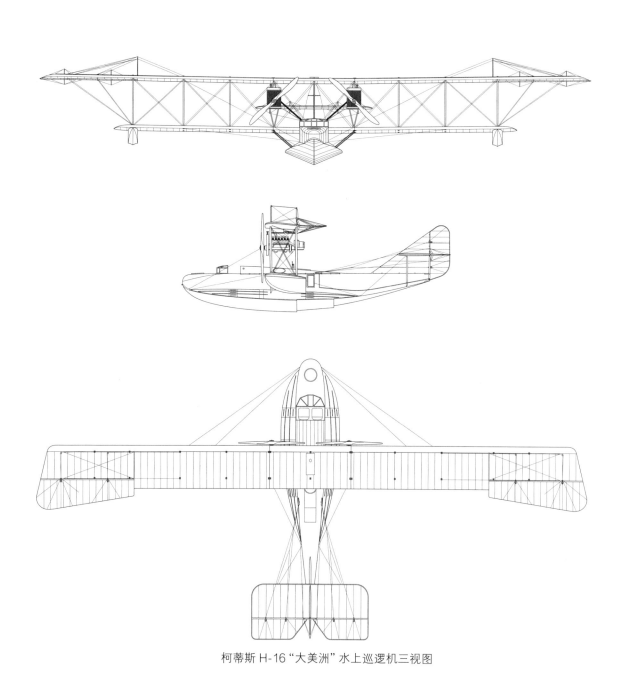

柯蒂斯 H-16 "大美洲" 水上巡逻机三视图

机　　　种：水上巡逻机
用　　　途：—
乘　　　员：1+14 人
制　造　厂：柯蒂斯飞机与发动机公司
　　　　　　（Curtiss Aeroplane and Motor
　　　　　　Company）
首　　　飞：1917 年
特　　　点：木制船身型结构 / 不等翼展双翼
　　　　　　布局

机长 / 翼展 / 机高：14.06 / 28.98 / 5.4 米
净重 / 全重：3340 / 4840 千克
引　　　擎：2 台自由 L-12 型 V 型 12 缸液冷
　　　　　　发动机（Liberty L-12），每台 360
　　　　　　马力
最大速度 / 巡航速度：157 / 112 千米 / 小时
航　　　程：832 千米
升　　　限：3810 米
装备范围：澳门航空运输公司

　　H-16 "大美洲"（柯蒂斯 6C）以 H-12（柯蒂斯 6A）为基础研发，是柯蒂斯 H 系列
水上飞机的最终型号。该型飞机在 H-12 基础上强化了机身结构，翼展扩大，换装自
由 L-12 型发动机，主要用于执行侦察、巡逻等任务。H-16 的原型机于 1917 年首飞，
同年投入量产，主要供美国海军和英国海军用于反潜巡逻、远程侦察及反齐柏林飞艇
巡逻等任务。一战后，美国海军将部分留用的 H-16 换装 400 马力的 L-12A 型发动机，
其余则以 11053 美元 / 架的低价销往民用市场，仅相当于最初购买价格的三分之一。

　　1919 年，查尔斯·德·里库在美国购得包括 5 架 H-16 在内的 11 架飞机，供澳门
航空运输公司使用。这些飞机于 1920 年 3 月 2 日由 "达克雷堡" 号货轮经纽约运抵香
港，次日运往澳门。其中第一架 H-16 于同年 7 月组装完成并改造为可搭载 14 名乘客
的客机，其余 4 架中有 2 架因在海运中损坏而注销，1 架受损待修。8 月 14 日，里库
乘坐 1 架 H-16 飞往上海进行开航测试，9 月 16 日又飞往越南海防，计划开辟香港—
上海和香港—福州航线。由于迟迟未获得开航许可和财务问题，澳门航空运输公司
于 1921 年倒闭，剩余飞机被里库转卖，5 架 H-16 中除了 1 架弃置外，其余分 2 批于
1921 年 3 月和 1922 年 1 月售予中国广东革命政府。

柯蒂斯"海鸥"

Curtiss Seagull

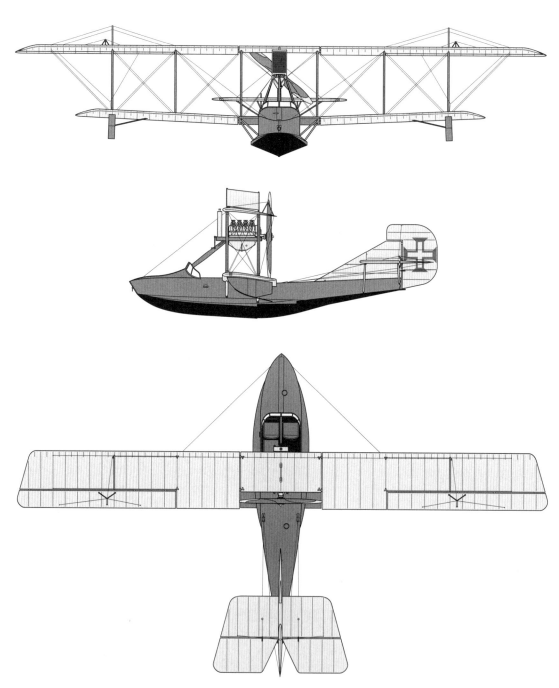

柯蒂斯"海鸥"水上教练机三视图

机　　种：水上教练机
用　　途：—
乘　　员：1+2 人
制 造 厂：柯蒂斯飞机与发动机公司
（Curtiss Aeroplane and Motor
Company）
首　　飞：1918 年
特　　点：木制船身型结构 / 不等翼展双翼
布局

机长 / 翼展 / 机高：8.78 / 15.16 / 3.53 米
净重 / 全重：839 / 1128 千克
引　　擎：1 台柯蒂斯 OXX-3 型 V 型 8 缸液
冷发动机（Curtiss OXX-3），100
马力
最大速度 / 巡航速度：116 / 95 千米 / 小时
航　　程：555 千米
升　　限：1250 米
装备范围：澳门航空运输公司

澳门航空运输公司的"海鸥"

柯蒂斯 F 是柯蒂斯公司早期研发的一系列单发小型船身型水上飞机，其研发时间可追溯至一战前。MF（柯蒂斯 18）是 1918 年推出的改良型，实质上是柯蒂斯 F 的现代化型号，特点是采用不等翼展双翼布局，原本位于上下翼之间的副翼移至上翼两端，机身结构强化并改善了水上操作性。该型飞机共生产 102 架，其中包括美国海军飞机工厂制造的 80 架，主要供美国海军训练使用。"海鸥"（柯蒂斯 25）是一战后投入民用市场的 MF 的新名称，共售出约 16 架。

1920 年，澳门航空运输通过远东航空公司（Far Eastern Aviation Company）购得 1 架"海鸥"。同年 2 月 16 日，该机由柯蒂斯远东公司（Curtiss Far East Company）的罗伯特·约翰逊（Robert Johnson）负责自菲律宾马尼拉运往香港。次日，柯蒂斯远东公司代表史蒂文特（J E H Stevenot）驾驶这架"海鸥"搭载里库飞往澳门，将原本需 4 小时的乘船时间缩短至 23 分钟。1921 年澳门航空运输公司倒闭后，该机下落不明。

查尔斯·德·里库和澳门航空运输公司的飞行员、机械师们与"海鸥"，站立者左起第四人即为里库

柯蒂斯 JN-4D "珍妮"

Curtiss JN-4D Jenny

机　　种：　教练机

用　　途：　训练 / 观光 / 飞行表演

乘　　员：　2 人

制 造 厂：　柯蒂斯飞机与发动机公司
　　　　　　（ Curtiss Aeroplane and Motor
　　　　　　Company ）

首　　飞：　1917 年

特　　点：　木制结构 / 不等翼展双翼布局 / 固
　　　　　　定式起落架

机长 / 翼展 / 机高：　8.33 / 13.3 / 3.01 米

净重 / 全重：　630 / 871 千克

引　　擎：　1 台柯蒂斯 OX-5 型 V 型 8 缸液
　　　　　　冷发动机（ Curtiss OX-5 ），90
　　　　　　马力

最大速度 / 巡航速度：　121 / 97 千米 / 小时

航　　程：　412 千米

升　　限：　1981 米

装备范围：　（艾伯特）商业航空公司、艾伯特
　　　　　　航空学校

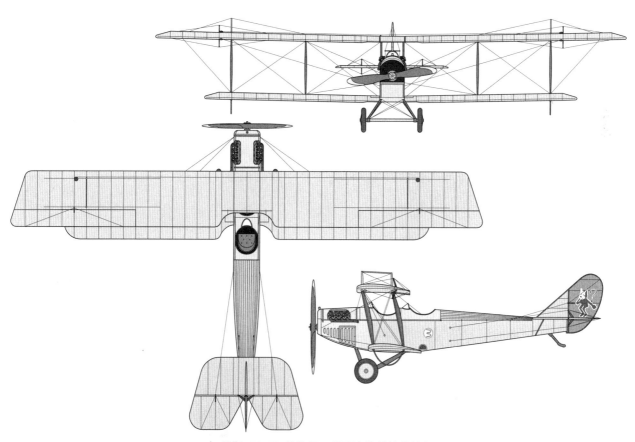

柯蒂斯 JN-4D 教练机三视图（艾伯特航校）

JN "珍妮"是柯蒂斯公司结合 J、N 两种飞机的优点研发的一系列初级教练机，堪称一战中美国最著名的飞机。JN-4 是 JN 系列飞机中产量最多的型号，具有结构简单、易于操控、坚固可靠、飞行平稳、机动性好、使用成本低等特点，非常适合训练飞行员，经过简单改造后也可用于医疗救护、运输、侦察巡逻等任务，各亚型共制造 6813 架。JN-4D 是 1917 年 6 月推出的亚型，也是 JN 系列产量最高、最著名的型号。该型飞机由 6 家不同的厂商同时生产，共制造 2812 架，特点是采用与加拿大制 JN-4Can 相同的操纵杆式控制系统。

一战后，大量沦为战后剩余物资的"珍妮"机以极低廉的价格投入民用市场，售价最低时仅 50 美元 / 架，因此广受飞行俱乐部、小型航空公司和私人的欢迎，多用于航空旅行、测绘勘探、农业喷洒、广告宣传、特技飞行表演、训练飞行员等领域，对 20 世纪 20 年代美国航空业的发展起到巨大的推动作用。由于 20 世纪 20 年代初美国航空法对私人和商业航空的约束处于空白期，因此许多飞行员利用"珍妮"机飞行速度慢且飞行平稳的特性表演航空杂技，从而名噪一时。

1924 年 10 月，原广东革命政府空军飞行员哈利·W·艾伯特（Harry W Abbott）自菲律宾马尼拉的国民警卫队购得 1 架 JN-4D，命名为"菲利克斯"号（Felix），供商业航空公司用于飞行表演和飞行训练。同年 10 月底，艾伯特使用该机和 1 架"金莺"一起在澳门举办了航空展。

1925 年 1 月 25 日，艾伯特航校在香港启德成立，使用"菲利克斯"和"金莺"培训飞行员，同时开展观光飞行业务。航校开办当天，艾伯特和机械师雷金纳德·恩肖（Reginald Earnshaw）驾驶其中 1 架飞机进行了空中点爆竹和跳伞表演，但在跳伞时，雷金纳德因右腿被降落伞的绳索缠绕不幸溺亡，为初办的航校蒙上一层阴影。同年 8 至 9 月间，航校因经营困难而停业，JN-4D 转售给荷兰飞行员赫尔汀。

艾伯特航校的 JN-4D 教练机和"金莺"

柯蒂斯 "金莺"

Curtiss Oriole

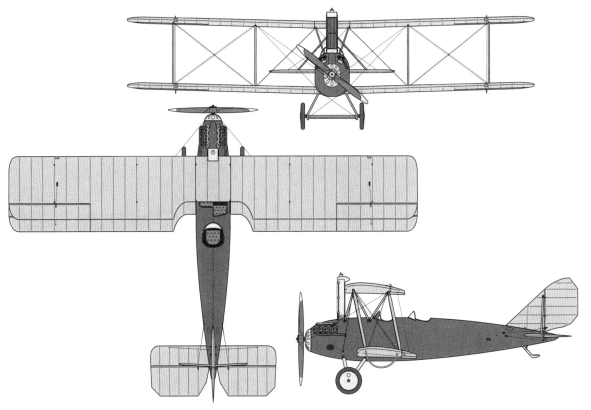

柯蒂斯 "金莺" 通用飞机三视图（短翼型）

机　　种：通用飞机

用　　途：训练 / 观光 / 私人飞机

乘　　员：1+2 人

制 造 厂：柯蒂斯飞机与发动机公司
（Curtiss Aeroplane and Motor
Company）

首　　飞：1919 年

特　　点：木制结构 / 等翼展双翼布局 / 固定
式起落架

机长 / 翼展 / 机高：7.62 / 10.97 / 3.07 米（短
翼型），7.95 / 12.19 / 3.12 米（长
翼型）

净重 / 全重：648 / 924 千克（短翼型），786 /
1154 千克（长翼型）

引　　擎：（短翼型）1 台柯蒂斯 OX-5 型 V
型 8 缸液冷发动机（Curtiss OX-
5），90 马力；（长翼型）1 台柯蒂
斯 K-6 型直列型 6 缸液冷发动机
（Curtiss K-6），150 马力

最大速度 / 巡航速度：138 / 111 千米 / 小时
（短翼型），156 / 124 千米 / 小时
（长翼型）

航　　程：937 千米（短翼型），624 千米（长
翼型）

升　　限：2400 米（短翼型），3915 米（长
翼型）

装备范围：（艾伯特）商业航空公司、艾伯特
航空学校、哈利·罗（私人用户）

美国制飞机

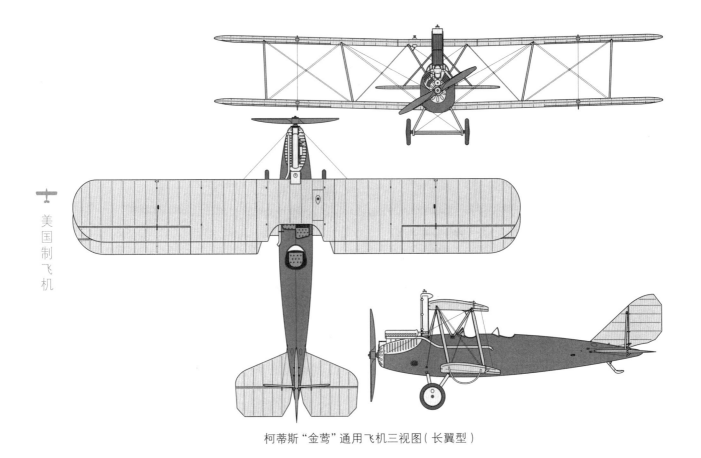

柯蒂斯"金莺"通用飞机三视图（长翼型）

　　"金莺"（柯蒂斯 17）是柯蒂斯公司于一战后研发的通用飞机，也是柯蒂斯公司第一种以鸟类名称上市的飞机。该型飞机的设计目的主要是作为私人飞机开辟民用市场，原型机于 1919 年 6 月制成，装有 1 台当时非常流行的柯蒂斯 OX-5 型发动机，流线形的木制机身中有 2 个舱室，后部为驾驶舱，前部可交错容纳 2 名乘客。该型飞机投入量产后，部分换装了 160 马力的柯蒂斯 C-6 型发动机，翼展增大，飞行性能提升。由于柯蒂斯公司未对战后的民用市场做出合理预期，因此"金莺"的产量不多，仅制造不足 50 架，主要供私人和小型航空公司使用，在 20 世纪 20 年代曾多次参加空中竞赛并获奖。该型飞机最初售价高达 9850 美元 / 架，1921 年降至 3000 美元，以期与涌入民用市场的战后剩余军机竞争，与此同时，其许多零件被售予其他公司用于飞机研发，如皮特凯恩公司的 PA-3 等。

　　1924 年 8 月，哈利·W·艾伯特自菲律宾马尼拉的国民警卫队购得 1 架安装柯蒂斯 K-6 型发动机的"金莺"供商业航空公司用于飞行教学。同年 10 月底，艾伯特使用该机和 10 月购得的"菲利克斯"号 JN-4D 在澳门举办了航空展。1925 年 1 月 25 日，艾伯特又使用这 2 架飞机在香港启德成立了艾伯特航校训练飞行员，并提供观光飞行服务。同年 3 月，艾伯特航校又向菲律宾政府购得 1 架 F-5L 水上巡逻机和 3 架 "较小的柯蒂斯双翼机"，其中 3 架 "较小" 者可能是 2 架 HS-2L 和 1 架 "金莺"。1925 年 5 月，艾伯特航校最初的 "金莺" 坠毁，不久后航校因经济困难，将 2 架分别安装柯蒂斯 OXX-6 型发动机和 150 马力柯汉 K-6 型发动机（Kirkham K-6）的该型飞机转售与荷兰飞行员赫尔汀（Helting）。

1924 年，香港和九龙出租车公司（Hong Kong and Kowloon Taxicab Company）的创始人哈利·罗（Harry Rowe）自菲律宾国民警卫队购得 1 架 "金莺"，并在同年 10 月的澳门航空展时与艾伯特同时进行飞行表演。在此前的 1923 年 11 月，美国飞行员查尔斯·肯纳（Charles Kenner）从位于菲律宾马尼拉的柯蒂斯学校购买了 1 架该型飞机，但在飞往广州的途中坠毁于香港。

艾伯特（左）和雷金纳德与艾伯特航校的短翼型 "金莺"

柯蒂斯 F-5L

Curtiss F-5L

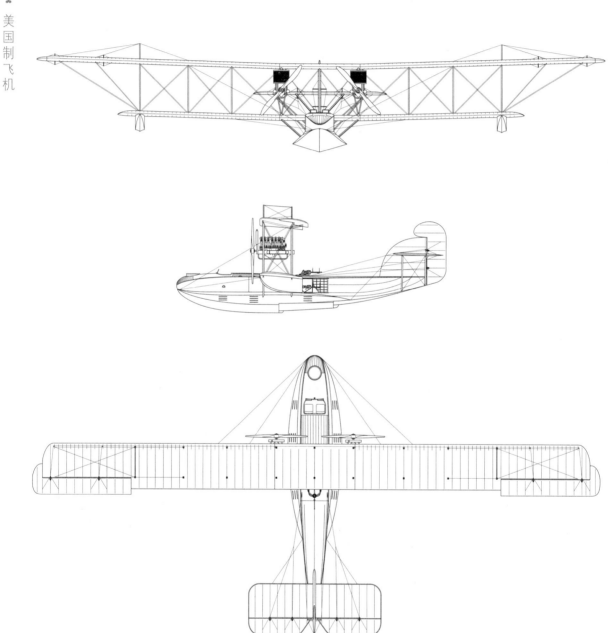

柯蒂斯 F-5L 水上巡逻机三视图

机　　种：水上巡逻机
用　　途：训练
乘　　员：2+（12～14）人
制　造　厂：柯蒂斯飞机与发动机公司
　　　　　（Curtiss Aeroplane and Motor
　　　　　Company）
首　　飞：1918 年
特　　点：木制船身型结构 / 不等翼展双翼
　　　　　布局

机长 / 翼展 / 机高：15.04 / 31.62 / 5.72 米
净重 / 全重：3955 / 6508 千克
引　　擎：2 台自由 L-12A 型 V 型 12 缸液
　　　　　冷发动机（Liberty L-12A），每台
　　　　　360 马力
最大速度 / 巡航速度：145 / 112 千米 / 小时
航　　程：1335 千米
升　　限：1676 米
装备范围：艾伯特航空学校

　　1917 年，英国水上飞机实验站（Seaplane Experimental Station）指挥官约翰·西里尔·波特（John Cyril Porte）中校在费利克斯托 F.3 基础上研发了 F.5 型水上巡逻机。该型飞机的设计目的是结合 F.2A 和 F.3 的优点，制造出飞行性能、航程、载弹量俱佳的新型水上巡逻机。F.5 的原型机 N90 于同年 11 月首飞，飞行性能相较 F.3 有了巨大改善，但因生产成本所限，量产型的 F.5 大量使用了 F.3 的零件，导致实际性能不如 F.2A 和 F.3。F-5L（又称 F-5-L，其中 L 代表自由型发动机）是柯蒂斯公司制造的 F.5，特点是以自由型发动机取代 F.5 原有的劳斯−莱斯"鹰"VIII 型发动机。柯蒂斯公司共制造 60 架该型飞机，除作为美国海军一战后的标准巡逻机服役外，也改造为民用飞机销售。

　　1925 年 3 月，香港艾伯特航空学校向菲律宾政府购得 4 架飞机，其中包括 1 架柯蒂斯 F-5L 和 3 架"较小的柯蒂斯双翼机"。F-5L 于同年 4 月运抵香港，由于航校不久后就遇到了经济问题，同年 8 至 9 月间，该机和 2 架 HS-2L 被转售荷兰飞行员赫尔汀。

加拿大飞机有限公司

柯蒂斯 JN-4 "加纳克"

Curtiss JN-4 Canuck

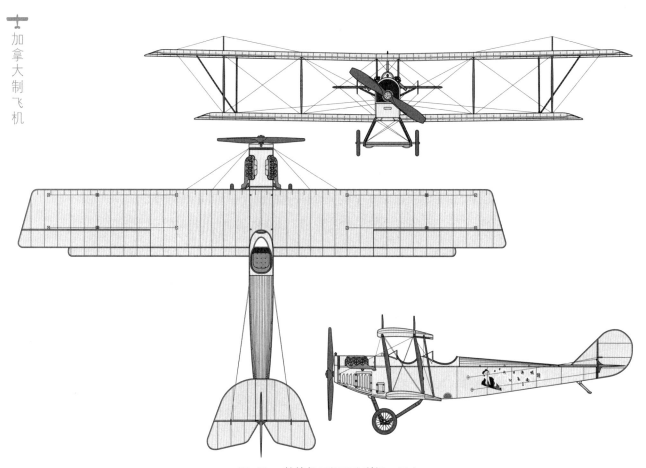

JN-4Can 教练机三视图（利姆·昂）

机　　种： 教练机

用　　途： 训练 / 飞行表演 / 私人飞机

乘　　员： 2 人

制 造 厂： 加拿大飞机有限公司
（Canadian Aeroplanes Ltd.）

首　　飞： 1917 年

特　　点： 木制结构 / 不等翼展双翼布局 / 固定式起落架

机长 / 翼展 / 机高： 8.3 / 13.3 / 3 米

净重 / 全重： 630 / 875 千克

引　　擎： 1 台柯蒂斯 OX-5 型 V 型 8 缸液冷发动机（Curtiss OX-5），90 马力

最大速度 / 巡航速度： 119 / 97 千米 / 小时

航　　程： 250 千米

升　　限： 3350 米

装备范围： （艾伯特）商业航空公司、利姆·昂（私人用户）

JN-4 "加纳克"又称 JN-4Can（缩写为 JN-4C），是加拿大飞机有限公司以 JN-3 为基础研发的教练机，与柯蒂斯公司生产的 JN-4、JN-4C 是不同的型号。JN-4Can 结合了柯蒂斯 JN-4 和 JN-3 的优点，机身重量减轻，上下翼均装有副翼，方向舵为圆形，水平尾翼外形改良，共制造 1260 架。

1920 年，加拿大商人利姆·昂（Lim On）将同年 3 月购得的 1 架 JN-4Can 带至香港使用，1922 年 4 月 17 日坠毁，飞机受损。1924 年，原广东革命政府空军飞行员哈利·W·艾伯特来港发展，购得利姆·昂的 JN-4Can 并将其修复，后注册了商业航空公司以开展飞行教学和表演。同年 4 月 20 日，艾伯特驾驶该机首次进行飞行表演，并将部分表演收入捐赠香港东华医院。6 月 20 日，艾伯特驾驶该机表演时因发动机故障坠毁，所幸因飞行高度较低而无人员伤亡。

两侧绘有南洋兄弟烟草广告的 JN-4Can 教练机，艾伯特购买该机后又在垂直尾翼两侧绘制龙形图案，座舱两侧也增加了艾伯特商业航空公司标志

维克斯 PBV-1A "坎索"

Vickers PBV-1A Canso

机　　种： 水陆两栖巡逻 / 轰炸机

用　　途： 邮运 / 客运

乘　　员： 2+30 人

制 造 厂： 加拿大维克斯有限公司
（ Canadian Vickers Limited ）

首　　飞： 1941 年

特　　点： 金属结构 / 高单翼布局 / 可收放起
落架

机长 / 翼展 / 机高： 19.46 / 31.7 / 6.15 米

净重 / 全重： 9485 / 16066 千克

引　　擎： 2 台普惠 R-1830-92 "双黄蜂"
型星型 14 缸气冷发动机（ Pratt
& Whitney R-1830-92 Twin
Wasp ），每台 1200 马力

最大速度 / 巡航速度： 314 / 201 千米 / 小时

航　　程： 4030 千米

升　　限： 4815 米

装备范围： 澳门航空运输有限公司

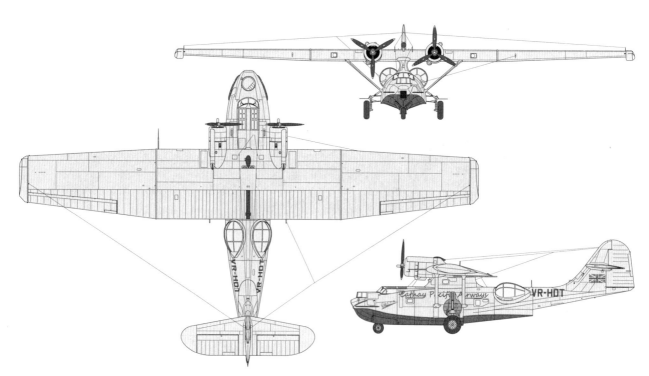

维克斯 PBV-1A "坎索" 水陆两栖客机三视图（"澳门小姐"号）

PBV-1A"坎索"是加拿大维克斯公司在联合 PBY-5A"卡塔琳娜"水陆两栖巡逻 / 轰炸机基础上仿制的型号。该型飞机与 PBY-5A 并无二致，共制造 380 架，其中 150 架供加拿大空军使用，型号为"坎索"-A，其余供美国陆军航空队使用，型号为 OV-10A。

1948 年 4 月，国泰航空的子公司澳门航空运输有限公司在香港注册成立后，使用 2 架 PBV-1A 经营港澳航线，注册号分别为 VR-HDT、VR-HDH，其中的 VR-HDT 命名为"澳门小姐"号。这 2 架飞机均为国泰航空于 1946 年 11 月自加拿大空军购得，在二战期间曾先后在美国陆军、海军服役。港澳航线于 4 月 9 日正式开航，当月每周开航 4 天，共飞 8 个班次，5 月后增加为每周飞行 21 个班次，将原需 3.5 小时的乘船时间缩短至 20 分钟。同年 7 月 16 日，"澳门小姐"号遭遇劫机事件，坠毁于九洲洋海面，机上驾驶员、乘客和 3 名劫机罪犯遇难，只有 1 名劫机罪犯黄裕生还。本案是中国航空史上首起劫机案，港澳航线因此而停运。注册号为 VR-HDH 的 PBV-1A 后转售澳大利亚航空公司（Trans Australia Airlines），1966 年退役，后作为消防飞机教练机使用至 1975 年，1976—1986 年作为新西兰奥克兰运输技术博物馆的展品展出，1987 年后被新西兰皇家空军博物馆收藏。

澳门航空运输有限公司的 VR-HDH 号客机，其机身后部的水泡状侦察 / 射击舱已被拆除，与中航 XT-147 号机非常相似

阿弗罗 616 "飞鸟" IV M

Avro 616 Avian IV M

机　　种： 教练机

用　　途： 观光/训练

乘　　员： 2人

制 造 厂： 阿弗罗公司

　　　　　（A.V. Roe and Company）

首　　飞： 1929年

特　　点： 混合结构/等翼展双翼布局/固定
式起落架

机长/翼展/机高： 7.39 / 8.53 / 2.59 米

净重/全重： 456 / 691 千克

引　　擎： 1台A.D.C"卷云竞技神"I型直列
型4缸气冷发动机（A.D.C Cirrus
Hermes I），105马力

最大速度/巡航速度： 169 / 145 千米/小时

航　　程： 579 千米

升　　限： 3800 米

装备范围： 远东航空公司、香港飞行俱乐部、
远东飞行训练学校、亚瑟·V·哈
维（私人用户）

阿弗罗 616 "飞鸟" IV M 教练机三视图（远东航校 VR-HAA）

阿弗罗 616 是在阿弗罗 594 "飞鸟" IV 基础上改良的型号，其外观和布局与 "飞鸟" IV 相差不大，装有 1 台 "卷云竞技神" I 型或阿姆斯特朗·西德利 "大香猫" 型发动机（Armstrong Siddeley Genet Major），也可以换装同级别的其他品牌发动机，特点是机身由 "飞鸟" IV 的木制结构改为焊接钢管结构，以便偏远地区的国家和用户维护修理，与德·哈维兰 DH.60M 的设计思路非常相似。由于同时期的 DH.60 已成功抢占了市场，阿弗罗 "飞鸟" 系列机的销量并不大，阿弗罗 616 "飞鸟" IV M 是其中产量最多的一种，共制造约 190 架，主要供民间航空旅行、训练飞行员和出口使用。

1930 年初，远东航空公司（The Far East Aviation Company）将 2 架 "飞鸟" IV M（生产序号 361 / 出口许可证日期 1930 年 1 月 13 日、生产序号 362 / 出口许可证日期 1929 年 12 月 4 日）运至中国展销。这 2 架飞机于 1930 年 1 至 2 月间运抵香港，注册号分别为 VR-HAA 和 VR-HAB，是香港最初注册的 2 架民用飞机，其中 VR-HAA 配备有浮筒，曾派往福州向国民政府海军展销。其后，远东航空公司又陆续进口数十架该型飞机销往中国，并于同年 11 月在启德机场开展观光飞行服务。1932 年 12 月，远东航空公司华南地区经理亚瑟·V·哈维（Arthur Vere Harvey）也购买了 1 架 "飞鸟" IV M（生产序号 612 / 出口许可证日期 1932 年 10 月 28 日 / 注册号 VR-HBR）自用。

1930 年 3 月，香港飞行俱乐部自远东航空公司购得 VR-HAA 和 VR-HAB 供训练使用，其中 VR-HAA 于 8 月 6 日坠毁受损，俱乐部于 11 月又购买了 1 架 "飞鸟" IV M（生产序号 475 / 出口许可证日期 1930 年 9 月 30 日 / 注册号 VR-HAE）替代。由于启德机场地处山区，无论机场还是飞行的空间都颇为狭小，因此俱乐部为 VR-HAB 配备了浮筒供水上起降。VR-HAB 后于 1931 年 2 月 10 日的训练中严重受损，俱乐部仅剩 1 架 VR-HAE 可以使用。同年 5 月 2 日，VR-HAA 和 VR-HAB 均因火灾焚毁，加之资金枯竭，香港飞行俱乐部最终于 1932 年底停业。1935 年 4 至 5 月间，VR-HAE 转售远东飞行训练学校（远东航校），1939 年坠毁。

VR-HAA 是远东飞行训练学校首架教练机

阿弗罗 626 "高级训练者"

Avro 626 Advanced Trainer

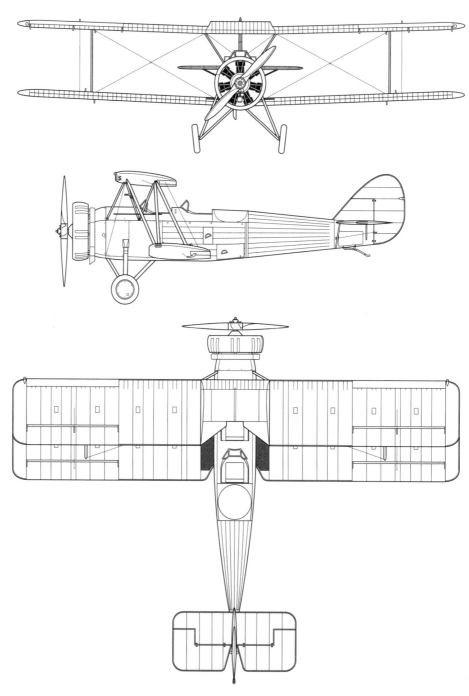

阿弗罗 626 "高级训练者" 教练机三视图

机　　种：教练机
用　　途：训练
乘　　员：2 人
制 造 厂：阿弗罗公司
　　　　　（A.V. Roe and Company）
首　　飞：1930 年
特　　点：金属结构 / 等翼展双翼布局 / 固定
　　　　　式起落架
机长 / 翼展 / 机高：8.08 / 10.36 / 2.92 米

净重 / 全重：801 / 1247 千克
引　　擎：1 台阿姆斯特朗·西德利 "山
　　　　　猫" IV C 型星型 7 缸气冷发动
　　　　　机（Armstrong Siddeley Lynx IV
　　　　　C），240 马力
最大速度 / 巡航速度：180 / 153 千米 / 小时
航　　程：386 千米
升　　限：4511 米
装备范围：远东飞行训练学校

　　阿弗罗 626 是阿弗罗公司于 20 世纪 30 年代初研发的多用途军用教练机。该型飞机以阿弗罗 621 "导师" 为基础研发，主要供财力有限、规模较小的空军使用，因此侧重于多功能性。阿弗罗 626 的原型机于 1930 年首飞成功，结构和布局与阿弗罗 621 非常相似，特点是后座后方增加一个训练舱，可安装环形机枪架、全景式相机等设施，起落架可换装滑橇或浮筒。该型飞机的使用范围非常广泛，除训练飞行员外，还可用于夜间飞行、武器操作、无线电通讯、侦察观测、导航、仪器使用和战斗飞行等多种训练任务，也可充作轻型侦察机。阿弗罗 626 共制造 198 架，阿弗罗公司为推广该型飞机进行了大量的宣传工作，但并未获得英国军方的青睐，多用于出口，且鲜有民间使用，二战前英国民间仅有 2 架阿弗罗 626 登记在案。

　　远东飞行训练学校（远东航校）于 1932 年 11 月 7 日成立后，通过远东航空公司购得 1 架阿弗罗 626（生产序号 573 / 注册号 VR-HCO / 注册日期 1934 年 2 月 19 日）和 2 架阿弗罗 631 用于训练飞行员。同年 11 月 25 日，2 名香港志愿防卫队成员驾驶该机训练时坠毁，驾驶员重伤，飞机损毁注销。

阿弗罗 631 "军校学员"

Avro 631 Cadet

英国制飞机

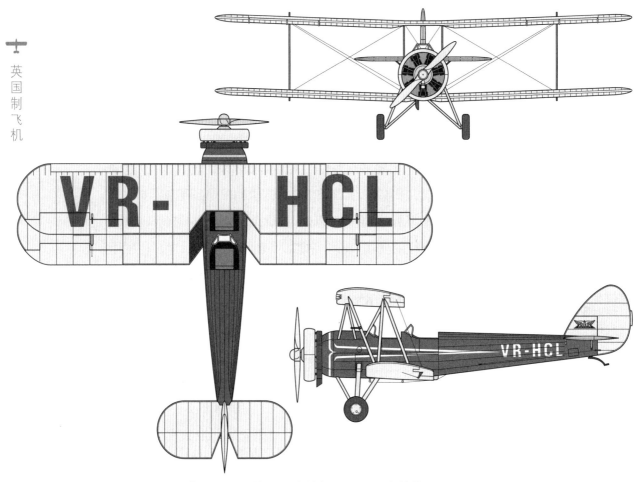

阿弗罗 631 "军校学员" 教练机三视图 (远东航校 VR-HCL)

机　　种：	教练机	净重 / 全重：	535 / 862 千克
用　　途：	训练	引　　擎：	1 台阿姆斯特朗·西德利 "大香猫" I 型星型 7 缸气冷发动机 (Armstrong Siddeley Genet Major I)，135 马力
乘　　员：	2 人		
制 造 厂：	阿弗罗公司 (A.V. Roe and Company)		
首　　飞：	1931 年	最大速度 / 巡航速度：	190 / 161 千米 / 小时
特　　点：	金属结构 / 等翼展双翼布局 / 固定式起落架	航　　程：	563 千米
		升　　限：	3962 米
机长 / 翼展 / 机高：	7.54 / 9.14 / 2.66 米	装备范围：	远东飞行训练学校

阿弗罗631"军校学员"是在阿弗罗621、626系列军用教练机基础上推出的民用型,是"军校学员"系列教练机的第一种型号。该型飞机于1931年研发,主要针对飞行俱乐部和私人用户,因此尺寸相较阿弗罗621、626有所缩小,安装较小功率的发动机,使用成本降低。阿弗罗631的原型机(注册号 G-ABRS)于1931年10月首飞成功,飞行性能良好,不过其使用成本相较阿弗罗621、626虽有所降低,但仍高于同时期其他双座轻型教练机,且机翼无法折叠,因此在民用市场的竞争力较弱,其用户多为军方或航校,总产量仅有35架,另有中国广西仿制8架。

1932年9月至1934年1月,远东航空公司共进口5架阿弗罗631至香港,其中2架售予远东飞行训练学校(生产序号684/注册号 VR-HCM、生产序号685/注册号 VR-HCN)。这2架中有1架于1934年5月31日在飞行训练中坠毁,所幸损伤不重,可以修复。同年8月,远东航校通过远东航空公司又购得了阿弗罗631的原型机(生产序号558/注册号 VR-HCS/原注册号 G-ABRS),另有1架该型飞机(生产序号683/注册号 VR-HCL)也曾供远东航校使用,但不久后就售予中国广西当局作为仿制样机。1937年6月7日,VR-HCN和1架德·哈维兰DH.60GIII在飞行训练时失踪,几天后发现其中一架降落于广州,另一架则在广西、广东交界处的一条河边迫降,后均被运回香港并修复。

远东航校 VR-HCL 和 VR-HCN 正在进行飞行训练

阿弗罗 671 "罗塔"

Avro 671 Rota

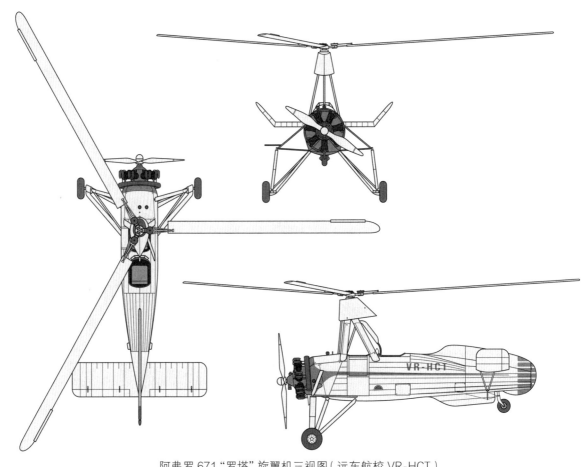

阿弗罗 671 "罗塔"旋翼机三视图（远东航校 VR-HCT）

机　　种：	旋翼机	净重 / 全重：	553 / 816 千克
用　　途：	训练	引　　擎：	1 台阿姆斯特朗·西德利 "大香猫" IA 型星型 7 缸气冷发动机（Armstrong Siddeley Genet Major IA），140 马力
乘　　员：	2 人		
制 造 厂：	阿弗罗公司（A.V. Roe and Company）		
首　　飞：	1933 年	最大速度 / 巡航速度：	177 / 153 千米 / 小时
特　　点：	混合结构 / 单旋翼布局 / 固定式起落架	航　　程：	459 千米
		升　　限：	2500 米
机长 / 主旋翼直径 / 机高：	6 / 11.28 / 3.38 米	装备范围：	远东飞行训练学校

席尔瓦 C.30 是西班牙飞机设计师胡安·德拉·席尔瓦（Juan de la Cierva）于 20 世纪 30 年代初研发的双座单发旋翼机，也是航空史上最成功的旋翼机。由于旋翼机的固定机翼在低速飞行和起降时无法发挥作用，因此席尔瓦的设计开创性地取消了固定机翼，通过加装旋翼倾斜操纵装置来控制飞机的俯仰、侧倾等动作，使机身重量大幅减轻，飞行性能提升。除此之外，C.30 还具有飞行平稳、易于操控、旋翼可折叠、起降距离短、装有双套控制系统等特点，在直升机发展成功前颇受青睐，有多家公司向席尔瓦旋翼机公司购买生产权仿制该型飞机。

1934 年，阿弗罗公司购得 C.30 的仿制授权，并在其基础上改良了尾翼和起落架支撑，共仿制 78 架，型号为阿弗罗 671。该型飞机投放市场后广受飞行俱乐部、航空学校、小型航空公司和私人使用者的欢迎，多用于航空摄影、训练、通讯等领域。

1934 年，远东航空公司将 1 架阿弗罗 671（生产序号 734 / 注册号 VR-HC / 注册日期 12 月 27 日）运至香港展销，但抵香港不久就失事坠毁，后被远东飞行训练学校修复使用。

远东航校机群，左上角为 VR-HCN 号阿弗罗 631，左起第二排自上至下分别是 VR-HCU 号德·哈维兰 DH.60GIII、VR-HCV 号迈尔斯 M.3A 和 VR-HCM 号阿弗罗 631，右侧则为 VR-HCT 号阿弗罗 671 旋翼机和 VR-HAE 号阿弗罗 616

德·哈维兰 DH.60GIII "大蛾"

De Havilland DH.60GIII Moth Major

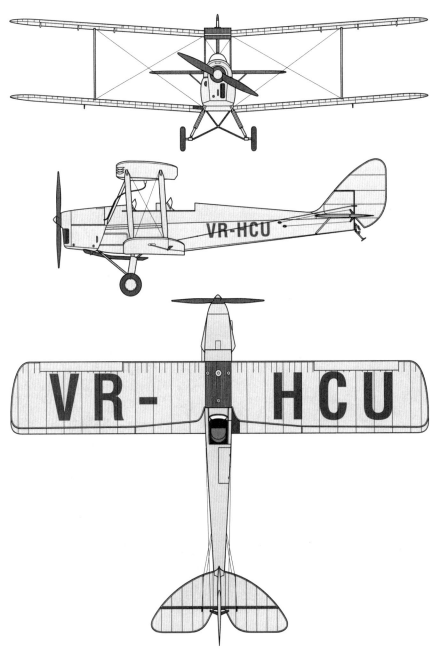

德·哈维兰 DH.60GIII "大蛾" 三视图（远东航校 VR-HCU）

机　　种：运动 / 教练机
用　　途：训练
乘　　员：2 人
制　造　厂：德·哈维兰飞机有限公司
　　　　　（De Havilland Aircraft Company
　　　　　Limited）
首　　飞：1934 年
特　　点：木制结构 / 等翼展双翼布局 / 固定
　　　　　式起落架
机长 / 翼展 / 机高：7.29 / 9.14 / 2.68 米

净重 / 全重：471 / 794 千克
引　　擎：1 台德·哈维兰"大吉普赛"型
　　　　　倒置直列型 4 缸气冷发动机（De
　　　　　Havilland Gipsy Major），130
　　　　　马力
最大速度 / 巡航速度：181 / 154 千米 / 小时
航　　程：482 千米
升　　限：6096 米
装备范围：远东飞行训练学校

　　DH.60GIII "蛾"是德·哈维兰公司在 DH.60G 基础上推出的改良型，于 1932 年投产，特点是换装了 1 台"吉普赛" III 型发动机。1934 年，德·哈维兰公司在第 58 架量产的 DH.60GIII 基础上换装了大功率的"大吉普赛"发动机，名称随之改为"大蛾"，与安装"吉普赛" III 发动机的 DH.60GIII 共制造 154 架。

　　1935 年，香港远东飞行训练学校向德·哈维兰公司购得 1 架 DH.60GIII（生产序号 5133）。该机于同年 4 月 26 日在香港注册，注册号 VR-HCU。1937 年 6 月 7 日，该机和 1 架阿弗罗 631 在飞行训练时失踪，数日后发现其中一架在广州降落，另一架则在广西、广东交界处的一条河边迫降，后均被运回香港并修复。

德·哈维兰 DH.87B "大黄蜂蛾"

De Havilland DH.87B Hornet Moth

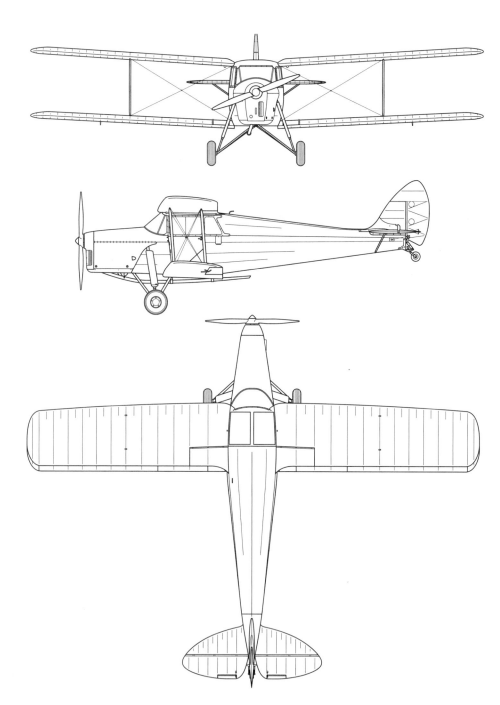

德·哈维兰 DH.87B "大黄蜂蛾" 运动 / 教练机三视图

机　　种：运动 / 教练机
用　　途：训练
乘　　员：2 人
制 造 厂：德·哈维兰飞机有限公司
　　　　　（De Havilland Aircraft Company
　　　　　Limited）
首　　飞：1936 年
特　　点：木制结构 / 等翼展双翼布局 / 固定
　　　　　式起落架
机长 / 翼展 / 机高：7.61 / 9.73 / 2.01 米

净重 / 全重：564 / 886 千克
引　　擎：1 台德·哈维兰 "大吉普赛" I 型
　　　　　倒置直列型 4 缸气冷发动机（De
　　　　　Havilland Gipsy Major I），130
　　　　　马力
最大速度 / 巡航速度：200 / 169 千米 / 小时
航　　程：998 千米
升　　限：4500 米
装备范围：远东飞行训练学校

　　DH.87 是德·哈维兰公司于 1934 年为取代 DH.82 "虎蛾" 型军用教练机而研发的双翼教练机，由于英国军方对其没有兴趣而投入民用市场。DH.87 的原型机于 1934 年 5 月 9 日首飞成功，座舱使用反常规的并列式，与 DH.86 "迅捷" 型客机非常相似。DH.87 的量产型 DH.87A 于 1935 年 8 月开始交付，但在使用中发现其锥形翼尖虽可提高飞行性能，但在着陆时容易失速，难以控制，导致飞机损坏。为此，德·哈维兰公司于 1936 年推出了换装方形机翼的 DH.87B，虽然飞行性能有所下降，机身重量增加，但起降性能获得改善。DH.87A 和 DH.87B 共制造 164 架，主要用于民间的运动飞行、飞行旅行、训练飞行等，在二战中多作为英军的联络机使用，截至 2018 年仍有部分该型飞机完好可飞。

　　1937 年，远东飞行训练学校向德·哈维兰公司购得 2 架 DH.87B，利用其并列式驾驶舱便于教员和学员沟通的特点训练飞行员。这 2 架飞机中 1 架于 1937 年 8 月 18 日运抵香港，注册号为 VR-HCW；1 架于同年 12 月交付，注册号为 VR-HCX；其中一架于 1939 年坠毁。

迈尔斯 M.3A "大猎鹰"

Miles M.3A Falcon Major

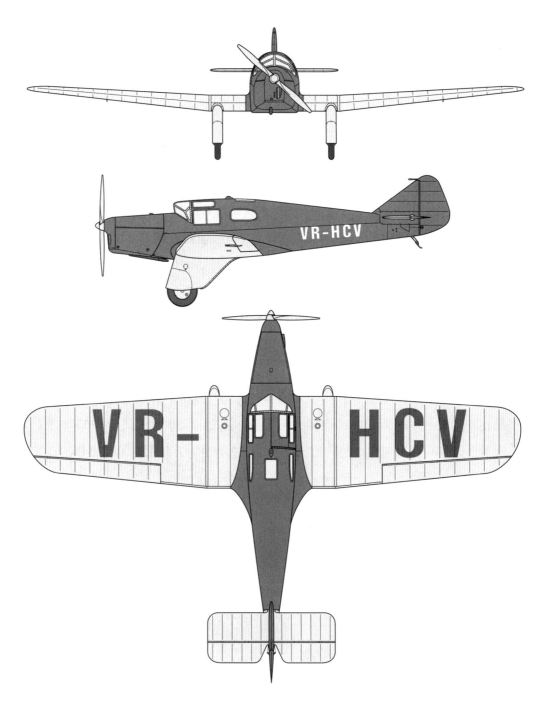

迈尔斯 M.3A "大猎鹰" 通用飞机三视图（远东航校 VR-HCV）

机　　种：　通用飞机
用　　途：　训练
乘　　员：　4 人
制 造 厂：　菲利普斯和波维斯飞机公司
　　　　　　（ Phillips & Powis Aircraft ）
首　　飞：　1935 年
特　　点　混合结构 / 下单翼布局 / 固定式起
　　　　　　落架
机长 / 翼展 / 机高：　7.62 / 10.67 / 1.98 米

净重 / 全重：　590 / 1000 千克
引　　擎：　1 台德·哈维兰 "大吉普赛" 型
　　　　　　倒置直列型 4 缸气冷发动机（ De
　　　　　　Havilland Gipsy Major ），130
　　　　　　马力
最大速度 / 巡航速度：　235 / 201 千米 / 小时
航　　程：　990 千米
升　　限：　4572 米
装备范围：　远东飞行训练学校

1934 年，菲利普斯和波维斯公司在 M.2 "鹰" 基础上推出了 M.3 "猎鹰" 通用飞机。该型飞机由弗雷德里克·乔治·迈尔斯（ Frederick George Miles ）设计，是菲利普斯和波维斯公司的第一种采用封闭式座舱的飞机。M.3 的原型机于 1934 年 10 月 12 日首飞成功，次年 1 月投产，各亚型共制造 36 架，主要供小型航空公司、飞行俱乐部和私人使用，二战期间也被英军作为教练机和联络机。M.3A "大猎鹰" 是最初的量产型，也是生产数量最多的亚型，共制造 18 架，特点是机身加宽，乘坐舒适度提高，座舱前倾风挡玻璃改良，以增强驾驶员的视野。

1935 年春，西南航空公司通过香港远东航空公司订购 1 架 M.3A（ 生产序号 149 ），该机于同年 5 月运抵香港，5 月 27 日在香港注册（ 注册号 VR-HCV ），但因故未售予西南航空公司，而是交给远东航校训练使用。1938 年，这架 M.3A 转售马来西亚，注册号改为 VR-RAP。

第六章 未交付飞机

德·哈维兰 DH.60G "吉普赛蛾"

De Havilland DH.60G Gipsy Moth

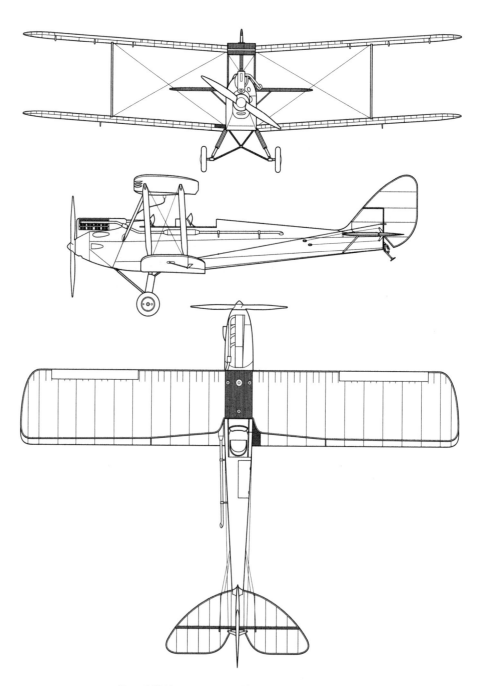

德·哈维兰 DH.60G "吉普赛蛾" 教练机三视图

机　　种：运动／教练机
乘　　员：2人
制造厂：德・哈维兰飞机有限公司
（De Havilland Aircraft Company
Limited）
首　　飞：1928年
特　　点：木制结构／等翼展双翼布局／固定
式起落架
机长／翼展／机高：7.29／9.14／2.68米

净重／全重：417／750千克
引　　擎：1台德・哈维兰"吉普赛"I型
直列型4缸气冷发动机（De
Havilland Gipsy I），100马力
最大速度／巡航速度：164／137千米／小时
航　　程：515千米
升　　限：4420米
装备范围：（武汉民用航空股份有限公司）

DH.60G推出于1928年，是DH.60"蛾"型教练机最重要的改良型。该型飞机使用德・哈维兰公司自产的"吉普赛"发动机取代性能可靠但产量受限的"卷云"发动机，从而使德・哈维兰公司可以控制整个生产过程，降低制造成本，售价则与最初的DH.60持平，此后所有新研发的"蛾"教练机均使用德・哈维兰公司自产的发动机。DH.60G于1928年投入量产，共制造692架，其中594架为德・哈维兰公司所制。

1928年12月，武汉民用航空股份有限公司通过安利洋行（Arnhold & Co.）购买了4架DH.60G（生产序号1033至1036）。这4架飞机于1929年2月7至8日获得出口许可证，同年5月运抵中国。由于此时武汉航空公司已因政治原因解体，这些飞机遂被南京国民政府接收，后交驻汉口的国民政府空军第1中队使用。四川当局曾计划使用2架DH.60G、3架布雷盖Br.14A2及3架波泰茨飞机经营上海—成都航线，后因该航线被中国航空公司承接而取消。

斯蒂尔曼 LT-1

Stearman LT-1

机　　种：　客机 / 运输机

乘　　员：　1+4 人

制 造 厂：　斯蒂尔曼飞机公司（Stearman Aircraft Corporation）

首　　飞：　1929 年

特　　点：　混合结构 / 不等翼展双翼布局 / 固定式起落架

机长 / 翼展 / 机高：　9.9 / 14.93 / 3.81 米

净重 / 全重：　1764 / 2834 千克

引　　擎：　1 台普惠"大黄蜂" A5 型星型 9 缸气冷发动机（Pratt & Whitney Hornet A5），525 马力

最大速度 / 巡航速度：　225 / 185 千米 / 小时

航　　程：　1110 千米

升　　限：　3962 米

装备范围：　（西南航空公司）

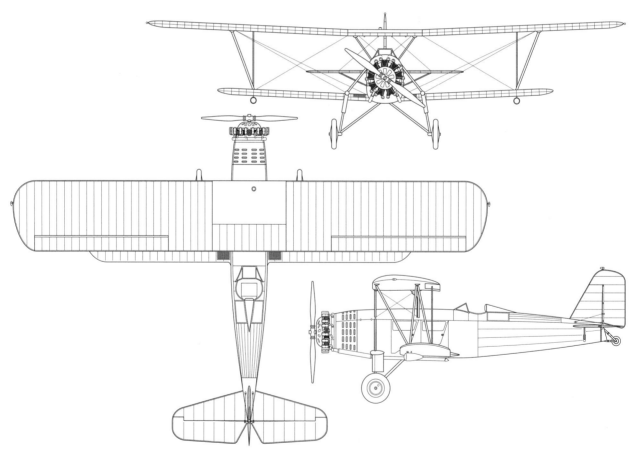

斯蒂尔曼 LT-1 客机 / 运输机三视图

LT-1 是斯蒂尔曼公司在 M-2 "高速邮件"型邮机基础上研发的小型客机 / 运输机，实质上是 M-2 的客、货运输型号。其结构、布局和外观与 M-2 非常相似，延续了 M-2 结构坚固、不易失速、起降性能好等特点，区别是将 M-2 的货舱改为封闭式客舱，可搭载 4 名乘客或 454 千克货物，同时换装普惠"大黄蜂"型发动机，共制造 3 架，每架售价 25000 美元。

西南航空公司筹备委员会于 1933 年 10 月 3 日成立后，广东当局通过联合飞机出口公司（United Aircraft Exports Company）购得 3 架美国航空公司（American Airways）的二手 LT-1，计划交付西南航空公司用于开办航线。这 3 架飞机（生产序号 2001、2002、2003 / 原注册号 NC8829、NC8832、NC8833）运抵广州后却没有交付给西南航空，而被广东空军留用并改造为轰炸机，1936 年"两广事变"后并入南京国民政府空军。

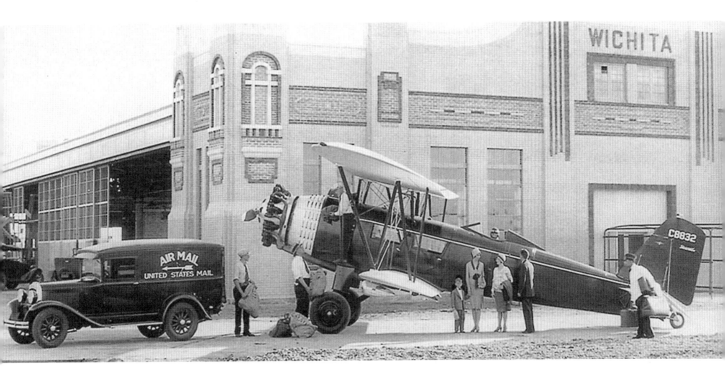

美国航空 NC8832 号客机（后销往广东）

洛宁航空工程公司

洛宁 C-2C "空中游艇"

Loening C-2C Air Yacht

美国制飞机

机　　种：水陆两栖客机

乘　　员：（1～2）+（6～7）人

制 造 厂：洛宁航空工程公司
（Loening Aeronautical
Engineering Corporation）

首　　飞：1928 年

特　　点：木制结构 / 等翼展双翼布局 / 可收
放起落架

机长 / 翼展 / 机高：10.57 / 13.72 / 3.89 米

净重 / 全重：1754 / 2676 千克

引　　擎：1 台莱特 "飓风" 型星型 9 缸气冷
发动机（Wright Cyclone），525
马力

最大速度 / 巡航速度：199 / 165 千米 / 小时

航　　程：885 千米

升　　限：4300 米

装备范围：（西南航空公司）

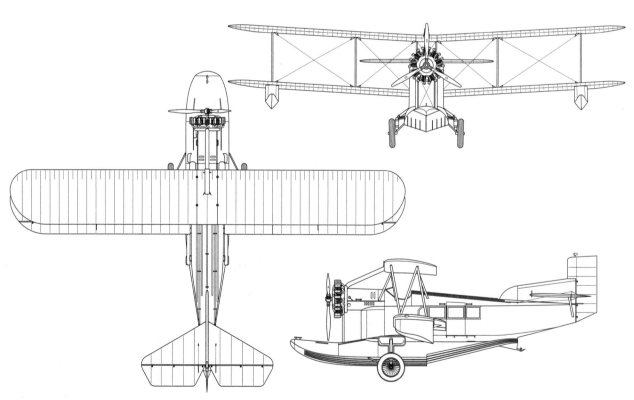

洛宁 C-2C 水陆两栖客机三视图

C-2C 是洛宁 C-2 "空中游艇"的两种亚型之一，特点是安装的发动机为莱特"飓风"（C 代表"飓风"），共制造 23 架，其中 1 架改造为 C-2H。

1933 年 10 月 3 日，西南航空公司筹备委员会成立后，广东当局通过联合飞机出口公司（United Aircraft Exports Company）购得 3 架美国航空公司的二手 C-2C 客机（生产序号 203 / 原注册号 NC5999、生产序号 211 / 原注册号 NC7770、生产序号 223 / 原注册号 NC9784），计划供西南航空营运使用，但这些飞机运抵中国后并未交付西南航空，而被广东空军改造为轰炸机使用。

美国航空 NC5999 号客机（后销往广东）。该型飞机起飞时激起的浪花极高，客舱门时常进水，乘坐舒适性较差

费尔柴尔德 91 "小飞剪"

Fairchild 91 Baby Clipper

美国制飞机

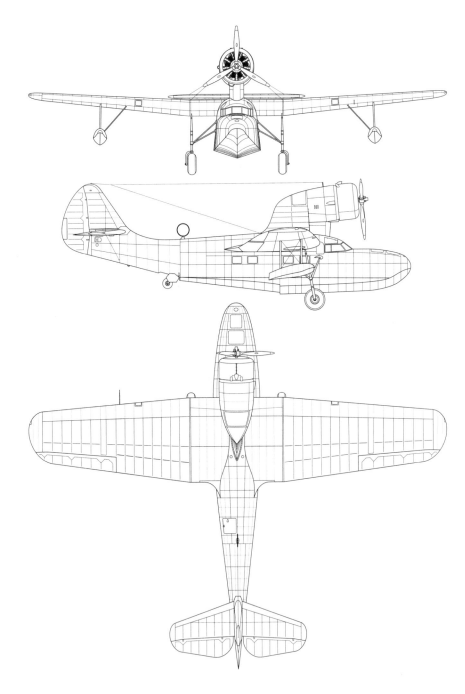

费尔柴尔德 91 水陆两栖客机三视图

机　　种：水陆两栖客机

乘　　员：2+8 人

制 造 厂：费尔柴尔德飞机公司
　　　　　（Fairchild Aircraft Corporation）

首　　飞：1935 年

特　　点：金属结构／上单翼布局／可收放起
　　　　　落架

机长／翼展／机高：13 / 17.07 / 4.47 米

净重／全重：2990 / 4765 千克

引　　擎：1 台普惠 S2EG "大黄蜂" 型星型
　　　　　9 缸气冷发动机（Pratt & Whitney
　　　　　S2EG Hornet），750 马力

最大速度／巡航速度：269 / 220 千米／小时

航　　程：1070 千米

升　　限：5455 米

装备范围：（中国航空公司）

　　费尔柴尔德 91（又称 A-942-A）是费尔柴尔德公司应泛美航空要求研发的水陆两栖客机，以取代西科斯基 S-38。该型飞机于 1934 年开始设计，主要用于在亚马孙河和长江流域飞行，可搭载 8 名乘客和 500 千克货物，作为货机使用时则可搭载 1200 千克货物。费尔柴尔德 91 的原型机于 1935 年 4 月 5 日首飞成功，共制造 3 架。

　　泛美航空原计划订购 6 架费尔柴尔德 91，其中 2 架供泛美航空的巴西子公司使用，另外 4 架则供中国航空公司使用，以取代中航日渐老化且故障频发的洛宁 C-2H 客机。但由于美国航空局颁布了新的安全法规，规定客运服务仅可使用多发动机飞机，因此中航订单被取消。

洛克希德 18-40 "北极星"

Lockheed Model 18-40 Lodestar

美国制飞机

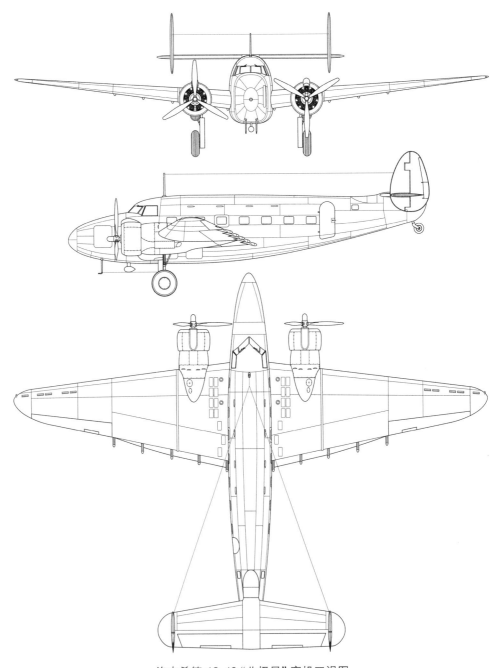

洛克希德 18-40 "北极星" 客机三视图

机　　种：客机
乘　　员：3+（14～26）人
制 造 厂：洛克希德飞机制造公
　　　　　司（Lockheed Aircraft
　　　　　Manufacturing Company）
首　　飞：1939 年
特　　点：金属结构 / 中单翼布局 / 可收放起
　　　　　落架
机长 / 翼展 / 机高：15.19 / 19.96 / 3.38 米

净重 / 全重：5284 / 7938 千克
引　　擎：2 台莱特 G-1820-G104A "飓风"
　　　　　型星型 9 缸气冷发动机（Wright
　　　　　G-1820-G104A Cyclone），每台
　　　　　1200 马力
最大速度 / 巡航速度：407 / 322 千米 / 小时
航　　程：2575 千米
升　　限：7100 米
装备范围：（中国航空公司）

　　洛克希德 18 "北极星" 是洛克希德公司于 1939 年推出的双发客机，主要用于和道格拉斯 DC-3 竞争民用航空市场。该型飞机以洛克希德 14 "超伊莱克特拉" 型客机为基础研发，实质上是后者的加长型，机身比 "超伊莱克特拉" 延长了 1.68 米，因此得以增加 2 排座椅，在保持 "超伊莱克特拉" 优秀性能的同时，大幅降低使用成本。"北极星" 的原型机于 1939 年 9 月 21 日首飞成功，次年 3 月 30 日获得适航证书。由于美国国内航空公司大多已选择 DC-3，因此 "北极星" 的销量未达到预期，多用于出口，各亚型共制造 625 架。

　　洛克希德 18-40 是换装莱特 G-1820-G104A 型发动机的亚型，共制造 26 架。1940年，有 2 架该型飞机（生产序号 18-2084、18-2085）被指定交付中国航空公司使用，因故未运抵中国。

福克－沃尔夫 Fw 200 B、
Fw 200 KC-1 "兀鹰"

Focke-Wulf Fw 200 B/Fw 200 KC-1 Condor

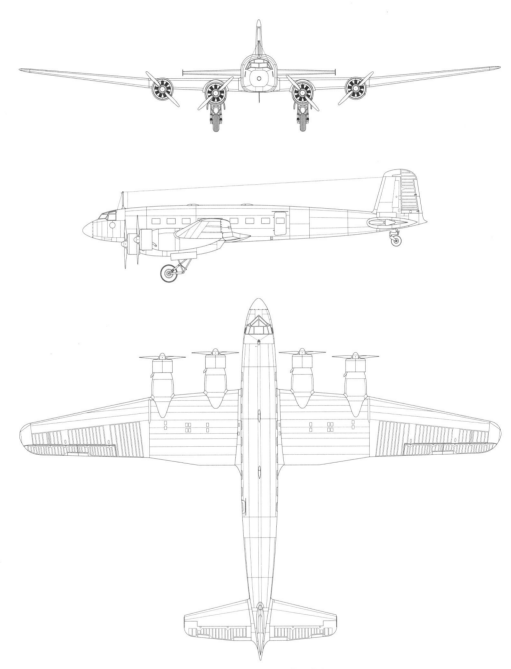

福克－沃尔夫 Fw 200B "兀鹰" 客机三视图

机　　种：客机
乘　　员：4+26 人
制 造 厂：福克−沃尔夫飞机制造公司
　　　　　（Focke-Wulf Flugzeugbau AG）
首　　飞：1939 年
特　　点：金属结构 / 下单翼布局 / 可收放起落架

机长 / 翼展 / 机高：23.45 / 32.84 / 6 米
净重 / 全重：11300 / 17000 千克

引　　擎：4 台宝马 132Dc 型星型 9 缸气冷发动机（BWM 132Dc），每台 850 马力
最大速度 / 巡航速度：418 / 376 千米 / 小时
航　　程：2000 千米
升　　限：7400 米
装备范围：（欧亚航空公司）（满洲航空株式会社）

Fw 200 "兀鹰" 于 1936 年开始研发，主要供汉莎航空开辟自德国跨大西洋直飞美国的航线，是第一架从柏林直飞纽约的客机。该型飞机采用较大的翼展和多发动机设计，以便高空巡航和增加飞行安全性，其客舱宽敞舒适，没有采用加压设计，可搭载 26 名乘客，是波音 307 和道格拉斯 DC-4 出现之前最先进的客机。

Fw 200 的原型机 Fw 200V-1 于 1937 年 7 月 27 日首飞成功，主要供汉莎航空、汉莎航空的巴西子公司和丹麦航空（DDL Danish Airlines）使用，各亚型共制造 276 架，曾创多个飞行记录。德国元首阿道夫·希特勒（Adolf Hitler）的专机即为 1 架该型飞机。二战初期的大西洋破交战（破坏敌方交通线）中，Fw 200 的军用型曾创造辉煌的战绩，因此被丘吉尔称为 "大西洋的祸害"。Fw 200B 是 1939 年推出的改良型，特点是换装宝马 132Dc 或宝马 132H 型发动机，其中安装宝马 132Dc 型发动机的型号是 Fw 200B-1，安装宝马 132H 的则为 Fw 200B-2。Fw 200KC-1 是用于出口日本的 Fw 200B。

1938 年 11 月 28 至 30 日，1 架 Fw 200S-1 经伊拉克巴士拉、印度卡拉奇飞往日本，以展示其长途飞行能力。大日本航空株式会社对该型飞机非常感兴趣，计划使用其建立亚欧航线。同年 12 月，伪满的满洲航空株式会社向福克−沃尔夫公司订购了 5 架 Fw 200KC-1（生产序号 0017 至 0021），因二战的爆发而未能交付，后转售汉莎航空。1939 年 7 月，欧亚航空公司也订购了 4 架 Fw 200B，虽然约定于 1940 年 2 月、8 月交付，但同样未果。

日本式 蜂型

Nihon Kogata Bee Type

日本制飞机

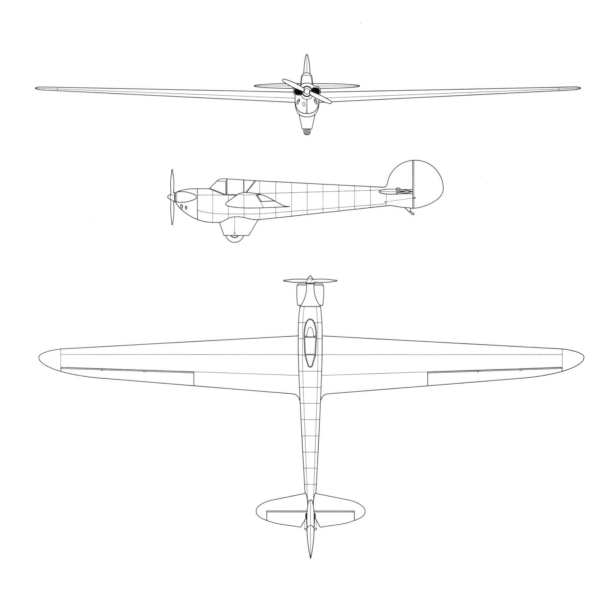

日本式蜂型动力滑翔机三视图

机　　种：动力滑翔机

乘　　员：1 人

制 造 厂：日本小型飞行机株式会社（Nihon Kogata Hikōki Kabushiki Kaisha）

首　　飞：1941 年

特　　点：木制结构 / 中单翼布局 / 固定式起落架

机长 / 翼展 / 机高：7.56 / 15 / 1.6 米

净重 / 全重：257 / 341 千克

引　　擎：1 台 AVA 型对列型 4 缸气冷发动机（AVA），28 马力

最大速度 / 滑翔速度：112 / 71.6 千米 / 小时

续航时间：1.5 小时

升　　限：3000 米

装备范围：（满洲空务协会）

　　日本式蜂型研发于 1940 年，是日本自行设计制造的第一种动力滑翔机。该型飞机由日本小型飞行机株式会社工程师宫原旭设计，装有 1 台非常节约燃料的低功率发动机，无需拖曳即可飞至一定高度，使用非常方便。

　　其原型机于 1940 年 11 月开始制造，次年 2 月 7 日首飞成功，随即投入量产，主要供日本学生航空联盟使用。伪满的满洲空务协会曾计划引进 3 架该型飞机，后因太平洋战争爆发被迫取消。

第七章　部分经营在华航线的国外航空公司飞机

格伦·L·马丁公司

马丁 M-130

Martin M-130

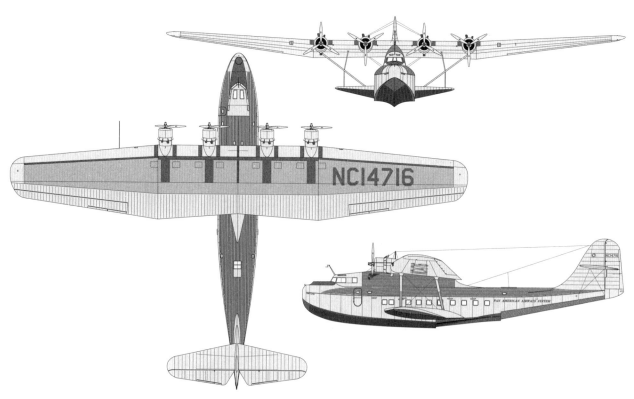

美国制飞机

机　　种：水上客机

乘　　员：（6～9）+（18～36）人

制 造 厂：格伦·L·马丁公司（Glenn L. Martin Company）

首　　飞：1934 年

特　　点：金属制船身型结构 / 上单翼布局

机长 / 翼展 / 机高：27.7 / 39.7 / 7.5 米

净重 / 全重：11504 / 23701 千克

引　　擎：4 台普惠 R-1830-S2A5G "双黄蜂" 型星型 14 型气冷发动机（Pratt & Whitney R-1830-S2A5G Twin Wasp），每台 950 马力

最大速度 / 巡航速度：290 / 209 千米 / 小时

航　　程：5150 千米

升　　限：3048 米

装备范围：泛美航空公司

马丁 M-130 水上客机三视图（"中国飞剪"号）

M-130 是马丁公司应泛美航空要求，于 20 世纪 30 年代前期研发的四发大型水上客机，主要用于建设跨太平洋航线，是当时世界上尺寸最大的客机。M-130 的设计非常先进，机身具有流线形外观，采用可靠耐用的全金属构造，装有 4 台大功率的"双黄蜂"型发动机，舱内空间宽敞明亮，装饰豪华，可安装 36 个座椅或 18 张卧铺，乘坐舒适度极佳。该型飞机于 1934 年 12 月 30 日首飞，共制造 3 架，单价高达 43 万美元，分别命名为"夏威夷飞剪"（注册号 NC14714）、"菲律宾飞剪"（注册号 NC14715）和"中国飞剪"（注册号 NC14716），均用于太平洋航线的运营。M-130 的产量虽不多，但对当时的航空业却产生了巨大的影响，泛美航空的西科斯基 S-42、波音 314 均因此被公众称为"中国飞剪"。

飞行中的"中国飞剪"

1935 年 11 月 22 日，"中国飞剪"号搭载着约 111000 封邮件自加利福尼亚飞往马尼拉，正式开辟了跨太平洋邮运航线。次年 10 月，"夏威夷飞剪"号自旧金山出发，经檀香山、中途岛、威克岛、关岛，最终于当月下旬飞抵澳门，25 日飞抵香港，此后每周飞行一次。中国航空公司也以此在多个媒体上发布"空中霸王机"广告。

1938 年 7 月，"夏威夷飞剪"号在关岛和马尼拉之间失踪；"菲律宾飞剪"号在太平洋战争爆发后曾遭日军袭击，所幸未出事故，1942 年与"中国飞剪"号一起被美国海军征用；"菲律宾飞剪"号于 1943 年 1 月坠毁，"中国飞剪"号则于 1945 年 1 月在西印度群岛西班牙港（今特立尼达和多巴哥共和国首都）降落时受损沉没。

马丁 M-130 客机的客舱内部

西科斯基 S-42、S-42B "飞剪"

Sikorsky S-42/S-42B Clipper

机　　种：水上客机

乘　　员：4+（14～37）人

制 造 厂：西科斯基飞机公司
（Sikorsky Aircraft Corporation）

首　　飞：1934 年

特　　点：金属制船身型结构/高单翼布局

机长/翼展/机高：20.62 / 34.8 / 5.28 米
（S-42），20.72 / 36.01 / 6.7 米
（S-42B）

净重/全重：8965 / 17237 千克（S-42），
10886 / 19050 千克（S-42B）

引　　擎：（S-42）4 台普惠 R-1690 "大黄
蜂"型星型 9 型气冷发动机（Pratt

& Whitney R-1690 Hornet），每
台 700 马力;（S-42B）4 台普惠
"大黄蜂" S1EG 型星型 9 型气冷
发动机（Pratt & Whitney S1EG
Hornet），每台 750 马力

最大速度/巡航速度：293 / 270 千米/小时
（S-42），303 / 266 千米/小时
（S-42B）

航　　程：1931 千米（S-42），1448 千米
（S-42B）

升　　限：4787 米（S-42），4877 米
（S-42B）

装备范围：泛美航空公司

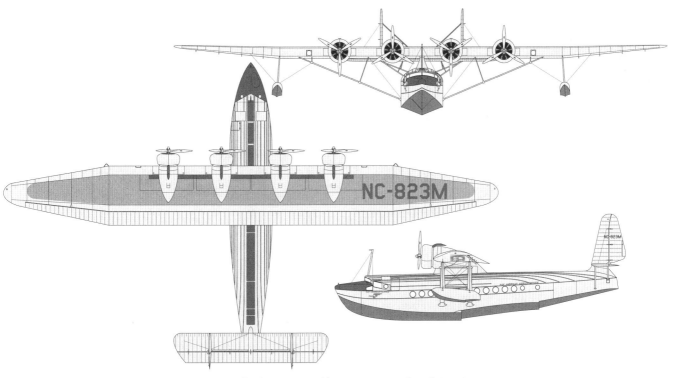

西科斯基 S-42 "飞剪"三视图（"泛美飞剪"号）

S-42 是西科斯基飞机公司应泛美航空要求，在 S-40 基础上研发的四发大型水上客机，是马丁 M-130 的竞争者。该型飞机于 1931 年开始研发，气动布局进行了大幅优化，取消了 S-38、S-40 的"飞船"式设计，流线形外观更加简练，内部共分 4 个客舱，布置有地毯和窗帘，并有良好的通风系统，最多可安装 37 个座椅或 14 张卧铺，是同时期乘坐环境最舒适的客机之一。S-42 的原型机于 1934 年 3 月 29 日首飞，不久后就创造了 10 项飞行记录。S-42 各亚型共制造 10 架，均售予泛美航空。S-42 是最初的量产型，安装的发动机是 700 马力的普惠 R-1690，共制造 3 架；S-42A 是在 S-42 基础上换装普惠"大黄蜂"S1EG 型发动机并加大翼展的亚型，共制造 4 架；S-42B 是换装哈密尔顿标准螺旋桨并进一步改善气动布局的亚型，共制造 3 架。

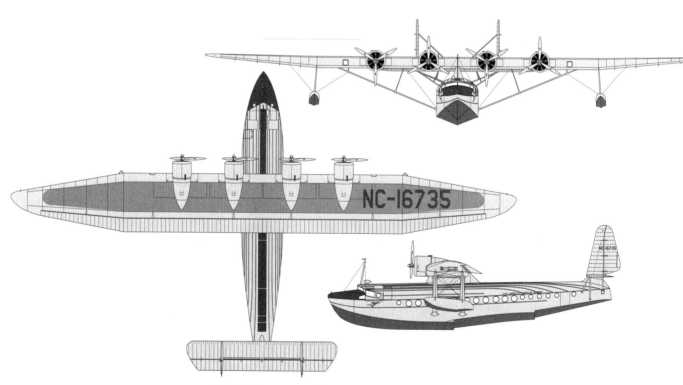

西科斯基 S-42B "飞剪"三视图（"百慕大飞剪"号）

由于 S-42 的航程较短，必须在机身加装油箱才可跨洋飞行，因此泛美航空主要用其运营拉丁美洲航线，其中"泛美飞剪"号 S-42（原名"西印度群岛飞剪"号 / 生产序号 4201 / 注册号 NC823M）曾用于试航太平洋航线，1937 年改名为"香港飞剪"号，用于旧金山—檀香山—中途岛—威克岛—关岛—马尼拉—澳门—香港航线，次年被M-130 取代，1944 年 8 月 7 日沉没于古巴安蒂亚。

1941 年，泛美航空将曾用于巴尔的摩—百慕大航线和阿拉斯加航线的"阿拉斯加飞剪"号（原名"百慕大飞剪"号 / 生产序号 4208 / 注册号 NC16735）调往亚洲，用于马尼拉—香港航线，并更名为"香港飞剪 II"号。1941 年 12 月，该机在香港启德机场被日军飞机炸沉。

飞行中的"泛美飞剪"号

波音314 "飞剪"

Boeing Model 314 Clipper

美国制飞机

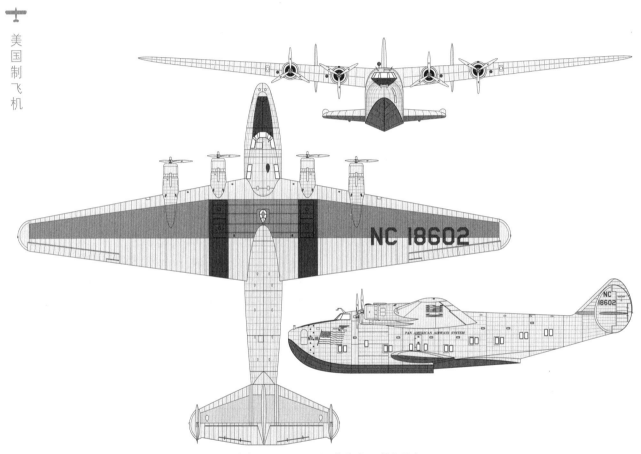

波音314三视图("菲律宾飞剪"号)

机　　种：	水上客机	引　　擎：	4台莱特 Wright GR-2600-A2 "双飓风" 型星型14型气冷发动机（Wright GR-2600-A2 Double Cyclone），每台1600马力
乘　　员：	（6～10）+（40～74）人		
制 造 厂：	波音飞机公司（Boeing Airplane Company）		
首　　飞：	1938年	最大速度/巡航速度：	311 / 294 千米 / 小时
特　　点：	金属制船身型结构 / 上单翼布局	航　　程：	5635 千米
机长/翼展/机高：	32.3 / 46.3 / 8.4 米	升　　限：	6030 米
净重/全重：	22797 / 37414 千克	装备范围：	泛美航空公司

波音 314 型水上客机研发于 20 世纪 30 年代中期，是当时世界上最大的飞机之一。1935 年，泛美航空发布了一项洲际客运水上飞机的竞标，以取代现用的马丁 M-130 和西科斯基 S-42，由于马丁公司和西科斯基公司均未投标，因此波音公司轻易赢得了竞标。波音 314 的原型机于 1938 年 6 月 7 日首飞成功，其尾翼最初采用传统的单垂尾布局，在试飞中发现对水平转向的控制性较差，换装双垂尾后仍有飞行稳定性不佳的隐患，最终改装为三垂尾，方获得令人满意的飞行性能。该型飞机共制造 12 架，包括 6 架波音 314 和 6 架波音 314A，后者是在前者基础上换装 1600 马力"双飓风"发动机、大直径螺旋桨，并加装 4500 升的燃料箱的改良型。1940 年，6 架波音 314 均改造为波音 314A。这 12 架飞机中有 9 架售予泛美航空，另外 3 架则售予英国海外航空公司。

泛美航空的 9 架该型飞机中，"檀香山飞剪"（注册号 NC18601）、"加利福尼亚飞剪"（注册号 NC18602）和"太平洋飞剪"号（注册号 NC18609）曾用于太平洋航线的营运。1939 年 2 月 23 日，首架波音 314 自美国旧金山阿拉米达市起航飞往香港，是该型飞机首次用于旧金山—香港航线，全程耗时超过 6 天。由于跨洋洲际飞行的时间

停泊中的"加利福尼亚飞剪"号，为避免误击，该机机身两侧均绘有大幅美国国旗

非常漫长，因此波音 314 的客舱豪华度更胜于 M-130 和 S-43，舱内设有休息区和用餐区，男女有单独的更衣室，厨师均为四星级酒店水平，其奢华程度在当时的航空旅行中首屈一指。波音 314 的机票也非常昂贵，自旧金山飞往香港的单程机票高达 760 美元（相当于 2019 年的 14000 美元）。由于泛美航空的机组人员对大型水上飞机的操控非常熟练，所有分配给波音 314 的机长、副驾驶均有长达数千小时的飞行时长和经验，因此运行非常成功。但该型飞机还未像其前辈那样充分抒写属于自己的传奇时，太平洋战争爆发，商业客运戛然而止。二战后，飞剪们虽重新回到了泛美航空，但已落后过时。

"檀香山飞剪"号于二战期间仍由泛美航空使用，1945 年 11 月 3 日因 2 台发动机故障迫降于瓦胡岛附近，次日拖回港口后，因受损被美国海军击沉。太平洋战争爆发时，"加利福尼亚飞剪"号正由旧金山飞往新西兰，为避免被日军战斗机击落，该机于1941 年 12 月 8 日自新西兰起飞，经泗水（印尼）、卡拉奇（巴基斯坦）、巴林、喀土穆（苏丹）和利奥波德维尔（刚果）等地，飞越大西洋，最终于次年 1 月 6 日降落于纽约拉瓜迪亚机场，是第一架完成环球飞行的商用飞机。该机后被美国海军征用，1946 年转售世界航空公司（World Airways），1950 年报废。"太平洋飞剪"号在飞往大西洋后一度更名为"加利福尼亚飞剪"，1942 年又改回"太平洋飞剪"，后被美国陆军航空队征用，1946 年转售环球航空公司（Universal Airlines），后因暴风雨损坏，被拆作备用零件。

中国航空公司在《华侨日报》上刊发的广告，其主体即为波音 314

美国制飞机

德·哈维兰飞机有限公司

德·哈维兰 DH.86A "迅捷"

De Havilland DH.86A Express

机　　种：客机

乘　　员：2+（10～12）人

制 造 厂：德·哈维兰飞机有限公司
（ De Havilland Aircraft Company
Limited ）

首　　飞：1935 年

特　　点：木制结构 / 等翼展双翼布局 / 固定
式起落架

机长 / 翼展 / 机高：14.04 / 19.66 / 3.96 米

净重 / 全重：2791 / 4659 千克

引　　擎：4 台德·哈维兰 "吉普赛" Ⅵ 型
直列型 6 缸气冷发动机（ de
Havilland Gipsy Ⅵ ），每台 200
马力

最大速度 / 巡航速度：267 / 229 千米 / 小时

航　　程：1223 千米

升　　限：5300 米

装备范围：帝国航空（远东）有限公司

英
国
制
飞
机

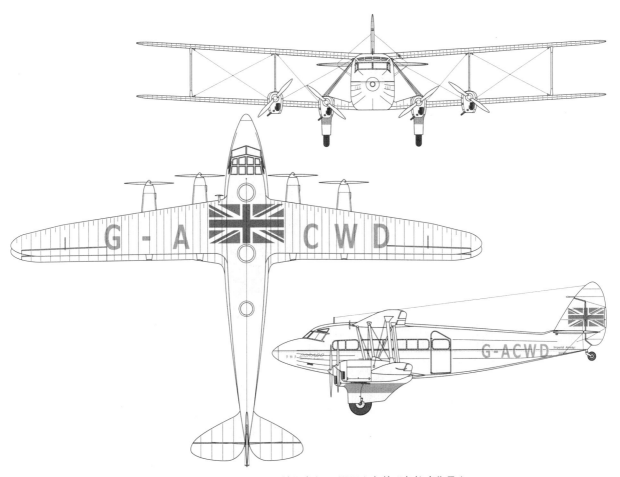

德·哈维兰 DH.86A "迅捷" 客机三视图（帝航 "多拉多" 号）

347

DH.86 "迅捷"是德·哈维兰公司应澳大利亚政府要求研发的四发大型客机，主要用于建立新加坡—澳大利亚邮运航线。该型飞机以 DH.84 "龙"型双发客机为基础研发，实质上是 DH.84 的放大型，延续了 DH.84 的木制结构和流线形外观，装有 4 台德·哈维兰公司自产发动机中功率最大的"吉普赛"VI，舱内最多可搭载 12 名乘客。DH.86 的原型机于 1934 年 1 月 14 日首飞成功，同年投入量产，截至 1937 年停产，各亚型共制造 62 架。DH.86A 是 1935 年推出的改良型，特点是起落架加装气动减震系统，驾驶舱风挡玻璃和框架改良，升降舵和方向舵改为金属结构，共制造 20 架。随着该型飞机在 1936 年连续发生了一系列致命坠机事故，英国皇家空军飞机和装备实验机构（Royal Air Force's Aeroplane and Armament Experimental Establishment）对 DH.86 进行了检测，认为其飞行稳定性欠佳，德·哈维兰公司为此推出了在尾翼上安装"祖鲁盾"形辅助垂直尾翼的 DH.86B，并将已出厂的 DH.86A 全部按此标准改造。

1935 年 8 月 13 日，英国帝国航空公司（远东）有限公司［Imperial Airways（Far

DH.86 客机客舱内部

East）Ltd.]在香港注册成立，同年 9 月 16 日开始了伦敦—香港航线的试航。次年 3 月 14 日，帝航"多拉多"号 DH.86A（生产序号 2305 / 注册号 G-ACWD）自伦敦出发，途径马赛、罗马、雅典、亚历山大、巴格达、科威特、德里、加尔各答、仰光、槟城、西贡，于同月 24 日飞抵香港。这是民航飞机首次自英国携带邮件飞抵香港启德机场，同时还搭载有 1 名马来西亚的华裔乘客，自此正式开通了英国伦敦—香港的客运、邮运航线，将原本需数月、数周才可运抵的时间缩短至 10 天。《中国邮报》将其称为"划时代的航班"，《香港电讯报》则称之为"香港航空史上的一个里程碑"。该航线开通以后主要用于运送邮件，在有空余空间时才会搭载乘客，截至 1937 年 3 月已成功飞行 52 班次。

随着日军侵华的脚步逐渐逼近香港，帝航的"迅捷"开始在机翼和垂直尾翼的显著位置绘以英国国旗标志，但并未起到保护作用，1939 年 11 月 8 日，帝航"达达努斯"号遭到日军攻击，迫降在海南岛附近。1940 年 10 月 15 日，香港航线被迫停飞，DH.86 撤往非洲加入英国海外航空公司机队。

帝航"多拉多"号，后方是 1 架阿弗罗 631 教练机

肖特"海瑟""桑德林汉"

Short Hythe/Sandringham

（桑德林汉 5 型参数）

机　　种：水上客机
乘　　员：5+（16 ～ 22）人
制 造 厂：肖特兄弟公司
　　　　　（ Short Brothers plc ）
首　　飞：1947 年
特　　点：金属制船身型结构 / 上单翼布局
机长 / 翼展 / 机高：26.3 / 34.39 / 6.97 米
净重 / 全重：17954 / 27273 千克

引　　擎：4 台普惠 R-1830-92D "双黄蜂"
　　　　　型星型 14 型气冷发动机（ Pratt
　　　　　& Whitney R-1830-92D Twin
　　　　　Wasp ），每台 1200 马力
最大速度 / 巡航速度：332 / 283 千米 / 小时
航　　程：3928 千米
升　　限：5460 米
装备范围：英国海外航空公司

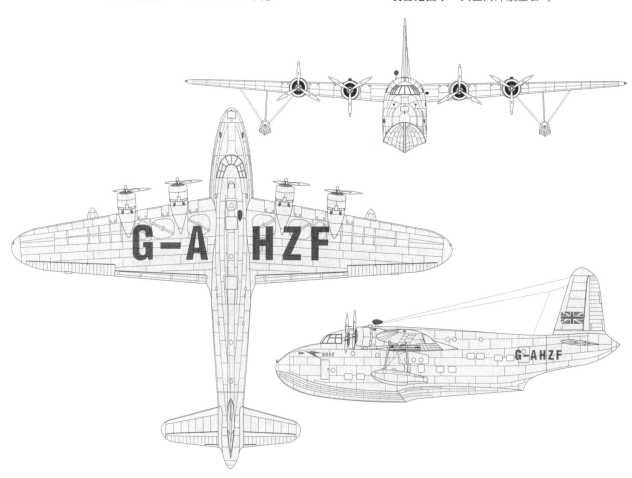

肖特"桑德林汉"水上客机三视图（英国海外航空公司"普尔"号）

"海瑟"和"桑德林汉"是肖特公司以 S.25 "桑德兰"水上巡逻轰炸机为基础改造的民用水上客机。早在 1942 年末，肖特公司就将 6 架"桑德兰"III 通过拆除武装、加装长凳式座椅的方式改造为民用飞机，供英国海外航空公司使用，1944 年又改造了 12 架。二战后，肖特公司对英国海外航空公司使用的"桑德兰"进行了改装，使其更适于民用。该型飞机共改造 23 架，特点是拆除了原有的长凳式座椅，改为 16 个沙发座椅，同时可携带 2900 千克邮件，机身下部船体外形改良，命名为"海瑟"。

　　1945 年 11 月，为增强运营质量、提升竞争力，肖特公司对英国海外航空公司的其他"桑德兰"进行了进一步改良，其机首、尾换装了低阻力整流罩，机首炸弹瞄准窗则予以保留，供系泊使用；客舱内部重新装修，配备有餐厅、酒吧等设施，名称随之改为"桑德林汉"，共改造 7 个亚型，总计 27 架。"桑德林汉"5 又称"佩茅斯"级

桑德林汉客机的客舱内部

（Plymouth class），是数量最多的亚型，共改造 9 架，可安装 22 个座椅或 16 张卧铺；"桑德林汉"7 又称"百慕大级"（Bermuda class），共改造 3 架，可搭载 30 名乘客。

1946 年 8 月 26 日，英国海外航空公司的"海瑟"开始用于香港的"龙"航线，但短短一年后就被"桑德林汉"取代，其中"佩斯"号（"桑德林汉"5 / 注册号 G-AZMZ）、"普尔"号（"桑德林汉"5 / 注册号 G-AHZF）、"波特西"号（"桑德林汉"5 / 注册号 G-AHZE）和"圣乔治"号（"桑德林汉"7 / 注册号 G-AKCO）曾用于香港航线。1949 年，这些飞机均被洛克希德"星座"代替。

停泊于香港启德机场外的"桑德林汉"客机

图波列夫设计局

图波列夫 G-2

Tupolev G-2

（G-2 4M-17F 型参数）

机　　种：运输机

乘　　员：8 人

设 计 局：图波列夫设计局（Tupolev Design Bureau）

首　　飞：1935 年

特　　点：金属结构 / 下单翼布局 / 固定式起落架

机长 / 翼展 / 机高：24.8 / 39.5 / 8.5 米

净重 / 全重：10967 / 17200 千克

引　　擎：4 台米库林 M-17F 型 V 型 12 型液冷发动机（Mikulin M-17F），每台 715 马力

最大速度 / 巡航速度：212 / 一 千米 / 小时

航　　程：1350 千米

升　　限：3800 米

装备范围：俄罗斯航空公司

苏联制飞机

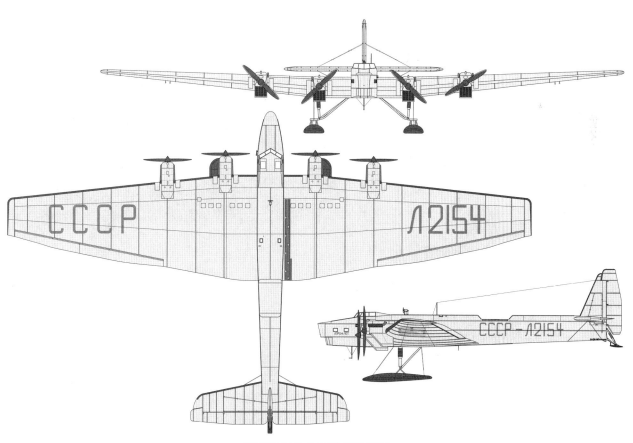

图波列夫 G-2 运输机三视图

353

G-2 型运输机（Г-2，Г 代表民用）是 TB-3 型重型轰炸机（Туполев ТБ-3）的民用型，均由苏联空军退役的 TB-3 改造而成，其中包括安装 M-17 发动机的早期型和安装 M-34 发动机的后期型。G-2 拆除了 TB-3 原有的军用设备和武器，旋转炮塔和部分窗口封闭，驾驶舱改为封闭式，主要用于运输货物，有效载荷最多可达 12 吨。二战期间，俄罗斯航空公司的 G-2 在苏联后方广泛用于运输矿物、饮水、食物，1946 年因机体老化、性能落后、运载能力下降而除役停用。

1937 年 8 月 21 日，南京国民政府和苏联政府签订《中苏互不侵犯条约》后，俄罗斯航空公司开通了阿拉木图—兰州航线，用于运营的飞机中包括 G-2。该航线主要供苏联军方在中国境内的运输工作，而非普通的商业航线。

俄罗斯航空公司的 G-2 运输机

图波列夫 PS-9

Tupolev PS-9

机　　种：客机

乘　　员：2+9 人

设 计 局：图波列夫设计局（Tupolev Design Bureau）

首　　飞：1935 年

特　　点：金属结构 / 上单翼布局 / 固定式起落架

机长 / 翼展 / 机高：17.01 / 23.72 / 5.06 米

净重 / 全重：4400 / 6200 千克

引　　擎：2 台米库林 M-17 型 V 型 12 型液冷发动机（Mikulin M-17），每台 715 马力

最大速度 / 巡航速度：215 / 180 千米 / 小时

航　　程：700 千米

升　　限：5100 米

装备范围：俄罗斯航空公司

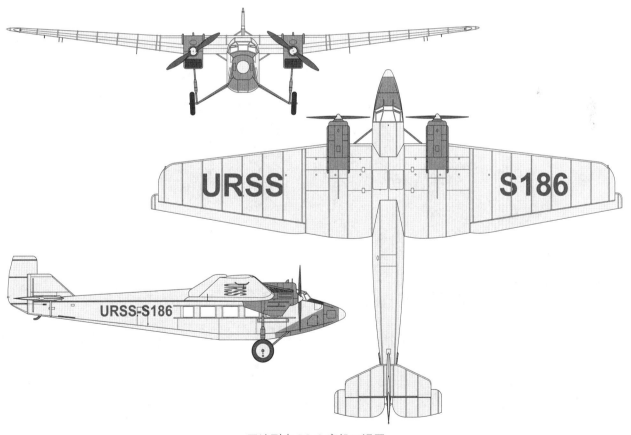

图波列夫 PS-9 客机三视图

ANT-9（АНТ-9）研发于 1927 年 12 月，是苏联最早的多座客机之一，也是苏联第一种对外出口的客机。该型飞机由 AA · 阿尔汉格尔斯基（AA Arkhangelsky）领衔设计，是苏联 1928 年民用航空五年发展计划的重点之一，主要作为商用客机使用，但在必要时也可加装武备改造为轰炸机。ANT-9 的原型机于 1929 年 5 月 5 日首飞成功，装有 3 台 230 马力的法国土地神－罗纳"泰坦"型发动机（Gnome-Rhone Titan），飞行性能良好，具有易于操控、飞行平稳、不易失速等特点，客舱内可搭载 9 名乘客，并配备有洗手间、衣柜和行李舱，也可拆除座椅搭载 750 千克货物。由于其所用发动机进口困难，因此量产的 ANT-9 先后换装了 M-26、莱特"旋风"和 M-17 等发动机。PS-9（ПС-9，ПС 代表客机 / пассажирскийсамолёт）是 1933 年量产的型号，共制造约 70 架。

俄罗斯航空公司于 1937 年开通阿拉木图—兰州航线后，曾使用 PS-9 进行人员运输。

俄罗斯航空公司的 PS-9 客机

波利卡波夫设计局

波利卡波夫 P-5

Polikarpov P-5

机　　种： 客机 / 运输机

乘　　员： 1+2 人

设 计 局： 波利卡波夫设计局
（ Polikarpov Design Bureau ）

首　　飞： 1931 年

特　　点： 混合结构 / 不等翼展双翼布局 / 固
定式起落架

机长 / 翼展 / 机高： 10.56 / 15.3 / 3.62 米

净重 / 全重： 2040 / 3350 千克

引　　擎： 1 台米库林 M-17F 型 V 型 12 型
液冷发动机（ Mikulin M-17F ），
715 马力

最大速度 / 巡航速度： 215 / 165 千米 / 小时

航　　程： 1200 千米

升　　限： —

装备范围： 俄罗斯航空公司

苏联制飞机

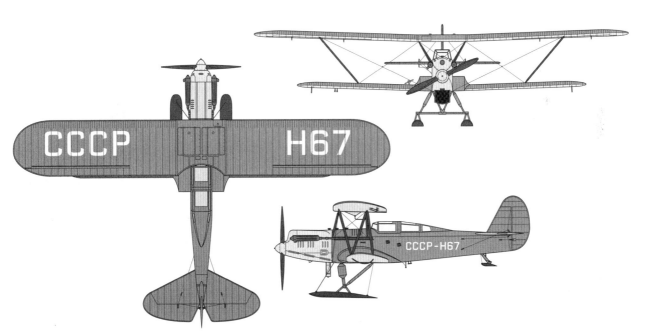

波利卡波夫 P-5 客机 / 运输机三视图

20 世纪 30 年代初，由于苏联缺乏合适的小型民用运输机，波利卡波夫设计局在 R-5 型侦察 / 轰炸机（Поликарпов Р-5）基础上推出了 P-5（П-5）小型客机 / 运输机。该型飞机主要用于运输报纸、紧急货物或邮件，其原有的武备被拆除，后座射击 / 观察员舱改为可搭载 2 名乘客的客舱，也可搭载 400 千克货物，机翼下方可悬挂外挂式货舱。由于 P-5 的基础设计与 R-5 完全相同，因此继承了后者结构简单、易于维护、飞行平稳、操控容易、起降性能优良等优点，但乘坐舒适度差、飞行速度慢、运载量小。由于当时的苏联缺乏合适的民用飞机，虽然该型飞机的商用性不尽如人意，却也得以大量投产。截至 20 世纪 40 年代初，P-5 各亚型共制造 1000 余架，是俄罗斯航空公司服役数量最多的飞机之一，仅次于著名的 U-2 型教练机，另有部分航校将 P-5 用于跳伞和滑翔机拖曳。

　　1937 年 8 月 21 日，俄罗斯航空公司开通了阿拉木图—兰州航线，用于运营的飞机中包括 P-5。

俄罗斯航空公司的 P-5

埃米尔·德瓦蒂纳飞机制造公司

德瓦蒂纳 D.338

Dewoitine D.338

机　　种： 客机

乘　　员： 4+（12～22）人

制 造 厂： 埃米尔·德瓦蒂纳飞机制造公司
（Constructions Aéronautiques
Émile Dewoitine）

首　　飞： 1936 年

特　　点： 金属结构 / 下单翼布局 / 可收放起
落架

机长 / 翼展 / 机高： 22.13 / 29.35 / 5.57 米

净重 / 全重： 7910 / 11150 千克

引　　擎： 3 台希斯巴诺–苏莎 9V-17 型
星型 9 型气冷发动机（Hispano-
Suiza 9V-17），每台 650 马力

最大速度 / 巡航速度： 301 / 260 千米 / 小时

航　　程： 2060 千米

升　　限： 5000 米

装备范围： 法国航空公司

法国制飞机

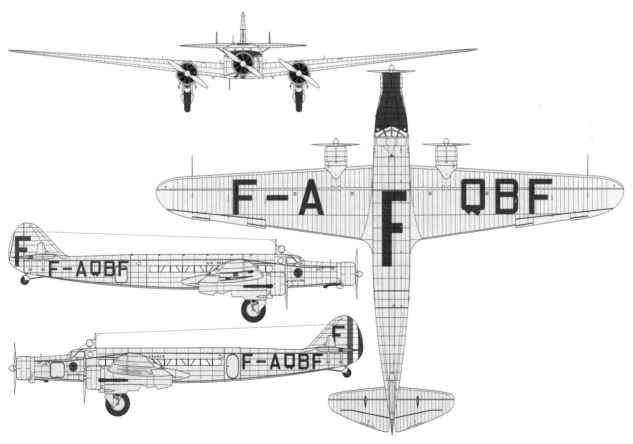

德瓦蒂纳 D.338 客机四视图（法航 F-AQBF）

　　D.338 是德瓦蒂纳公司于 20 世纪 30 年代中期为法国航空公司研发的三发客机，是 D.332、D.333 型客机的发展型。该型飞机在 D.332、D.333 基础上扩大尺寸，换装大功率发动机，起落架改为可收放式，乘坐舒适度提升。D.338 的乘客搭载量与飞行任务有关——执行短程航线飞行任务时，舱内最多可搭载 22 名乘客；中程飞行时则可搭载 15 至 18 名乘客；远程航线则仅可搭载 12 名乘客，其中 6 人为卧铺。D.338 的原型机于 1936 年首飞，同年 7 月 2 日获得适航许可证，随即投入量产，共制造 31 架，其中 29 架供法国航空使用，另外 2 架则售予法国军方。

　　1938 年 1 月，法航使用 D.338 开始试航巴黎—越南河内航线，同年 4 月投入正式

D.338 客机客舱内部

营运。1938年8月4日，注册号 F-AQBF 的 D.338 自法国马赛起飞，经北非、中东、印度、东南亚，最终于 8 月 10 日飞抵香港启德机场，使巴黎、伦敦至香港之间的旅行时间缩短至 6 天。随后，法航正式开航了伦敦—巴黎—马赛—突尼斯—的黎波里—班加西—亚历山大—贝鲁特—巴格达—巴士拉—布什尔—贾斯克—卡拉奇—焦特布尔—阿拉哈巴德—加尔各答—阿贾卜—仰光—曼谷—西贡—河内—香港航线，共有 9 架 D.338 在该航线投入使用，每周固定飞行 1 次。两年后，因日军对法属印度支那（今中南半岛的越南、老挝、柬埔寨等地）的威胁逐步提升，且有 1 架 D.338 被日军当作中国飞机击落，法航飞往香港的航线被迫暂停。

1938 年 8 月 10 日，在香港启德机场受到热烈欢迎的法航 F-AQBF 号客机。

附录

附录一:
1912-1949 中国主要民用航空公司
及航校简介

筹办航空事宜处
Bureau for Planning of Aviation Matters

中国的民用航空起始于1918年,当时的中华民国北京政府(北洋政府)鉴于飞机在第一次世界大战中发挥的重要作用,为稳固、开发西北地区,成立了交通部筹办航空事宜处,以筹办航空运输事务。该处就此成为中国第一个民用航空管理机构。

1919年2月,北洋政府交通部通过英商福公司购得6架汉德利·佩季O/7型客机和6架阿弗罗504J型教练机及附带的备用零件、器材和修理工具等,是中国最早的民用飞机。同年,筹办航空事宜处和西北汽车筹备处合并,合并后的事务处设在位于北京的京绥铁路局内,由丁士源担任处长,原南苑航校校长秦国镛担任提调。筹办航空事宜处自南苑航校第一、二期毕业学员中挑选12人向英籍教官学习驾驶技术,同时从铁路局南口机械厂内挑选15名技工学习飞机维护。

筹办航空事宜处筹办的航线包括京库线(北京—库伦,库伦即今蒙古首都乌兰巴托)、京津线(北京—天津)、京沪线(北京—上海)和京汉线(北京—武汉),并在平地泉、库伦开设航空站,途中的滂江、乌德、叨林修建机场和加油站以备开航京库线。与此同时,事宜处拟定了《航空条例草案》以规定外国飞机的飞航区域。

1920年5月8日,京沪航线京津段正式开航,是中国航空史上最早的商业航线。该航线每天上午从北京飞往天津,下午飞返,主要搭载乘客和邮件。由于中国商业航空此时刚起步,客货运业务都较为稀少,所以该航线时常停飞。1920年,因政治原因,筹办航空事宜处归并北洋政府国务院的航空事务处,其人员、器材均由航空事务处接收。直皖战争结束后,这些飞机和器材被直系和奉系军阀瓜分。

交通部筹办航空事宜处的"京汉"号 O / 7 客机

筹办航空事宜处所属民用飞机数量

制造国	飞机型号	主要用途	数量
英制	汉德利·佩季 O / 7	客机	6
英制	阿弗罗 504J	教练机	6

航空事务处 / 航空署
Bureau for Aviation Matters/Aviation Bureau

　　1919 年，中华民国北京政府（北洋政府）成立了由国务院直辖的航空事务处，下设三科九股，由丁锦任处长，吴承禧、厉汝燕等任科长，以管理全国军、民航空。同年 8 月 12 日，北洋政府陆军部与英国维克斯公司签订了总额约 180.32 万英镑的《中英航空贷款合同》，其中 130 万用于购买飞机和相关器材、备件，其余则作为航空事务处办公经费，这是中国航空史初期耗资最多、规模最大的事件。次年 8 月，航空事务处将交通部筹办航空事宜处归并后，颁布了《航空事务处条例》，将原三科九股扩充为设六科十五股。1921 年 2 月 9 日，经国务院批准，航空事务处改组为航空署，由丁锦担任署长，下设一处四厅。

　　航空署共规划了 5 条重要航线，包括：京沪航线（北京—上海）、京粤航线（北京—广州）、京哈航线（北京—哈尔滨）、京蜀航线（北京—成都）和京库航线（北京—库伦）。其中京沪航线京济段和京津段率先投入运营，但由于乘客和邮件数量寥寥，导致经费入不敷出。

1922年第一次直奉战争后，直系军阀把持了北洋政府，航空事务处贷款购买的飞机多被军阀瓜分，航空署规划的5条重要航线均未获得发展。1928年北伐成功后，航空署解散。

在着陆中出现事故的"摩云"号大维梅客机，该型客机本为航空事务处为开辟重要航线而购买，最终均落入军阀手中改造为轰炸机

航空事务处/航空署所属民用飞机数量

制造国	飞机型号	主要用途	数量
英制	维克斯"商用维梅"	客机	40
英制	维克斯"教学器"	教练机	35
英制	阿弗罗504K	教练机	60

东三省航空处
Three Eastern Provinces Aviation Department

1920年7月，直皖战争结束后，奉系军阀张作霖自北京南苑机场掳走了3架汉德利·佩季O/7客机、14～16架阿弗罗504K教练机、2架阿弗罗504J教练机、2架皇家飞机制造厂S.E.5a战斗机、3架高德隆教练机及部分备件、设备，为建设东北空军奠定了基础。

1921 年 4 月 1 日，东三省航空处在东三省巡阅使公署内成立，是奉系军阀为建设自己的空军而设置的机构。航空处由奉军参谋长乔赓云担任处长，赵延绪、章斌担任正、副主任，下辖主管总务、文书的一科，主管材料的二科和主管机械的三科，以及修理工厂、修理技工组、卫队连等配套机构，其办公地址位于奉天沈桓中学，机场位于农事试验场东塔和浑河之间。

1922 年 4 月爆发的第一次直奉战争中，直系军阀以仅有的一架汉德利·佩季 O／7 向长辛店一带的奉军阵地投掷重磅炸弹，令奉军损伤惨重、军心动摇，直接影响了战争走向。战后，奉系大力发展空军，为增强飞行员的飞行能力，东三省航空处开始兼办商业航空，并计划陆续开启奉营（奉天—营口）、奉哈（奉天—哈尔滨）、奉吉（奉天—吉林）、奉黑（奉天—黑龙江）等航线。奉营航线原定于 1924 年 2 月 23 日试航，每星期二、五由奉天飞往营口，星期三、六飞返，途经辽阳、海城时将该地的邮件空投，旋因营口机场尚未完备而被迫后延。3 月 1 日，队长伊赞周和助手王立序、皮士良、技工吴国梁驾驶 2 号机，搭载航空处总办张学良和处长姚锡九，队长赵子风与助手白明印、马振昌、技工张镇南驾驶 3 号机搭载顾问周培炳，于 10 点 30 分起飞，11 点 35 分飞越海城，12 点 20 分飞抵营口，两机并于次日飞返。试航成功后，航空处原定于 3 月 25 日正式开航奉营航线，因降雨导致机场泥泞而再度延期至 4 月 1 日。同年 6 月 20 至 22 日营口赛马期间，东三省航空处使用 O／7 开航了奉天—营口的客运航线，单程票价 15 银元，往返则打 8 折，共计 24 银元，机上还配备有汽水、葡萄干供乘客饮食。在 6 月 21 日的飞行期间，因发动机故障，一架该型飞机迫降于沙河驿西南，所幸机上乘员无伤亡，飞机亦未受损。

1925 年 3 月，东三省航空处改组为东北航空处。

1924 年 3 月 1 日，《盛京日报》刊发的东三省航空处飞机试航奉营航线前留影

东三省航空处所属民用飞机数量

制造国	飞机型号	主要用途	数量
英制	汉德利·佩季 O / 7	客机	2
法制	布雷盖 Br.14 T Bis	客机	2
—	型号不详	—	1

福建民用航空学校
Amoy Commercial Aviation School

福建民用航空学校是中国第一所私人建立的航空学校。

1928 年 8 月，旅居菲律宾的华侨吴记霍、吴福奇、薛煜添、李清泉和林珠光等人在海外组织了"航空委员会"，并募集资金、购买飞机、聘请人员，计划在国内建设航空学校，培养航空人才，以实现孙中山"航空救国"遗训。

同年 10 月 10 日，福建民用航空学校在厦门郊区的禾山五通正式成立，校长由莆田人陈国梁担任，共有 3 名飞行教官和 7 架飞机。由于经济条件有限，航校的机场、机库、设备、住宿条件都比较简陋。

航校的学员最初有 100 名，其中 11 人来自菲律宾，其余均来自国内。1929 年春，因国内学员与华侨学员发生摩擦且校长处理不善而引发学潮，最终国内学员仅留下 3 人，其余全部遣散，校长也改由薛拱年担任。同年 7 月，航校曾应国民革命军独立第四师师长张贞之令，派遣 1 架飞机前往漳州发放宣传材料。

1930 年春，由于资金问题，福建民用航空学校被迫关闭，剩余的人员、飞机、设备并入广东空军，14 名学员中除 1 人转学至厦门海军航空处外，其余均转入广州航校第四期。

福建民用航空学校所属民用飞机数量

制造国	飞机型号	主要用途	数量
美制	亚历山大"鹰石"A-2	教练机	2
德制	勒普·卡森斯坦 KI 1c "燕子"	教练机	1
德制	勒普·卡森斯坦 RK 2a "鹈鹕" 教练机	教练机	1
德制	勒普·卡森斯坦 RK 9 "莺" 教练机	教练机	1
德制	克莱姆 L 25 Ia 教练机	教练机	2

照片中左一是福建民用航空学校的 6 号机，右侧是厦门海军航空处的阿弗罗 594 教练机

武汉民用航空股份有限公司
Wuhan Commercial Aviation Company

武汉民用航空股份有限公司成立于 1928 年，是中国首家公私合营的商业航空公司。

1928 年 11 月，广东空军的"广州"号飞机由张惠长等人驾驶访问了汉口，在汉口的商民中引起强烈反响。当月 28 日，汉口总商会与中华航空协进会共同成立了武汉民用航空股份有限公司，其中汉口总商会出资 30 万银元，占 8 成股份，中华航空协进会则提供技术人才、场地，占 2 成股份；飞机的飞行、维修、地面设施由军方负责，运营则由官商共同掌控。公司董事长由李宗仁（时任国民党中央政治会议武汉分会主席）担任，总经理是汉口总商会主席周星棠，当地盐业大亨黄文植担任协理。

武汉民用航空股份有限公司最初曾对德国容克系列运输机有较大兴趣，后因报价过高，改为通过美信洋行（L. E. Gale Company）和安利洋行（Arnhold & Co.）购买瑞安 B-1 型客机和德·哈维兰 DH.60G 型教练机。1929 年 1 月底，5 架瑞安 B-1 型客机率先交付，随即开航了汉口至襄阳及老河口航段的邮运航线，并提供观光飞行服务。

1929 年 4 月，武汉民用航空股份有限公司的飞机被国民政府征用，同年夏季该公司解体，所属飞机被南京国民政府空军接收。

武汉民用航空股份有限公司"汉口"号飞机

武汉民用航空股份有限公司所属民用飞机数量

制造国	飞机型号	主要用途	数量
美制	瑞安 B-1"布鲁厄姆马车"	客机	2
英制	德·哈维兰 DH.60G "吉普赛蛾"	教练机	4（未交付）

云南商业航空筹备委员会
Committee for Planning of Yunnan Commercial Aviation

云南的商业航空最早可追溯至 1918 年 2 月，驻安南东京（越南河内）的法国飞机曾对云南府（今昆明）和蒙自进行了访问，后于 3 月飞返东京，期间曾应当地邮局要求运送了 3 次邮件。

1928 年，为解决云南财政问题，方便烟土出口运输，云南省主席龙云决定开办民用航空，并为此成立了云南商业航空筹备委员会。同年 12 月 26 日，云南省政府委员会第六十一次会议中，建设厅厅长张邦翰、财政厅厅长陆崇仁、外交部特派交涉员张维翰、富滇银行总办马为麟、前航空学校校长刘沛泉被任命为云南商业航空筹备委员会委员，并责令省内各县修建机场。

1929 年 4 月，筹备委员会订购的"昆明"号飞机交付后，即从香港运送邮件飞返云南，

飞抵上海的云南商业航空筹备委员会"金马"号瑞安客机

刘沛泉曾提议设立滇粤商用航空筹备委员会,以开辟云南—四川、云南—广西的商业航线。但广西、四川均反对通航,筹备委员会只得改为规划云南省内航线,包括:迤南航线(昆明—蒙自—开化—广南—富县)、迤东航线(昆明—寻甸—东川—昭通—盐津)和迤西航线(昆明—楚雄—大理—永昌—腾越)。根据《蒙自县志》记载,"昆明"号在云南省内飞往大理、楚雄、蒙自等地时,"来回均义务代邮局携带邮件"。

由于政治原因,云南省内的商业航线始终未能开航。1929 年 5 月 31 日,云南省政府委员会第九十一次会议决议宣布"云南商业航空筹备委员会筹备就绪,准予结束"。筹备委员会的飞机则并入云南空军。

据 1931 年 2 月 17 日《义声报》报道,昆明市市长庾晋侯和云南商、侨等人士筹备集资以创设云南商业航空公司,并计划先开办滇粤、滇渝航线,最终未果。

云南商业航空筹备委员会所属民用飞机数量

制造国	飞机型号	主要用途	数量
美制	瑞安 B-1 "布鲁厄姆马车"	客机	1
美制	瑞安 B-5 "布鲁厄姆马车"	客机	1

沪蓉航线管理处
Shanghai-Chengtu Aviation Joint Governmental Bureau

1929 年 1 月，南京国民政府交通部设立了航空筹备委员会，并从当年的邮政经费预算中单独划拨 60 万元作为航空邮运经费，以备筹办航空邮政。同年 3 月 17 日，航空筹备委员会通过美国驻南京领事购买了 4 架史汀生"底特律人"客机及相关器材、备件，后于 5 月 22 日运抵上海。由于这些飞机是南京国民政府的财产，因此机翼、机身上饰有军用机徽，并可在国民政府需要时征用执行军事任务。

1929 年 5 月 18 日，沪蓉航线管理处在南京成立，人员包括主任 1 名、事务员 2 名、稽查员 2 名、中国飞行员和机械师各 3 名、外籍飞行员和机械师各 1 名、机械员 6 名、办事员 2 名。与此同时，南京、上海、汉口等地共建设了 5 座机场，飞机修理厂则设于上海。为防止停放的飞机受损，南京明故宫机场和上海虹桥机场还搭设了 5 个临时飞机棚。同年 7 月 8 日，"沪蓉 1"号客机正式开航了上海—南京的邮运航线，成为国民政府第一架投入商业营运的飞机；8 月 26 日又开航了客运航线；同年 10 月，上海—南京—九江—汉口的航线也开始运营。

1930 年 7 月，因（前）中国航空公司划归交通部管理，沪蓉航线管理处和（前）中航合并，成为新的中国航空公司。截至合并时，管理处所辖飞机共载客 1200 多人，运送邮件 20 多千克，飞行距离接近 15 万千米。

沪蓉航线管理处所属民用飞机数量

制造国	飞机型号	主要用途	数量
美制	史汀生 SM-1F、SM-1FS "底特律人"	客机	6
美制	柯蒂斯 "知更鸟" B/C	客机	1

1929 年 7 月 8 日，"沪蓉 1"号客机自上海抵达南京，机首左侧穿深色西装者为沪蓉航线管理处主任，旁边白衣者为驾驶员

（前）中国航空公司
China National Aviation Corporation（Former）

（前）中国航空公司的成立可追溯至 1928 年末，美国柯蒂斯－莱特公司（Curtiss-Wright Corporation）的子公司航空发展公司（Aviation Exploration, Inc.）与时任南京国民政府铁道部部长孙科谈判，表示可以为国民政府提供资金发展商业航空，成立中、美合营的航空公司，条件则是垄断中国的客运、邮运。

1929 年 4 月 15 日，南京国民政府颁布了《中国航空公司条例》。铁道部随即于同月 17 日、20 日与航空发展公司签订了 2 份合同，将航校、航空工厂、客货运输、航空邮件的经营权均转让给该公司，并规划了初期的 3 条邮运航线，包括：沪汉线（上海—南京—汉口）、京平线（南京—徐州—济南—天津—北平）和汉广线（汉口—长沙—广州）。航线沿途各场站由中方提供，美方则负责提供飞机、人员，酬金根据使用飞机的重量、飞行距离而定。航空发展公司为此成立了中国飞运公司（China Airways）经营相关业务。

5 月 1 日，（前）中国航空公司在南京正式成立，董事长由孙科担任，实际经营权则由交通部部长王伯群控制。（前）中航的额定资本为 1000 万美元，美方股份占 6 成，中方占

1929 年 10 月 21 日，自上海飞往宜昌的"汉口"号客机正在装载邮件

4 成。由于沪汉线是沿长江飞行的航线，且军方没有批准使用机场，因此（前）中航订购了 5 架洛宁 C-2H 型水陆两栖客机以便于在长江中起降。

1929 年 10 月 21 日，上海—南京—汉口航线正式开航，但收入较少，开航 3 个月平均每天仅收入邮件费用 252 美元、客货运输费用 300 余美元，合计不足 600 美元。而每日开销则远远超过 600 美元。除中航日常开销及各场站费用外，每天按飞行距离需支付美方 1548 美元（约国币 3900 元），导致公司严重亏损。为此，1930 年 1 月 16 日，（前）中航召集理事会及外交部、财政部、军政部和交通部共同商议，并于同年 3 至 6 月间多次和继承航空发展公司权利的飞运公司交涉，将《中国航空公司条例》废止。（前）中航后改组为新的中国航空公司。

（前）中国航空公司所属民用飞机数量

制造国	飞机型号	主要用途	数量
美制	洛宁 C-2H "空中游艇"	客机	5

国民革命军第八路总指挥部航空处
Aviation Department of the 8th Headquarter in National Revolutionary Army

1930 年 11 月，受沪蓉航线管理处和（前）中国航空公司的影响，广东省民众对兴办商业航空的呼声与日俱增。陈济棠任国民革命军第八集团军总司令兼"讨逆军第八路总指挥部"总指挥后，批准由航空处利用现有的军用飞机开办广东、广西省的民航业务。

航空处下辖交通科、总务股、机务股、场站股和运输股，有科长 1 人，股长 4 人，股员若干人。其中科长为上校军衔；下属飞行员及各股办事人员则由航空处及其所属各部队人员兼任。

航空处计划分期开办 3 条航线，其中包括东航空线（广州—惠州—汕头）、西航空线（广州—梧州—南宁）、南航空线（广州—海口），后来又增加了沪粤线（上海—广州）。运费为每千克货物收费广东通用银毫 5 分 /10 英里（1 英里约为 1.6 千米），客运则为每人收费 2 角 / 英里。与此同时，航空处定了《试办两广民用航空组织法大纲》，对办事细则、预算表、时间路程表、收费章程、客运简章、货运简章等进行了规范，并在两广政府和南京国民政府交通部备案，其中除沪粤线因与中航冲突被驳回外，其余均获得通过。后因中航迟迟未能开航沪粤线，交通部批准第八路总指挥部航空处在中航开航前经营该航线。

1930 年 12 月 1 日，西航空线的广梧段正式开航，大受当地民众欢迎，颇有供不应求之势。次年 1 月 15 日，两广当局库存的 1 角 5 分航空邮票竟然销售一空。航空处原计划开始东航空线的营运，但 4 月因政治原因被迫暂停，广梧段则于 5 月 5 日停航，飞机收归军用。

国民革命军第八路总指挥部航空部所属民用飞机数量

制造国	飞机型号	主要用途	数量
法制	布雷盖 Br.14 T Bis	客机	2

中国航空公司
China National Aviation Corporation

中国航空公司（CNAC）是 1912—1949 年间中国规模最大、装备最多、运营航线最多的商业航空公司。

经长达 3 个月的协商后，1930 年 7 月 8 日，南京国民政府交通部和美国柯蒂斯–莱特公司的子公司航空发展公司签订了新协议，将（前）中国航空公司、沪蓉航线管理处和中国飞运公司合并为新的中国航空公司。该协议于 7 月 17 日经国民政府行政院核准备案。同年 8 月 1 日，中国航空公司正式成立，由交通部管辖，公司总部位于上海的天津路 2 号。该公司虽与（前）中航名称相同，但却是根据中国法律组建的股份有限公司，与（前）中航的性质完全不同。中航的资本总额共 1000 万美元，国民政府交通部占 55% 的股份，飞运公司占股 45%，公司的人事、财务均按此比例分配，技术方面暂由美方负责，业务、行政权则由中方掌控。公司管理权由董事会决定，董事会的 7 位董事有 4 人为中方人员，3 人为美方人员，董事长和副董事长则分由中、美方担任。

按照新协议，中航有经营权的航线包括：上海—南京—九江—汉口—宜昌—万县—重庆航线、南京—徐州—济南—天津—北平航线、上海—宁波—温州—福州—厦门—汕头—广州航线，并享有 10 年的邮运专运权，而客、货运输则不享有专运权。同时，中航也开始筹划重庆—贵阳—昆明和康藏边境航线。1931 年 4 月 14 日，南京—徐州—济南—天津—北平的邮运航线正式开航，同年 10 月，宜昌—重庆航线也投入运营。

1933 年 3 月，中航的美方股份被美国泛美世界航空公司（Pan American World Airways）通过其控股公司美国洲际航空公司（China Inter-Continent Aviation Inc.）购得，随着更多资金的注入和更先进的管理经验引进，中航获得迅速发展，一方面通过泛美引进数量更多、性能更先进的客机；另一方面则开辟了更多的航线，1935 年首次扭亏为盈。随着 1935 年中航开始购买新锐的道格拉斯 DC-2 客机，其机队也开始逐步现代化。

全面抗战爆发后，中航曾一度暂停营运，并成立了航空运输队协助国民政府空军。1938 年春，中航总部迁至成都后，又恢复了正常营运。由于原有的航线部分被日军占领无法运营，中航新开辟了重庆—汉口、重庆—泸州、宜宾—嘉定、重庆—贵阳—昆明、重庆—桂林—香港等航线。1938 年 8 月 24 日，中航"桂林"号客机自香港飞往重庆，起飞不久即因遭到 5 架日军战斗机攻击而迫降，是中航客机首次被日军战斗机攻击。美国国务院虽向日本进行了抗议，但最终不了了之。为避免遭遇日军战斗机，重庆—桂林—香港航线此后改为夜间航班。1938 年 10 月 22 至 25 日的汉口大疏散中，中航客机也有活跃的表现。

1941 年 12 月 7 日太平洋战争爆发，日军进攻香港，中航飞机损失惨重，但仍坚持运营，1942 年初其至仅剩下 3 架 DC-3 和 1 架 DC-2。所幸同年 3 月初通过《租借法案》开始获得美援新机，但这些飞机也仅供政府使用，多用于自印度运输材料至昆明、柳州和宜宾。缅甸公路被日军切断后，中航全力投入到了"驼峰"航线的运输，第一架飞越"驼峰"航线的飞机即为中航 47 号机。1942 年 4 月至 1945 年 9 月，中航飞机累计飞越"驼峰"航线 8 万次以上，共将 5 万吨货物运入中国，运出的货物接近 2.5 万吨，但中航也为此损失飞机 48 架、飞行员 168 人，为抗战的胜利做出巨大贡献。

抗战胜利后，中航于 1945 年 11 月与泛美航空签署了新的协议，在保持公司名称不变的情况下，大幅收购美方所持股份，自此中方占股 8 成，美方占股仅 2 成；此外，中航原有的 3 条专运航线也开放利权。1946—1947 年，中航又购进了新锐的 C-54 大型客机，开辟了上海—旧金山、上海—马尼拉和上海—东京等国际航线，使中航的业务影响力进一步扩大。

1949 年 11 月 9 日，原国民党当局的中国航空公司和中央航空公司宣布起义，共 12 架各型飞机从香港飞抵北京、天津，史称"两航起义"。此后，中航改由中华人民共和国军委管理，以天津为基地继续运营。1950 年，中航开辟了天津—汉口—重庆航线；5 月 7 日，中国国务院、中央军委发布《关于整编民航的决定》，中航和中央航空运输公司合组为中国人民航空公司。

中国航空公司所属民用飞机数量

制造国	飞机型号	主要用途	数量
美制	洛宁 C-2H "空中游艇"	客机	6
美制	史汀生 SM-1F、SM-1FS	客机	6
美制	洛宁 C-4C、基斯顿–洛宁 K-85 "空中游艇"	客机	3
美制	柯蒂斯 "知更鸟" B/C	客机	1
美制	柯蒂斯 "画眉鸟" J	客机	1
美制	西科斯基 S-38B、S-38BH	客机	3
美制	斯蒂尔曼 6H "云童"、C3R "商业快车"	教练机	1
美制	道格拉斯 "海豚" 129	客机	2
美制	福特 三发 "锡鹅"	客机	5
美制	道格拉斯 DC-2	客机	8

中航继承自沪蓉航线管理处的史汀生"底特律人"客机和（前）中国航空公司的洛宁"空中游艇"水陆两栖客机，这两种飞机是中航最早的客机，也是 20 世纪 30 年代使用时间最长的两种客机

中航的道格拉斯 DC-2 机队，该型飞机自 1935 年引进后逐步取代了老旧的史汀生"底特律人"和洛宁"空中游艇"客机，成为中航主力客机

1937 年上海龙华机场的中航机群，照片近端最右侧 2 架飞机自左至右分别为：史汀生 SM-1F"底特律人"、洛宁 C-2H"空中游艇"；中部 5 架飞机自左至右分别为：2 架西科斯基 S-43W"小飞剪"、2 架道格拉斯 DC-2、1 架福特 5-AT-D"锡鹅"；远端最右侧为 1 架欧亚航空公司的容克 W 33

制造国	飞机型号	主要用途	数量
美制	西科斯基 S-43 "小飞剪"	客机	2
美制	斯巴丹 C-4-301/C-5-301/7W/7X	客机	1
美制	联合 16 "准将"	客机	2
美制	比奇 D17R "交错翼"	客机	1
英制	德·哈维兰 DH.89 "迅龙"	客机	2
美制	道格拉斯 DC-3	客机	>3
美制	伏尔梯 V-1A	客机	2
美制	柯蒂斯-莱特 T-32C、AT-32A、AT-32D	客机	6
美制	道格拉斯 C-53 "空中突击队"	运输机	>15
美制	道格拉斯 C-47、C-47A、C-47D "空中列车"	运输机	>60
美制	柯蒂斯-莱特 C-46A、C-46D、C-46F "突击队员"	运输机	>23
美制	道格拉斯 C-54B "空中霸王"、DC-4	客机	6
美制	北美 AT-6F "德州人"	教练机	5
美制	联合 PBY-5A "卡塔琳娜"	客机	1
美制	瑞安 PT-22 "新兵"	教练机	≥1
美制	派珀 "小熊"	通用飞机	≥1

欧亚航空公司
Eurasia Aviation Corporation

欧亚航空公司是国民政府交通部和德国汉莎航空公司（Deutsche Lufthansa AG）合营的商业航空公司，是全面抗战前国民政府所辖最大的 3 家商业航空公司之一，也是中央航空运输公司的前身。

早在 1926 年，汉莎航空就派遣 2 架容克 G 24 客机自柏林经苏联飞往北京，试航亚欧航线。1928 年 9 月，汉莎航空的代表威廉·施密特（Wilhelm Schmidt）前往南京与国民政府交通部进行了谈判，同年 12 月交通部再次派人与施密特洽谈合组航空公司的先决条件，但因航空管辖等问题导致谈判搁置，经数次协商后，双方于 1930 年 2 月 21 日正式签订合同，4 月 9 日经国民政府核准备案。

1931 年 2 月，欧亚航空公司正式成立，公司总部位于上海仁记路 97 号（今上海滇池路），资本总额国币 300 万元，共分 3000 股，2000 股由中方认购，德方认购 1000 股。1939 年 8 月股东会议决定资本总额增至 510 万元，分为 5100 股，中、德股份比例仍为 2∶1。欧亚航空的管理形式与中国航空公司非常相似，同样由董事会负责管理，董事会共

9 名董事，其中 6 名为中方人员，另外 3 名则为德方人员，董事长由中方人员担任，2 名副董事长有 1 名为德方代表。技术方面由中、德通力合作，德方负责在中、德两国训练飞行员、机械师、管理人员等，并在条件许可下优先任用中方人员。

欧亚航空最初筹划的航线均为自中国至德国柏林的国际航线，包括：上海—南京—北平—满洲里—西伯利亚—柏林、上海—南京—天津—北平—库伦—西伯利亚—柏林、上海—南京—甘肃—新疆—中亚—柏林，但最终均因政治原因或日军侵华而被迫取消，改营中国国内航线。由于国内业务量最高的 3 条黄金航线均为中国航空公司专运，因此欧亚航空的规模和业务量始终未能超过中航。

1937 年全面抗战爆发后，欧亚航空总部先是自上海迁至西安，后迁往昆明。1941 年 7 月 1 日，德国宣布承认汪伪国民政府，次日中德断交。同年 8 月 1 日欧亚航空合同暂停，德方人员被驱逐，德方股份被没收，欧亚航空变为中方独资航空公司，无法再从汉莎航空获得任何援助，其运营环境变得更加艰难。1942 年 6 月，欧亚航空甚至出现了 1 架飞机同时供 5 个机组用于 4 条航线的窘迫局面。1943 年 2 月 26 日欧亚航空宣告破产，6 月清算，其残余的飞机、资产均被新成立的中央航空运输公司接收。

由于欧亚航空的飞机由汉莎航空提供，因此装备的飞机均为容克系列运输机，图为修理厂棚中的 2 架 Ju 52/3M（左侧为欧亚十七"兰州"号）和 1 架 W 33（欧亚七）

著名的 Ju 52/3M 是欧亚航空 20 世纪 30 年代后期的主力机型，图为中德断交后的欧亚二十四"哈密"号，其注册号已改为 XT-AGE，机身涂装也与中德断交前不同

欧亚航空公司所属民用飞机数量

制造国	飞机型号	主要用途	数量
德制	容克 W 33、W 33c	运输机	6
德制	容克 F 13ge	客机	2
德制	容克 W 34、W 34gi、W 34hi	运输机	7
德制	容克 Ju 160	客机	1
德制	容克 Ju 52/3M、Ju 52/3M ge、Ju 52/3M te	运输机	10

满洲航空株式会社
Manchukuo National Airways

1931 年"九一八"事变后，日军侵占中国东北三省。由于日本陆军的空中运输力量极为薄弱，缺乏运输机，1931 年 9 月 26 日，关东军委托日本航空输送株式会社组建了关东军军用定期航空事务所。次年 3 月 1 日，日军扶植的傀儡政权伪满洲国成立，关东军军用定期航空事务所更名为满洲航空株式会社（MKKK）。

满航的总部位于奉天，其主要持股方包括：伪满洲国政府、南满洲铁道株式会社、住友合资会社，资本总额最初为385万日元。

　　满航的性质与普通民资航空公司不同，属于半军方性质的国家航空公司，它不仅垄断了伪满洲国的客运、邮运、货运，还负责航拍测绘、制造维修航空器械等。满航的航线涵盖伪满洲国全境，并可飞往朝鲜（当时被日本所占）新义州、香港等地以换乘其他航空公司航班。截至1936年，满航的定期航线总长达9000千米，全部航线总长达15000千米。

　　由于满航的半军方性质，除正常的商业运营外，还被用于协助日本关东军及伪满洲国军队的运输、作战等任务。百灵庙战役（绥远抗战）、诺门罕事件等一系列事件中均可看到满航飞机的身影。在协助日军作战期间，满航飞机不仅执行运送兵员给养、拍照侦察等低强度任务，有时也担负轰炸扫射等作战任务。抗战初期，满航的飞机曾多次执行军用任务，并在太平洋战争期间组队参战。

　　正因如此，满航除装备有普通的运输机、教练机之外，还装备有如九七重爆、九一式战斗机、福克 D.XVI 战斗机、"伽马"式轻型轰炸机等军用飞机。满航初期装备的飞机大部分为日本航空输送株式会社提供，后开始自行生产、研发飞机。全面抗战爆发前，迫于关东军的压力，满航开始订购易于改造为军机的德制飞机；太平洋战争爆发后则仅能获得日本自产的飞机。

"超级通用"是满洲航空株式会社装备数量最多、使用范围最广的飞机，图为停放在新京机场的 M-116 号机

1937 年 5 月 20 日,为应对中、德合资的欧亚航空公司,满航成立了子公司国际航空株式会社,并向德国购买 2 架远程邮机,计划建立柏林—东京的亚欧航线,后因中国全面抗战、诺门罕事件、二战的相继爆发而永久搁置。国际航空株式会社于 1938 年 12 月 1 日并入大日本航空株式会社。

1945 年 8 月,苏联出兵中国东北,击溃日本关东军和伪满洲国军队,伪满洲国政权覆亡,满航解散。

满洲航空株式会社所属民用飞机数量

制造国	飞机型号	主要用途	数量
荷制	福克 F.VIIb/3M	客机	2～4
日制	中岛-福克"超级通用"、自制 满航一式、满航二式	运输机	58～99
英制	德·哈维兰 DH.80A "猫蛾"	通用飞机	13
自制	满航三式	通用飞机	15
英制	德·哈维兰 DH.85 "豹蛾"	通用飞机	1
美制	通用航空 GA-43	客机	1
美制	费尔柴尔德 DC-2	客机	1
日制	中岛 AT-2	客机	>12
德制	容克 Ju 160 A-0、Ju160 D-0	客机	2
德制	容克 Ju 86 Z-2	客机	13～14
德制	梅塞施密特 Bf 108B "台风"	通用飞机	19
德制	亨克尔 He 116 A-0	邮机	2
日制	中岛 LB-2 "晓"	轰炸机	1
日制	立川 九五式一型	练习机	—
自制	满飞 MT-1 "隼"	客机	30～35
日制	三菱 "雏鹤" 式	客机	—
日制	立川 一式双发高等练习机 丙型	运输机	≥3
日制	三菱 一〇〇式输送机、MC-20	客机	≥15
日制	昭和 零式	输送机	—
日制	日国 一式	输送机	—
日制	立川 口式	输送机	—

中国航空协会上海飞行社 / 中国飞行社
China Aviation Association Shanghai Flying Club / China Flying Club

中国航空协会上海飞行社成立于 1934 年 3 月 18 日，是中国航空协会组建的第一所民间航校。上海飞行社的规模较小，仅有 2 架飞机，以上海虹桥机场为基地，飞行教官则聘自杭州笕桥航校。由于没能得到政府的充分支持，上海飞行社未获得成功。

1935 年 10 月 10 日，中国航空协会主办的中国飞行社在上海龙华成立，次年 6 月 18 日在龙华举办了训练班开学典礼。训练班共有学员 36 人，其中包括 2 名女性学员。1936 年 12 月 21 日，中国飞行社第一批学员毕业，共有 30 人完成课程。

中国飞行社训练班的伏立特 10 教练机和女学员杨瑾榆

中国航空协会上海飞行社 / 中国飞行社所属民用飞机数量

制造国	飞机型号	主要用途	数量
德制	容克 A 50	教练机	1
法制	波泰茨 36/1	通用飞机	1
加制	伏立特 10	教练机	1
美制	金纳 P "轿车"	通用飞机	1

西南航空公司
South-Western Aviation Company

西南航空公司（SWAC）成立于 1934 年，是继中国航空公司、欧亚航空公司之后成立的第三家规模较大的航空公司，也是全面抗战前国民政府所辖规模最大的 3 家航空公司之一。

早在 1933 年，经刘沛泉游说，广东、广西当局军政首脑陈济棠、李宗仁、白崇禧等开始筹办商业航空，用于发展经济，战时运送物资、兵员，以维持西南地区"半独立"的局面，并在广州设立了筹备处。同年 8 月 25 日，筹备处邀请广东、广西、福建、云南、贵州五省代表前往广东财政厅，召开了第一次筹备委员会会议。

西南航空公司筹备委员会于 9 月 15 日成立，决定由西南各省集资官股、民股共国币 200 万元组建航空公司，但因福建、云南、贵州三省未认股，且南京国民政府交通部以筹备委员会尚未依照法定手续向实业部申请登记为由而未予承认，故而运作暂时搁置，最终由广东、广西共筹拨官股 30 万元供前期使用。但西南航空公司无论是内部组织建设还是外购器材、机场建设都未停步，而是在积极进行。西南航空的管理层、技术人员均为中国人，因此薪资支出相较中航和欧亚航空有着巨大的优势，西南航空也因此成为中国航空史上第一个完全由中国人组成的大型商业航空公司。

西南航空最初筹划的航线为 5 条，包括：广龙线（广州—梧州—南宁—龙州）、南贵线（南宁—南丹—独山—贵阳）、贵昆线（贵阳—兴义—昆明）、广福线（广州—惠州—梅县—漳州—福州）、广琼南线（广州—茂名—琼州—北海）。1934 年 5 月 1 日，广龙线的邮运正式开航，是西南航空投入营运的第一条航线；1936 年 7 月 10 日，西南航空又开航了广州—越南河内航线，是中国的航空公司正式开辟的第一条国际航线。

西南航空公司"牛郎"号客机，相较中航、欧亚等航空公司均以地名为飞机命名，西南航空使用中国传说中的星宿为飞机命名可谓独树一帜，充满中国特色

全面抗战爆发后，西南航空的飞行安全和业务收入均受到巨大影响，被迫于 1938 年 6 月停业（一说为 1938 年初被国民政府解散），残存飞机被航空委员会接收。抗战胜利后，两广政府成立了西南航空公司复业筹备委员会，原拟由广东省拨款国币 2 亿元，广西省拨款国币 6000 万元，并由空军总司令部调拨 53 架运输机，另通过中央航空运输公司转购 5 架 C-47，最终未果。复业筹备委员会后以西南航空公司名义向广西省银行借款国币 2000 万元，并接收了日军战败后留在广州的 3 架运输机和 10 箱备件以及台湾的部分飞机，但仅有 1 架勉强可用。加之宋子文的阻挠，西南航空的复业计划最终未获国民政府交通部批准。

西南航空公司所属民用飞机数量

制造国	飞机型号	主要用途	数量
美制	史汀生 SR "信赖"	客机	3
美制	史汀生 SR-5C "信赖"	客机	3
美制	史汀生 SR-5D "信赖"	客机	1
加制	柯蒂斯-里德 "漫步者" III	教练机	1
美制	史汀生 SR-9D "信赖"	客机	2
美制	史汀生 A	客机	1
法制	未知型号（可能与史汀生 A 为同 1 架）	客机	1
日制	昭和 零式	输送机	>4

满洲飞行协会 / 满洲空务协会
Manchukuo Flying Association / Manchukuo Air Affairs Association

满洲飞行协会是伪满洲国建立的滑翔运动协会，由日本关东军和满洲航空株式会社扶植组建。

1936 年 8 月 29 日，满洲飞行协会在新京（今长春）正式成立，9 月 27 日在新京南机场举办了开幕式。飞行协会的滑翔运动均在关东军或满航主持下进行，并由其提供设施和飞行教官，此外还定期举办滑翔机比赛。1937 年 10 月 3 日，飞行协会主办的首届满洲滑翔机比赛在新京南机场举行。截至 1938 年 9 月 17 日，满洲飞行协会共有 582 名滑翔机学员和 31 名飞机学员。

1939 年 8 月 1 日，由于购买新滑翔机和维修现有滑翔机导致的经济问题，满洲飞行协会和满洲防空协会合并为满洲空务协会，在新京、安东（今丹东）、抚顺、哈尔滨、吉林、齐齐哈尔和奉天开设了支部以培训滑翔机飞行员，并多次组织滑翔机比赛。截至 1940 年 1 月 1 日，空务协会共拥有 100 架初级滑翔机、20 架中级滑翔机和约 10 架高级滑翔机。

满洲空务协会使用的日本式鸠型初级滑翔机

满洲飞行协会 / 满洲空务协会所属民用飞机数量

制造国	飞机型号	主要用途	数量
德制	克莱姆 L 25 d VII	教练机	1
德制	贝克尔 Bü 131B "英格曼"	教练机	5
德制	戈平根 Gö 1 "狼"	滑翔机	—
自制	满航 MG-1	滑翔机	—
自制	满航 MG-2	滑翔机	—
自制	满航 MG-3	滑翔机	—
日制	伊藤式 A-2	滑翔机	—
日制	伊藤式 C-2	滑翔机	—
日制	日本式 鸢型	滑翔机	—
日制	日本式 鸠型	滑翔机	—
日制	前田式 703	滑翔机	—

惠通航空公司
Hui-t'ung Aviation Company

惠通航空公司是"中日合资"的商业航空公司。1933 年 5 月 31 日，中、日签订《塘沽协定》后，国民政府部队依协定后撤，丧失了华北地区的部分主权。为控制华北地区的航空业，1936 年 10 月 17 日，日方迫使"冀察政务委员会"签订了《中日通航协定》。11 月7 日，惠通航空公司在天津正式成立，资本总额共 400 万日元，其中半数由"冀察政务委员会"认股，另外半数则由日方通过南满洲铁路株式会社认股，使用的飞机、技术人员则由满洲航空株式会社提供。

惠通航空成立后，开通的航线主要有：天津—大连、天津—北平—承德、北平—天津—山海关、天津—北平—张家口—张北，次年 6 月 1 日又开航了天津—大连—汉城（首尔）—福冈—东京的国际航线。由于其航线通往伪满洲国，实质上承认了伪满洲国的存在。

1937 年全面抗战爆发后，惠通航空解体，资产和飞机移交新成立的伪中华航空股份有限公司。

惠通航空公司"上海"号 AT-2 客机

惠通航空公司所属民用飞机数量

制造国	飞机型号	主要用途	数量
荷制	福克 F.VIIb/3M	客机	2
日制	中岛-福克"超级通用"	运输机	6
英制	德·哈维兰 DH.80A"猫蛾"	通用飞机	4
日制	中岛 AT-2	客机	4

伪中华航空股份有限公司
China Air Transport

伪中华航空股份有限公司(中华航空株式会社 /CKKK,简称中华航空公司或中华航空运输公司)正式成立于 1938 年 12 月 17 日,是抗战期间日本与中国傀儡政权"合资"成立的商业航空公司,总部位于北平,前身是惠通航空公司。

伪中华航空股份有限公司虽名义上为"中日合资",却与中国航空公司、欧亚航空公司等中外合资的企业有着本质上的不同,其决策权和控制权均掌握在日方手中。伪中华航空的总裁是后来成为大日本航空株式会社总裁的儿玉常雄,其他人员、飞机、器材均继承自惠通航空。1939 年后,大日本航空也开始提供飞机供其使用。伪中航的飞机均以"C-"作为编号,部分飞机机翼上有日军机徽,机首两侧有翼状"华"字标识。

伪中航成立时资本总额共 600 万日元,其中 180 万由伪中华民国临时政府认股,200万由伪中华民国维新政府认股,伪蒙疆联合自治政府认股 20 万,大日本航空株式会社认股 100 万,惠通航空则以提供实物的形式认股 100 万。

伪中航除继承惠通航空原航线外,随着日军侵华范围的扩大,其航线也在迅速扩展,与满洲航空公司和大日本航空组成了日占区的航空网。因此,伪中航于 1939 年 9 月 11 日进行了增资,并将总部由北平迁往上海。伪中华民国临时政府和伪中华民国维新政府各认股 1000 万日元,伪蒙疆联合自治政府认股 100 万,大日本航空认股 2900 万。伪中华航空的航线最初包括:北平—天津—大连航线,每周往返 7 次;北平—天津—济南—徐州—南京—上海航线,每周往返 6 次;北平—张家口—大同—厚和(呼和浩特)—包头航线,每周往返 3 次;上海—南京—安庆—九江—汉口航线,每周往返 7 次;增资后则增加了上海—大连、上海—兰州、上海—重庆、上海—广州、北平—汉口—广州航线。

1945 年 8 月 15 日日本投降后,伪中华航空股份有限公司解散。

伪中华航空股份有限公司的洛克希德"超伊莱克特拉"客机，其空乘服务员均为日籍

伪中华航空股份有限公司所属民用飞机数量

制造国	飞机型号	主要用途	数量
荷制	福克 F.VIIb/3M	客机	2
日制	中岛−福克"超级通用"	运输机	≥9
英制	德·哈维兰 DH.80A "猫蛾"	通用飞机	4
日制	中岛 AT-2	客机	≥4
美制	道格拉斯 DC-2	客机	—
美制	道格拉斯 DC-3	客机	—
美制	比奇 C17E "交错翼"	客机	3
美制	比奇 D17R "交错翼"	客机	1
美制	洛克希德 14-WG3B "超伊莱克特拉"	客机	≥2
日制	满飞 MT-1 "隼"	客机	—
日制	三菱 一〇〇式输送机、MC-20	客机	—

伪中华航空公司
China Airways Co.Ltd.

1943 年 12 月，汪伪国民政府在日方扶植下成立了伪中华航空公司，与简称为中华航空公司的伪中华航空股份有限公司是不同的公司。伪中华航空公司的总部位于上海，主要运营北平—大连、北平—上海和北平—大同航线。抗战结束后，伪中华航空公司解散，部分飞机被中央航空运输公司接收。

伪中华航空公司所属民用飞机数量

制造国	飞机型号	主要用途	数量
日制	立川 一式双发高等练习机 丙型	运输机	3
日制	昭和 零式	输送机	≥3
日制	三菱 一〇〇式输送机、MC-20	客机	—

中苏航空公司
Chinese-Soviet Aviation Company

中苏航空公司（简称 "哈阿" /HAMI-ATd）是南京国民政府交通部和苏联中央民用航空总管理局合资组建的航空公司。

1937 年 8 月 21 日，中苏签订《中苏互不侵犯条约》后，俄罗斯航空公司就开航了阿拉木图—兰州的非定期航线，以协助苏联军方在中国境内的转运任务。1938 年 4 月 12 日，苏联派代表前往汉口与国民政府交通部商谈设立哈密—阿拉木图—莫斯科的航线，经多次商谈后，《中苏关于组设哈密阿拉木图间定期飞行合约》于 1939 年 9 月 9 日签署，期限为 10 年，同月 15 日，中苏航空公司成立，公司办事处位于迪化（今乌鲁木齐），董事会则在阿拉木图。

中苏航空公司的资本总额共 100 万美元，由中、苏各认股一半，1941 年增至 180 万美元，仍由中、苏各半。其董事会共设 6 人，3 人由国民政府交通部指派，另外 3 人则由苏联中央民用航空总管理局指定，董事长、协理为中方，副董事长、总经理为苏方。机场、厂棚、建设人员的薪酬由中方提供，飞机零件、燃料、修理器械、无线电设备等则来自苏方。

1940 年 1 月 8 日，阿拉木图—伊犁—迪化—哈密的航线正式开航，初期每周往返 1 次，1941 年增至 3 次，1942 年增至 4 次，1943—1949 年间则为每日往返 1 次。根据苏方统计，1939—1946 年间，共运送了 2370 名乘客、1088 吨货物和 87 吨邮件，但除 1944 年外，其营运截至 1945 年均为亏损。

中苏航空公司的 URSS-M138 号 DC-3 客机

根据合约规定，中苏航空公司应尽量培养并使用中方飞行员、机械师、无线电员等职员，所属的飞机上应有"HAMI-ATd"和"哈阿"字样，但实际上并未遵守，苏方既未培训中方人员，飞机上也没有"HAMI-ATd"和"哈阿"字样，仍为俄罗斯航空公司标识，更有甚者，公司的通信、记录均使用俄语。

1949 年 5 月 31 日，南京国民政府交通部和苏联中央民用航空总管理局签订了《中苏延长合办中苏航空公司协定》，续约 5 年，不久后，国民政府退往台湾，该条约废除。

中苏航空公司所属民用飞机数量

制造国	飞机型号	主要用途	数量
美制	道格拉斯 DC-3	客机	3
美制	道格拉斯 C-47 "空中列车"	运输机	≥2

中央航空运输公司
Central Air Transport Corporation

中央航空运输公司（CATC）是 1912—1949 年间中国规模最大的 2 家航空公司之一，其前身是中、德合资的欧亚航空公司。

1943 年 2 月 26 日，欧亚航空破产，次月 6 日经国民政府交通部批准改组为中央航空运输公司，接管原欧亚航空的资产和航线。央航的资本总额为国币 2000 万元，共分 2 万股，国内外人士均可认购，但认购总量不得超过资本总额的一半。

由于战争原因，央航成立之初无论是飞机、器材、消耗品均不敷使用，人员组织也不健全，仅勉强能维持现状，经营相较之前破产的欧亚航空并无起色，1943 年底几乎再次破产。

中央航空运输公司的康维尔 CV-240 客机是 1912—1949 年间中国最先进的民航客机

央航最初的飞机仅有 1 架原欧亚航空的容克 Ju 52/3M，后由国民政府空军拨予数架老旧军机。1944 年初，央航一度仅有 1 架自日军俘获的运输机正常可飞。二战后，央航先接收了数架来自日军、伪中华航空公司的日机，1945—1947 年又购买了大量驻印美军的 C-46、C-47 运输机，不仅缓解了数年来捉襟见肘的局面，并得以一跃而起和中国航空公司平分秋色。1947 年，央航耗巨资购买了 6 架新锐的康维尔 CV 240 客机，以开办国际航线和维持西北航线。

"两航起义"后，央航改由中华人民共和国军委管理，以广州为基地继续运营。1952 年 5 月 7 日，国务院、中央军委发布《关于整编民航的决定》，央航和中航合组为中国人民航空公司。

中央航空运输公司所属民用飞机数量

制造国	飞机型号	主要用途	数量
德制	容克 Ju 52/3M ge	运输机	1
德制	容克 Ju W 34gi	运输机	1
日制	中岛 九七式	输送机	1
美制	伏尔梯 V-1A	客机	2
德制	亨克尔 He 111 A-0	轰炸机	1
美制	洛克希德 A-29 "哈德逊"	轰炸机	10
美制	道格拉斯 C-47、C-47A、C-47D "空中列车"	运输机	≥24
美制	道格拉斯 C-53 "空中突击队"	运输机	≥2
美制	柯蒂斯－莱特 C-46A、C-46D、C-46F "突击队员"	运输机	≥27
美制	史汀生 L-5C "哨兵"	联络机	1

制造国	飞机型号	主要用途	数量
美制	北美 AT-6F "德州人"	教练机	2
美制	北美 AT-6D "德州人"	教练机	1
加制	诺顿 UC-64A "挪威人"	运输机	2
美制	康维尔 CV-240	客机	6
美制	道格拉斯 DC-3	客机	5

民航空运队
Civil Air Transport

民航空运队的前身是行政院善后救济总署空运队（CNRRA Air Transport / CAT），是 20 世纪 40 年代中国规模最大的 3 家航空公司之一。

早在 1945 年，克莱尔·李·陈纳德（Claire Lee Chennault）离开中国之前，曾经与云南省官员协商，计划成立一家航空公司，以出口云南的锡矿。1946 年 10 月 25 日，陈纳德和美国商人怀廷·威劳尔（Whiting Willauer）受国民政府行政院委托，在上海成立了行政院善后救济总署空运队，总部先是位于广州沙面博爱路，后迁至上海，主要用于运输联合国善后救济总署的救援物资（此处 "联合国" 指二战期间参战的盟国）。

1947 年底，联合国善后救济总署的救援计划结束。次年 1 月 2 日，陈纳德、威劳尔和国民政府交通部签订了新的协议，将行政院善后救济总署空运队改组，由交通部直接管理，全称为交通部民用航空局直辖空运队（Civil Air Transport,CAA,MOC），简称仍为 CAT。

由于民航空运队为交通部直接管辖，因此其飞机除用于正常的客运、货运、邮运、包机等商业活动外，还协助国民政府运输并空投军用物资、食品、兵员等，必要时也执行轰炸任务，并用于水位监测、药物喷洒等政府任务。

1949 年 5 月后，民航空运队总部由上海迁至广州，后迁至昆明、香港和台湾，是第一家以台湾地区为总部的航空公司。"两航起义" 后，中国航空公司、中央航空运输公司的飞机大多滞留香港，陈纳德和威劳尔购买了中航和央航的股份，并在美国注册民航空运公司，最终于 1952 年 7 月通过诉讼获得中航的 40 架、央航的 31 架飞机。

行政院善后救济总署空运队/民航空运队所属民用飞机（1950年前）数量

制造国	飞机型号	主要用途	数量
美制	道格拉斯 C-47 "空中列车"	运输机	8
美制	史汀生 L-5 "哨兵"	联络机	3
美制	柯蒂斯－莱特 C-46A、C-46D、C-46F "突击队员"	运输机	56
美制	北美 AT-6 "德州人" 教练机	教练机	1
美制	派珀 J-3 "小熊" 通用飞机	通用飞机	1
美制	塞斯纳 195 "商务班轮" 客机	客机	6
美制	道格拉斯 C-54 "空中霸王" 运输机	运输机	2

民航空运队 XT-810 "兰州" 号 C-46D，由于陈纳德在抗战期间组织、领导 "飞虎队" 的经历，民航空运队的 C-46、C-47 机首大多有虎形图案

附录二:
1912–1949 中国主要民用客机同比例一览图

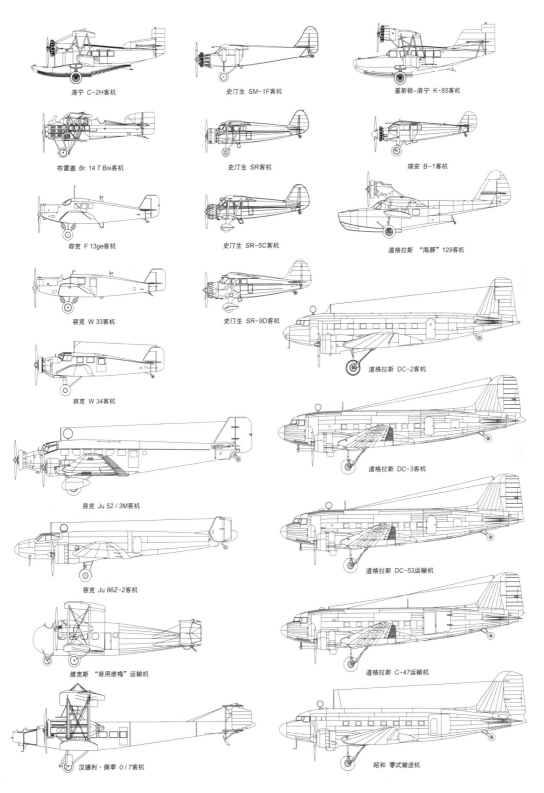

洛宁 C-2H客机

史汀生 SM-1F客机

基斯顿-洛宁 K-85客机

布雷盖 Br. 14 T Bis客机

史汀生 SR客机

瑞安 B-1客机

容克 F 13ge客机

史汀生 SR-5C客机

道格拉斯 "海豚" 129客机

容克 W 33客机

史汀生 SR-9D客机

道格拉斯 DC-2客机

容克 W 34客机

道格拉斯 DC-3客机

容克 Ju 52 / 3M客机

道格拉斯 DC-53运输机

容克 Ju 86Z-2客机

道格拉斯 C-47运输机

维克斯 "商用维梅" 运输机

汉德利·佩季 0 / 7客机

昭和 零式输送机

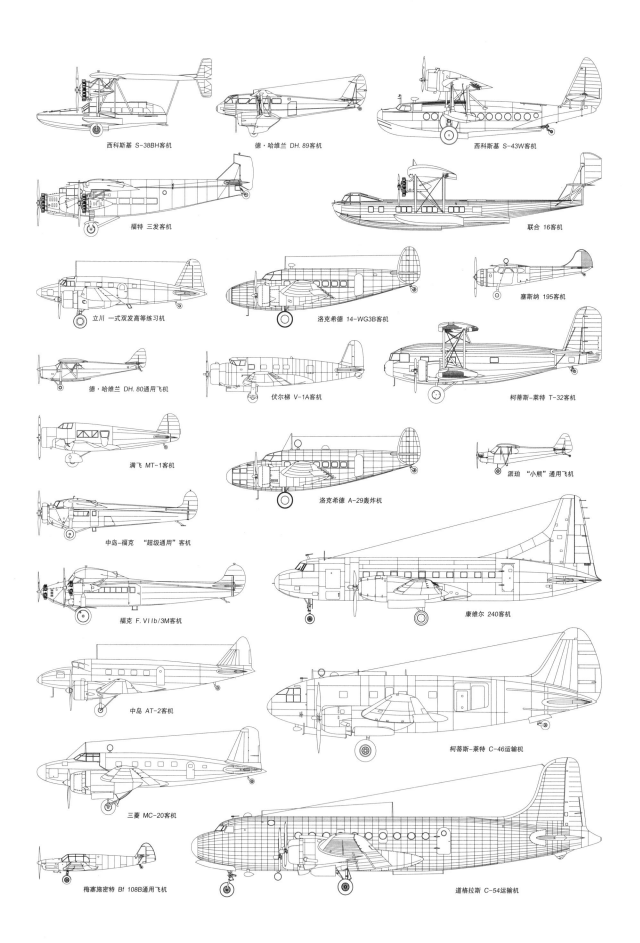

西科斯基 S-38BH客机　　　　　德·哈维兰 DH.89客机　　　　　西科斯基 S-43W客机

福特 三发客机　　　　　　　　　　　　　　联合 16客机

立川 一式双发高等练习机　　　洛克希德 14-WG3B客机　　　塞斯纳 195客机

德·哈维兰 DH.80通用飞机　　　伏尔梯 V-1A客机　　　　　　柯蒂斯-莱特 T-32客机

满飞 MT-1客机　　　　　　　　　洛克希德 A-29轰炸机　　　　派珀 "小熊"通用飞机

中岛-福克 "超级通用"客机

福克 F. VIIb/3M客机　　　　　　康维尔 240客机

中岛 AT-2客机　　　　　　　　　柯蒂斯-莱特 C-46运输机

三菱 MC-20客机

梅塞施密特 Bf 108B通用飞机　　道格拉斯 C-54运输机

附录三：
1912—1949 中国民用飞机三视图

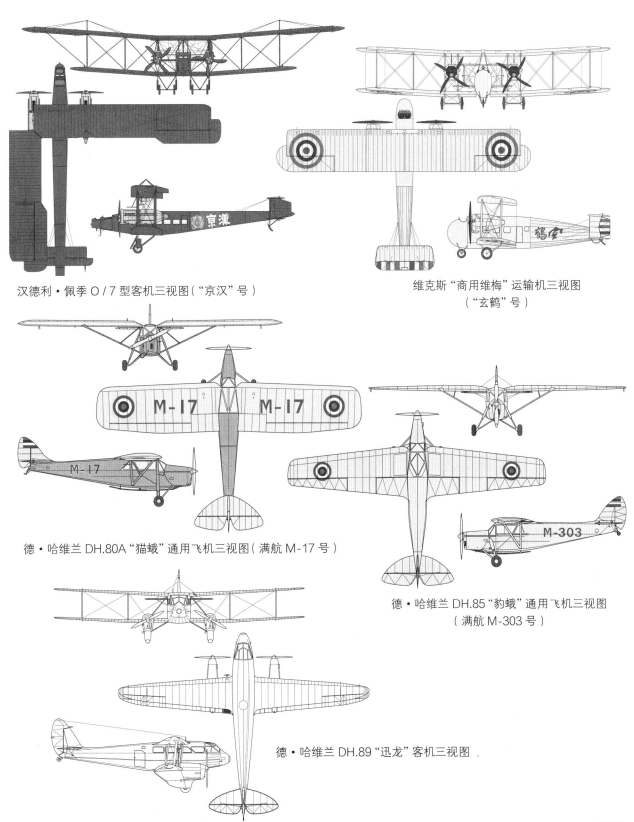

汉德利·佩季 O／7 型客机三视图（"京汉"号）

维克斯"商用维梅"运输机三视图
（"玄鹤"号）

德·哈维兰 DH.80A"猫蛾"通用飞机三视图（满航 M-17 号）

德·哈维兰 DH.85"豹蛾"通用飞机三视图
（满航 M-303 号）

德·哈维兰 DH.89"迅龙"客机三视图

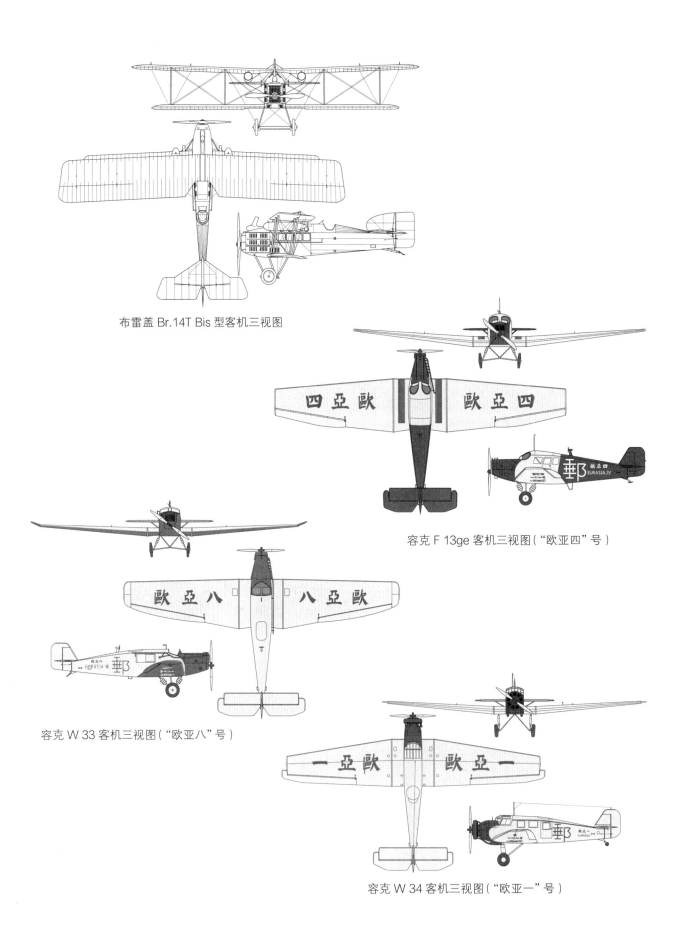

布雷盖 Br.14T Bis 型客机三视图

容克 F 13ge 客机三视图（"欧亚四"号）

容克 W 33 客机三视图（"欧亚八"号）

容克 W 34 客机三视图（"欧亚一"号）

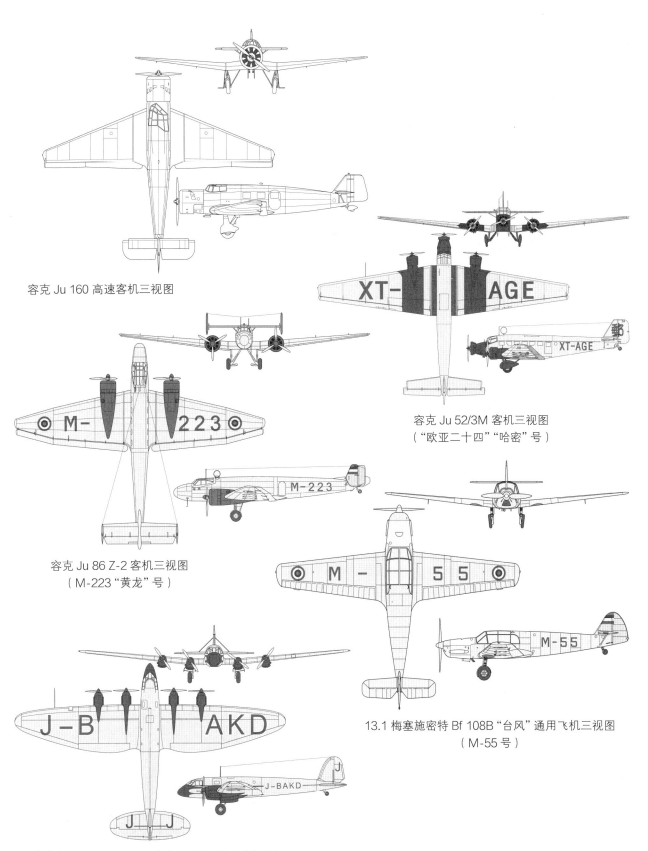

容克 Ju 160 高速客机三视图

容克 Ju 52/3M 客机三视图
（"欧亚二十四""哈密"号）

容克 Ju 86 Z-2 客机三视图
（M-223"黄龙"号）

13.1 梅塞施密特 Bf 108B "台风"通用飞机三视图
（M-55 号）

亨克尔 He 116A-0 远程邮机三视图（"乃木"号）

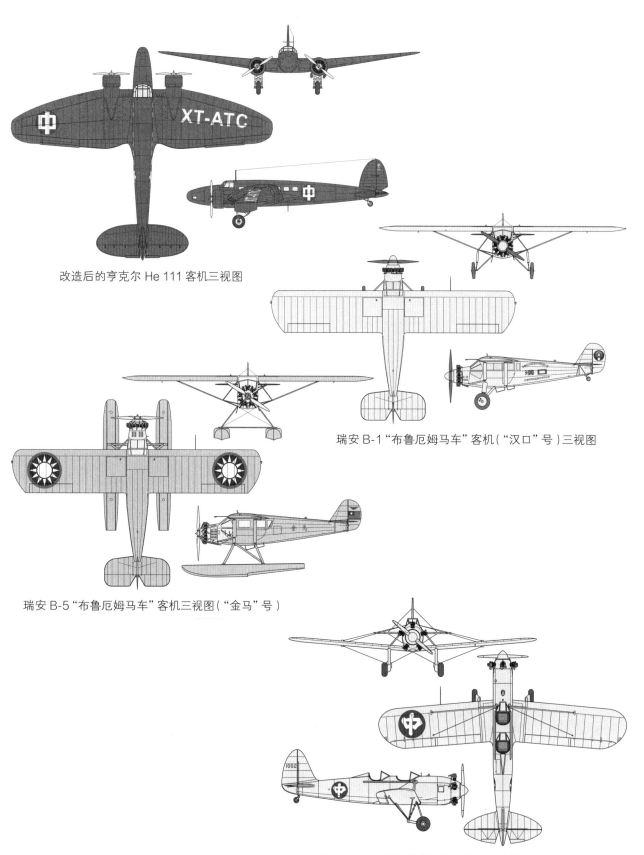

改造后的亨克尔 He 111 客机三视图

瑞安 B-1 "布鲁厄姆马车" 客机（"汉口"号）三视图

瑞安 B-5 "布鲁厄姆马车" 客机三视图（"金马"号）

瑞安 PT-22 "新兵" 教练机三视图（中航 1002 号机）

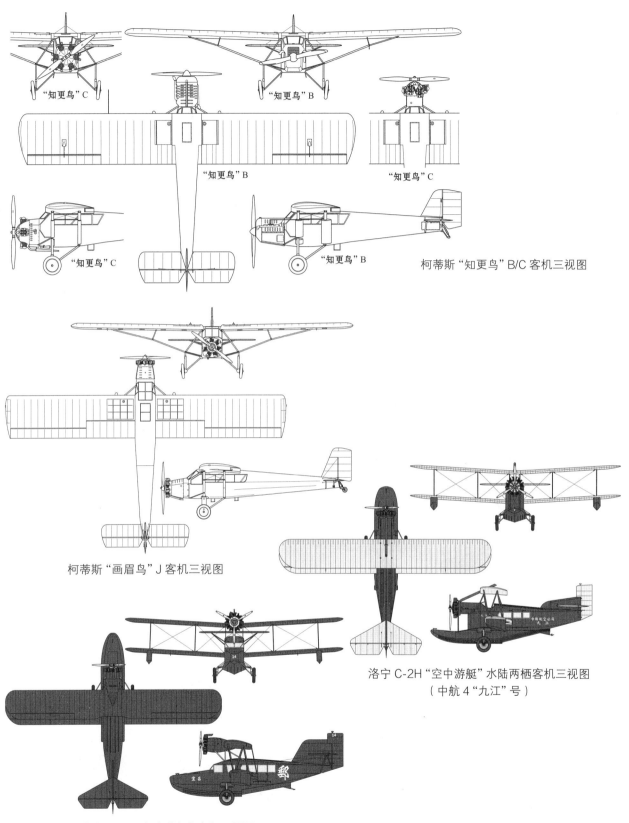

"知更鸟" C

"知更鸟" B

"知更鸟" B

"知更鸟" C

"知更鸟" C

"知更鸟" B

柯蒂斯 "知更鸟" B/C 客机三视图

柯蒂斯 "画眉鸟" J 客机三视图

洛宁 C-2H "空中游艇" 水陆两栖客机三视图
（中航 4 "九江" 号）

基斯顿−洛宁 K-85 "空中游艇" 客机三视图
（中航 14 "宜昌" 号）

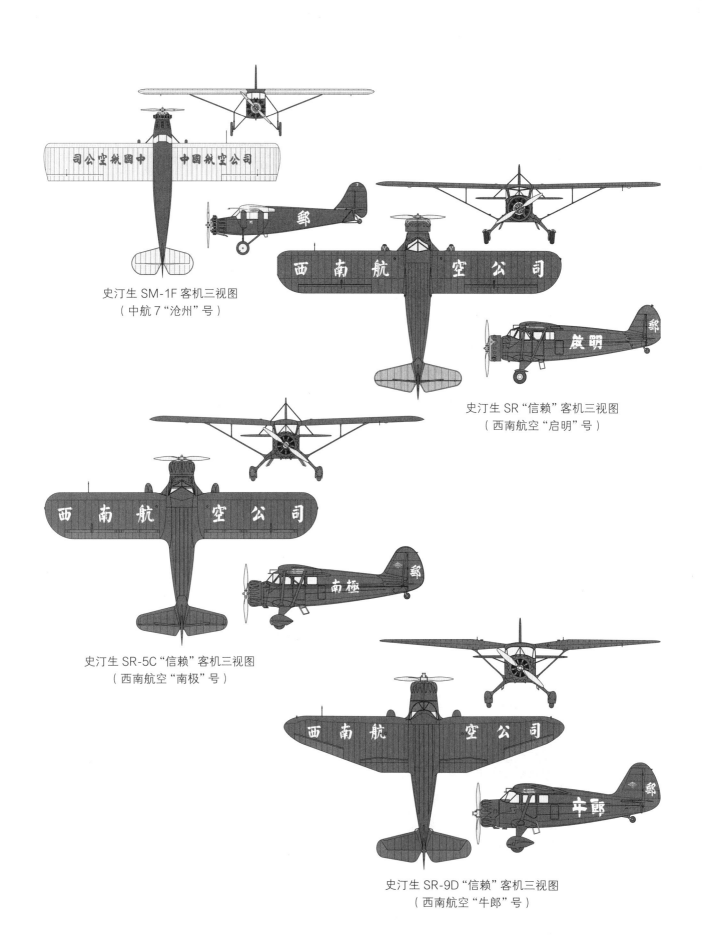

史汀生 SM-1F 客机三视图
（中航 7 "沧州" 号）

史汀生 SR "信赖" 客机三视图
（西南航空 "启明" 号）

史汀生 SR-5C "信赖" 客机三视图
（西南航空 "南极" 号）

史汀生 SR-9D "信赖" 客机三视图
（西南航空 "牛郎" 号）

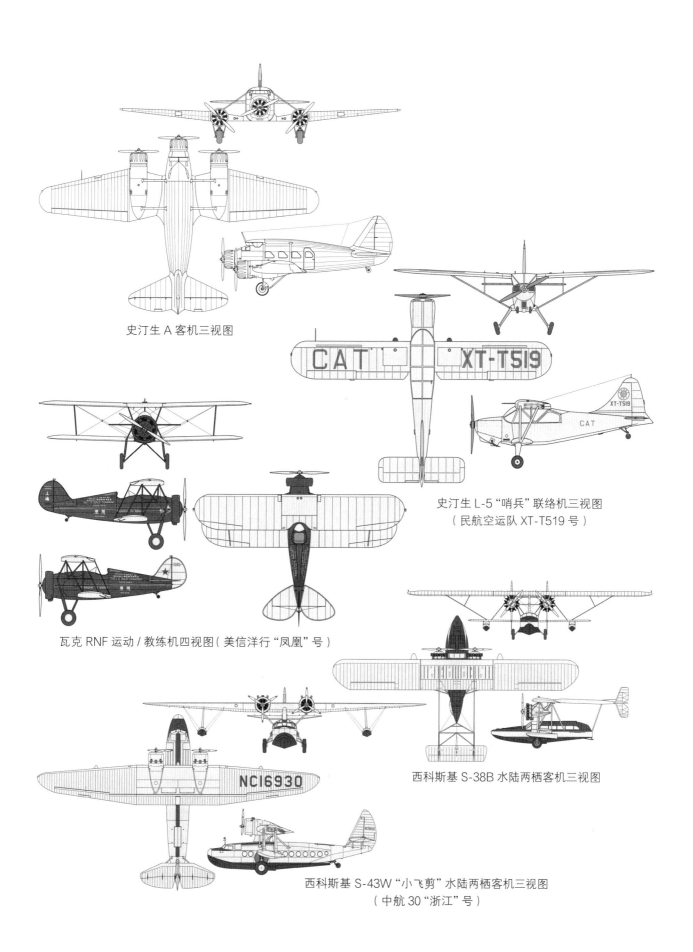

史汀生 A 客机三视图

瓦克 RNF 运动 / 教练机四视图（美信洋行"凤凰"号）

史汀生 L-5 "哨兵" 联络机三视图
（民航空运队 XT-T519 号）

西科斯基 S-38B 水陆两栖客机三视图

西科斯基 S-43W "小飞剪" 水陆两栖客机三视图
（中航 30 "浙江"号）

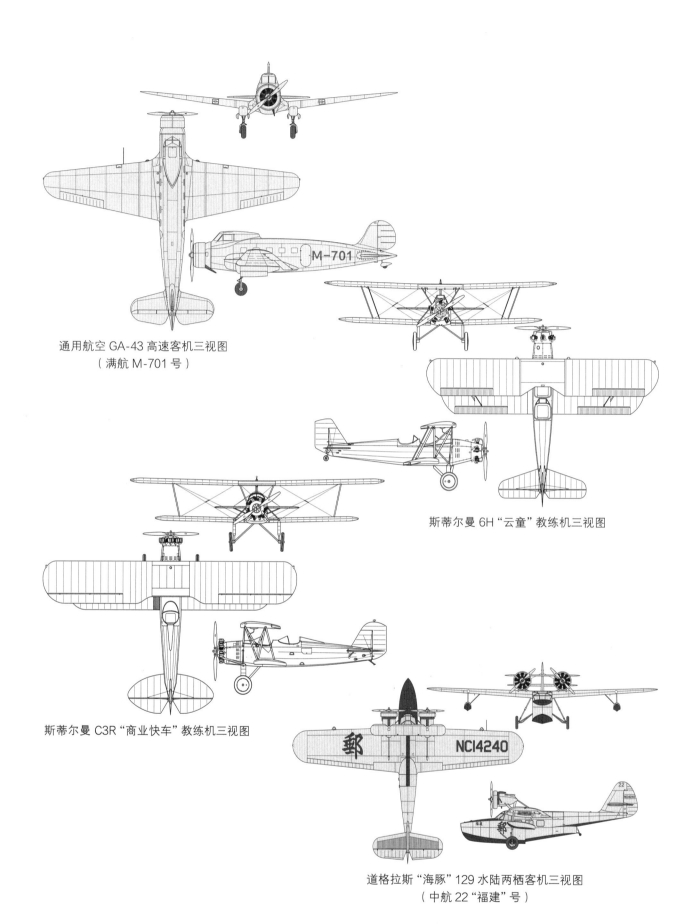

通用航空 GA-43 高速客机三视图
（满航 M-701 号）

斯蒂尔曼 6H "云童"教练机三视图

斯蒂尔曼 C3R "商业快车"教练机三视图

道格拉斯 "海豚"129 水陆两栖客机三视图
（中航 22 "福建"号）

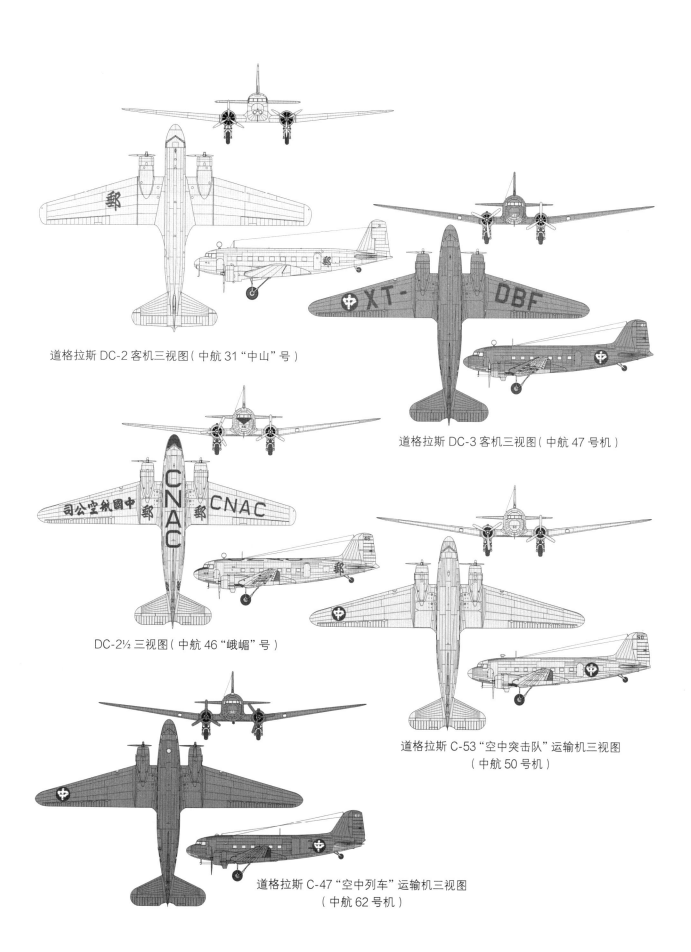

道格拉斯 DC-2 客机三视图（中航 31 "中山" 号）

道格拉斯 DC-3 客机三视图（中航 47 号机）

DC-2½ 三视图（中航 46 "峨嵋" 号）

道格拉斯 C-53 "空中突击队" 运输机三视图
（中航 50 号机）

道格拉斯 C-47 "空中列车" 运输机三视图
（中航 62 号机）

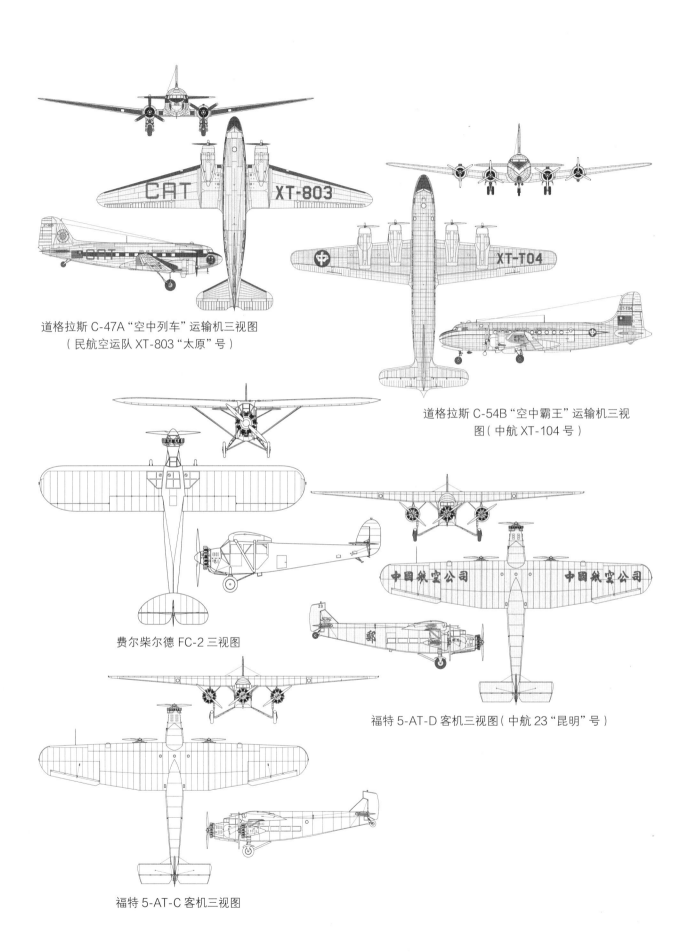

道格拉斯 C-47A "空中列车" 运输机三视图
（民航空运队 XT-803 "太原" 号）

道格拉斯 C-54B "空中霸王" 运输机三视
图（中航 XT-104 号）

费尔柴尔德 FC-2 三视图

福特 5-AT-D 客机三视图（中航 23 "昆明" 号）

福特 5-AT-C 客机三视图

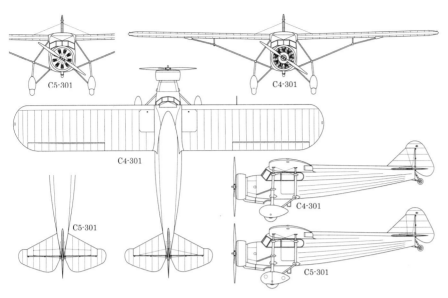

斯巴丹 C4-301/C5-301 客机三视图

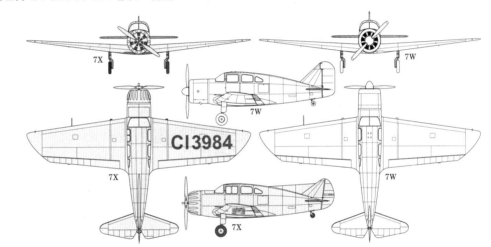

斯巴丹 7W/7X 公务机三视图

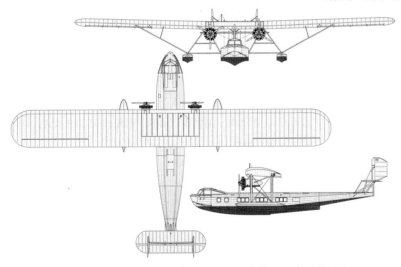

联合 16-1 "准将" 水上客机三视图（中航 35 "长沙" 号）

联合 PBY-5A "卡塔琳娜" 水陆两栖客机
三视图（中航 XT-147 号）

洛克希德 14-WG3B "超伊莱克特拉" 客机三视图（伪
中华航空 C-2008 号）

洛克希德 A-29 "哈德逊" 轰炸机三视图

柯蒂斯−莱特 AT-32A "兀鹰" II 客机三视图

柯蒂斯−莱特 C-46A "突击队员" 运输机三视图
（1949 年 11 月的民航空运队 XT-814 号）

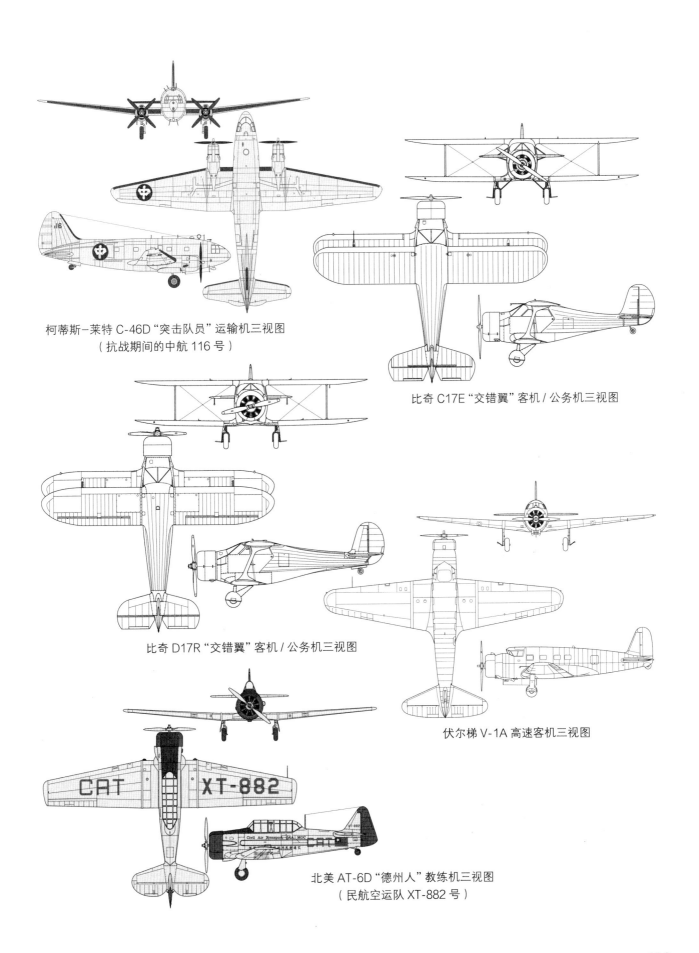

柯蒂斯-莱特 C-46D "突击队员" 运输机三视图
（抗战期间的中航 116 号）

比奇 C17E "交错翼" 客机 / 公务机三视图

比奇 D17R "交错翼" 客机 / 公务机三视图

伏尔梯 V-1A 高速客机三视图

北美 AT-6D "德州人" 教练机三视图
（民航空运队 XT-882 号）

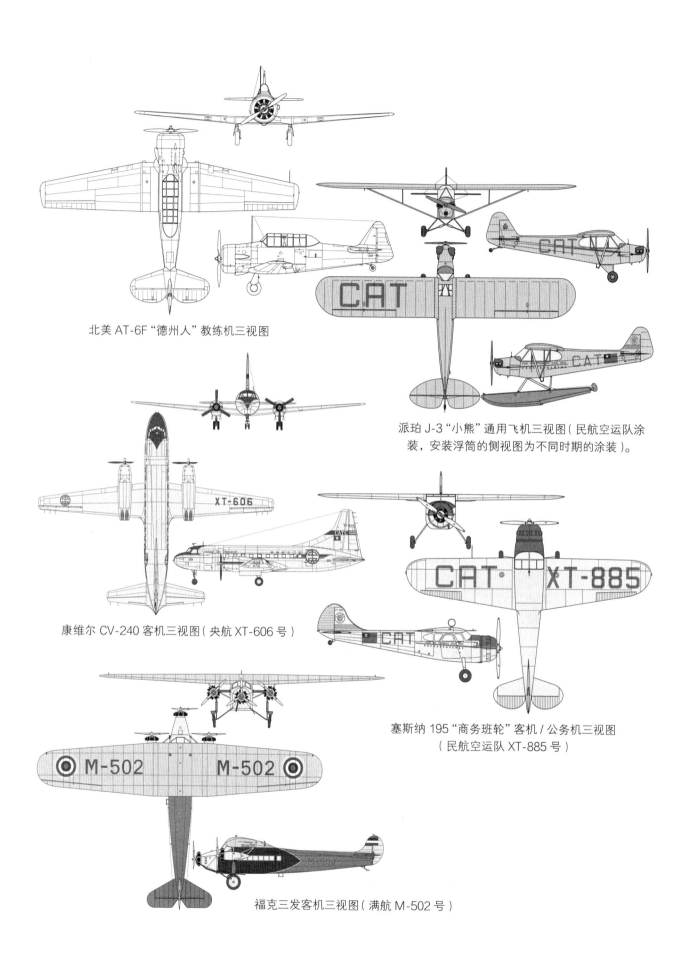

北美 AT-6F "德州人" 教练机三视图

派珀 J-3 "小熊" 通用飞机三视图（民航空运队涂
装，安装浮筒的侧视图为不同时期的涂装）。

康维尔 CV-240 客机三视图（央航 XT-606 号）

塞斯纳 195 "商务班轮" 客机／公务机三视图
（民航空运队 XT-885 号）

福克三发客机三视图（满航 M-502 号）

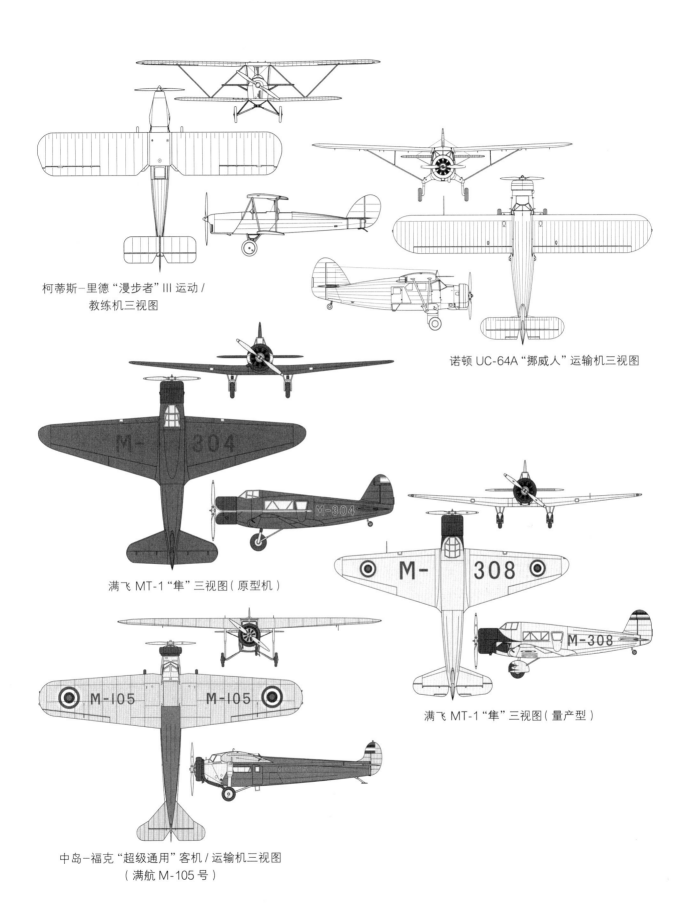

柯蒂斯-里德"漫步者"III 运动 /
教练机三视图

诺顿 UC-64A "挪威人" 运输机三视图

满飞 MT-1 "隼" 三视图（原型机）

满飞 MT-1 "隼" 三视图（量产型）

中岛-福克 "超级通用" 客机 / 运输机三视图
（满航 M-105 号）

411

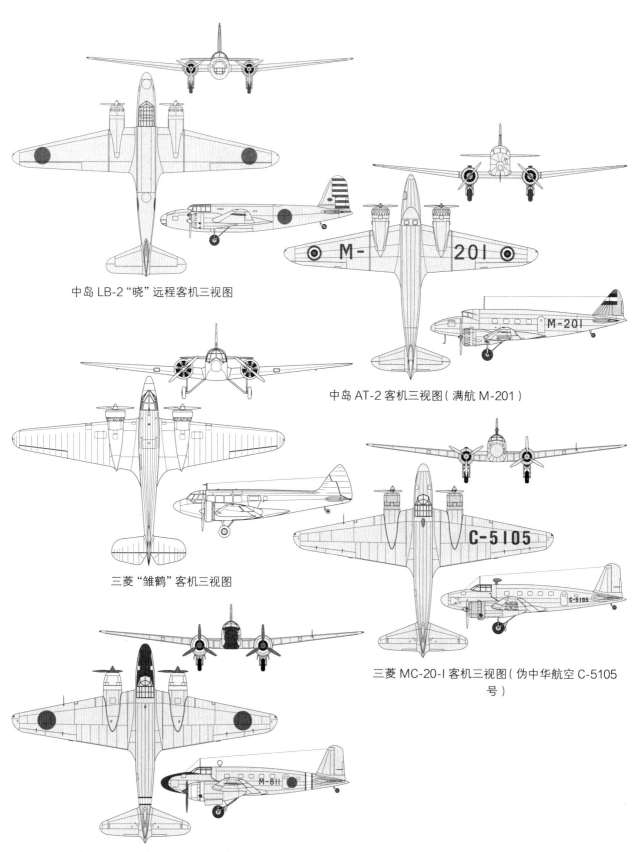

中岛 LB-2 "晓" 远程客机三视图

中岛 AT-2 客机三视图（满航 M-201）

三菱 "雏鹤" 客机三视图

三菱 MC-20-I 客机三视图（伪中华航空 C-5105号）

三菱 MC-20-II 客机三视图（满航 M-811号）

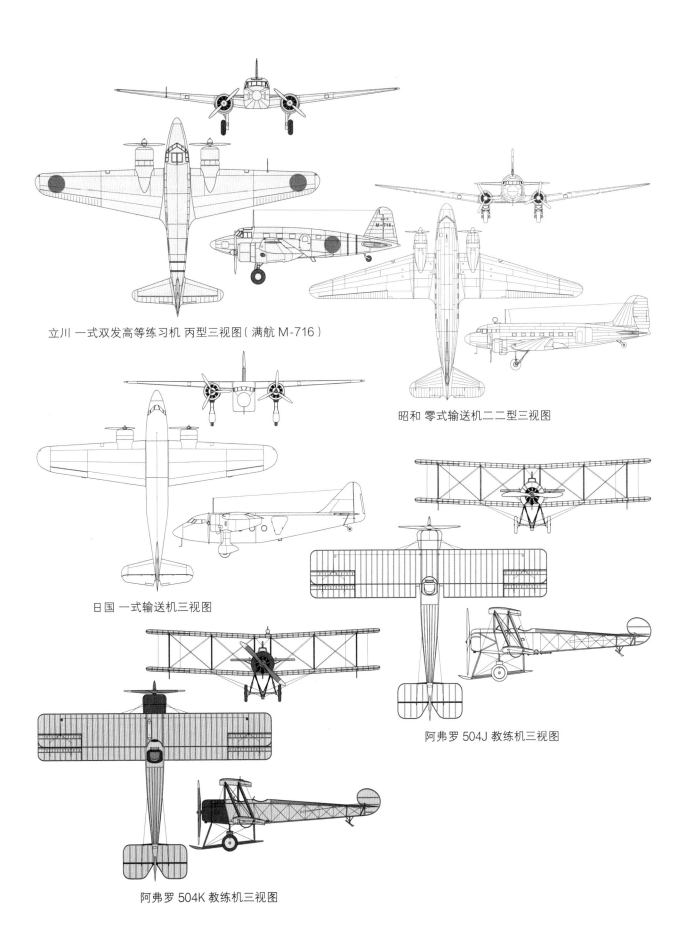

立川 一式双发高等练习机 丙型三视图（满航 M-716）

昭和 零式输送机二二型三视图

日国 一式输送机三视图

阿弗罗 504J 教练机三视图

阿弗罗 504K 教练机三视图

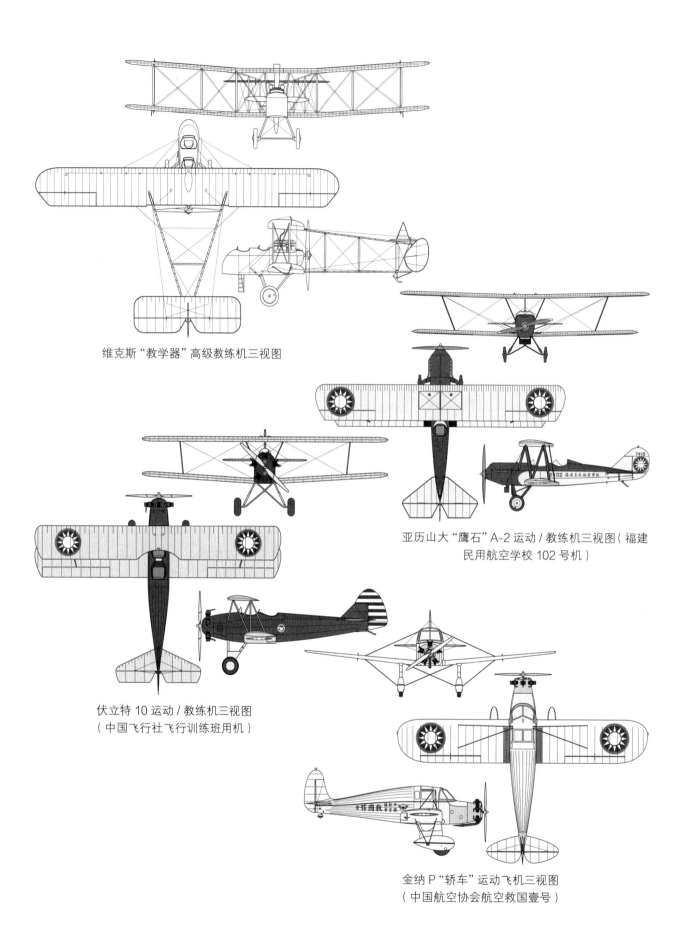

维克斯"教学器"高级教练机三视图

亚历山大"鹰石"A-2运动／教练机三视图（福建
民用航空学校 102 号机）

伏立特 10 运动／教练机三视图
（中国飞行社飞行训练班用机）

金纳 P"轿车"运动飞机三视图
（中国航空协会航空救国壹号）

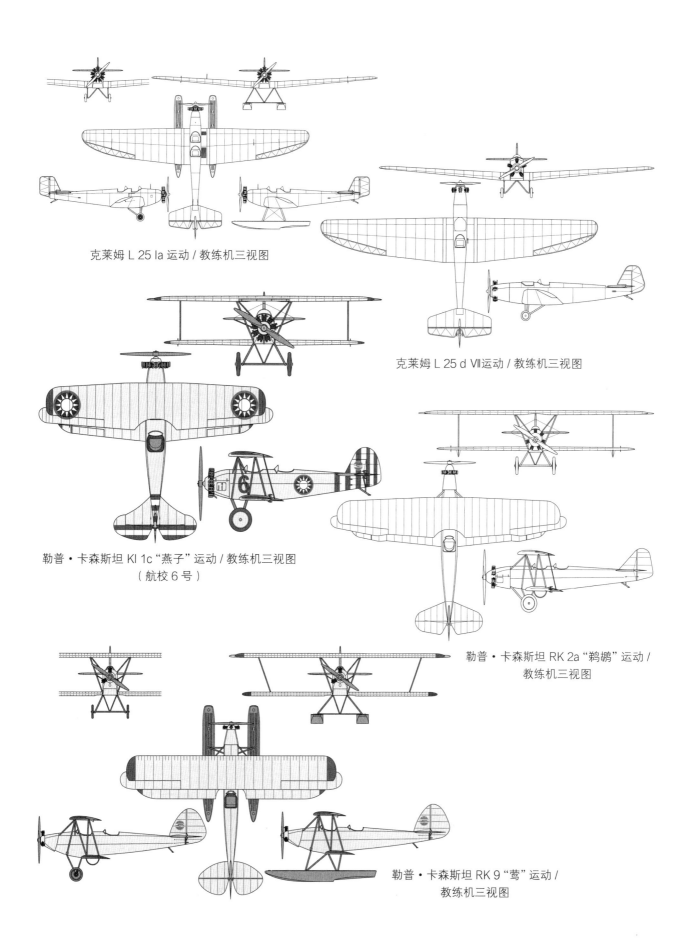

克莱姆 L 25 la 运动 / 教练机三视图

克莱姆 L 25 d VII运动 / 教练机三视图

勒普·卡森斯坦 KI 1c "燕子" 运动 / 教练机三视图
（航校 6 号）

勒普·卡森斯坦 RK 2a "鹈鹕" 运动 /
教练机三视图

勒普·卡森斯坦 RK 9 "莺" 运动 /
教练机三视图

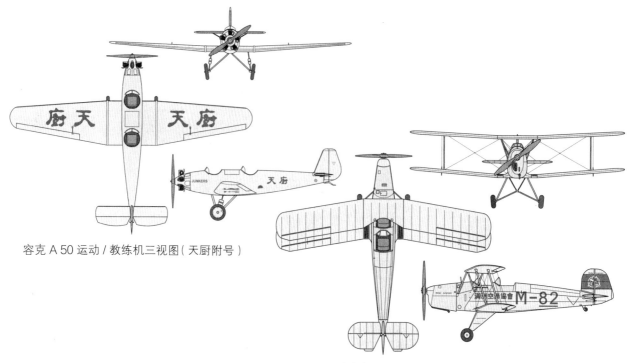

容克 A 50 运动 / 教练机三视图（天厨附号）

贝克尔 Bü 131B "英格曼" 运动 / 教练机三视图
（满洲空务协会 M-82）

戈平根 Gö 1 "狼" 滑翔机三视图
（"汪伪新国民运动促进委员会滑翔机讲习会" B-010）

波泰茨 36/1 通用飞机三视图

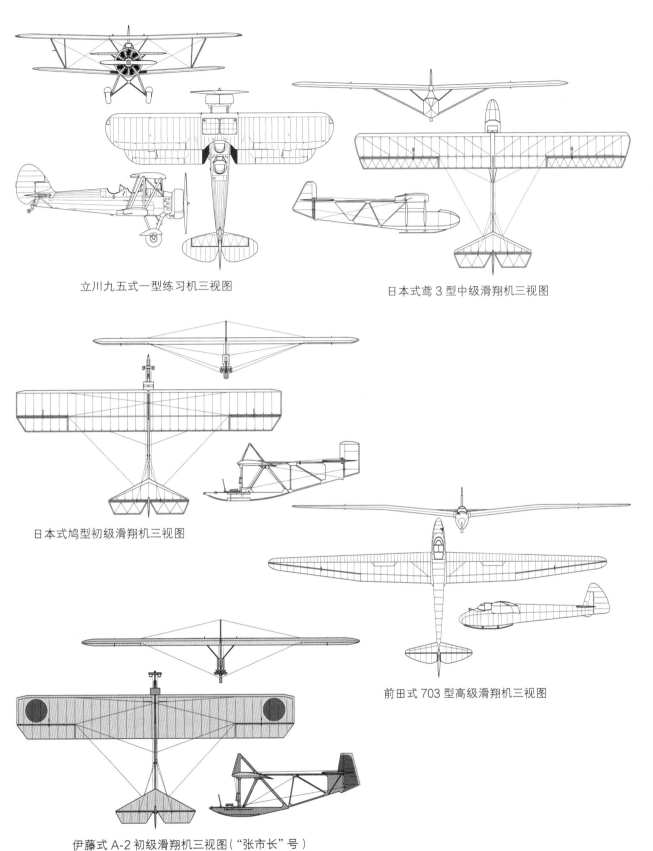

立川九五式一型练习机三视图

日本式鸢 3 型中级滑翔机三视图

日本式鸠型初级滑翔机三视图

前田式 703 型高级滑翔机三视图

伊藤式 A-2 初级滑翔机三视图（"张市长"号）

417

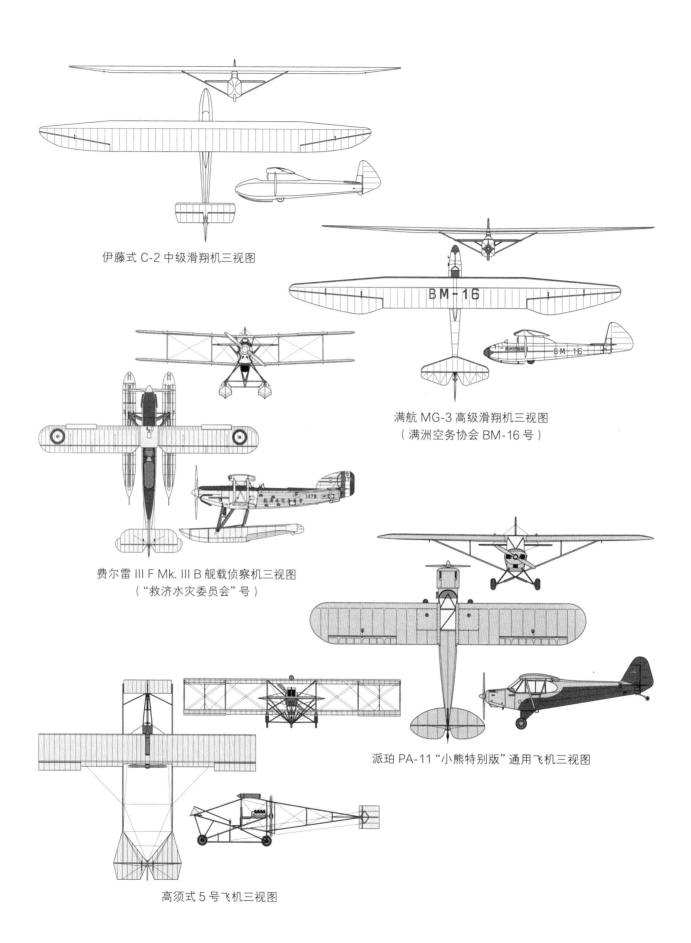

伊藤式 C-2 中级滑翔机三视图

满航 MG-3 高级滑翔机三视图
（满洲空务协会 BM-16 号）

费尔雷 III F Mk. III B 舰载侦察机三视图
（"救济水灾委员会"号）

派珀 PA-11"小熊特别版"通用飞机三视图

高须式 5 号飞机三视图

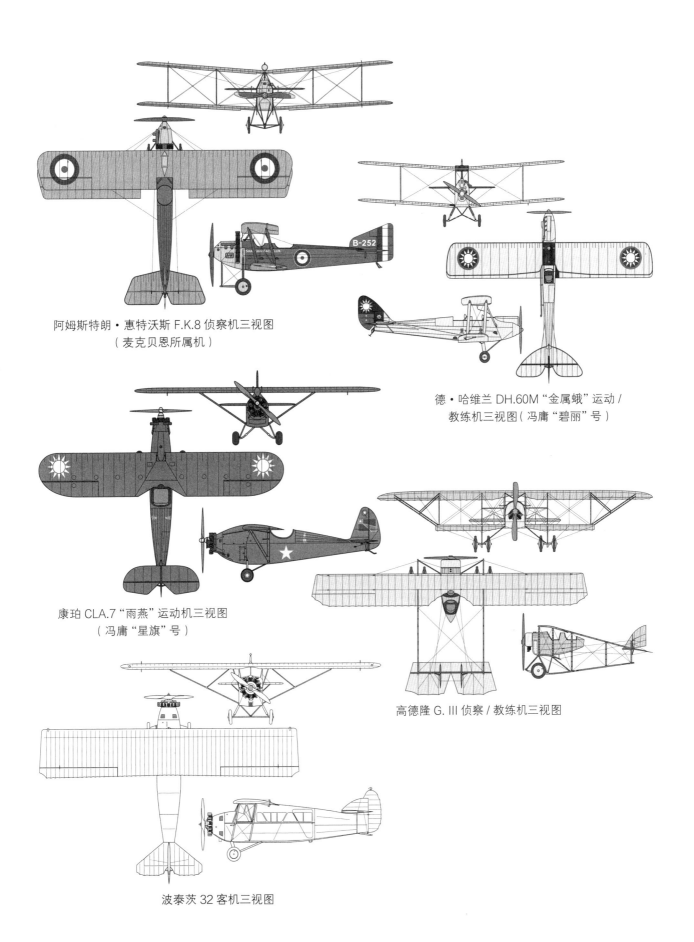

阿姆斯特朗·惠特沃斯 F.K.8 侦察机三视图
（麦克贝恩所属机）

德·哈维兰 DH.60M "金属蛾" 运动 /
教练机三视图（冯庸 "碧丽" 号）

康珀 CLA.7 "雨燕" 运动机三视图
（冯庸 "星旗" 号）

高德隆 G. III 侦察 / 教练机三视图

波泰茨 32 客机三视图

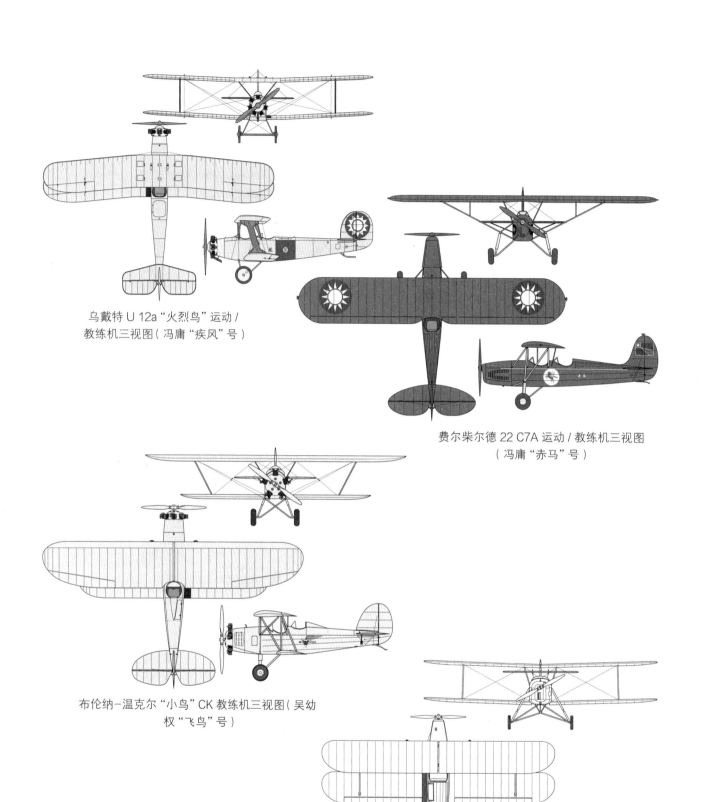

乌戴特 U 12a "火烈鸟" 运动 /
教练机三视图（冯庸 "疾风"号）

费尔柴尔德 22 C7A 运动 / 教练机三视图
（冯庸 "赤马"号）

布伦纳−温克尔 "小鸟" CK 教练机三视图（吴幼
权 "飞鸟"号）

戴 -A 教练机三视图

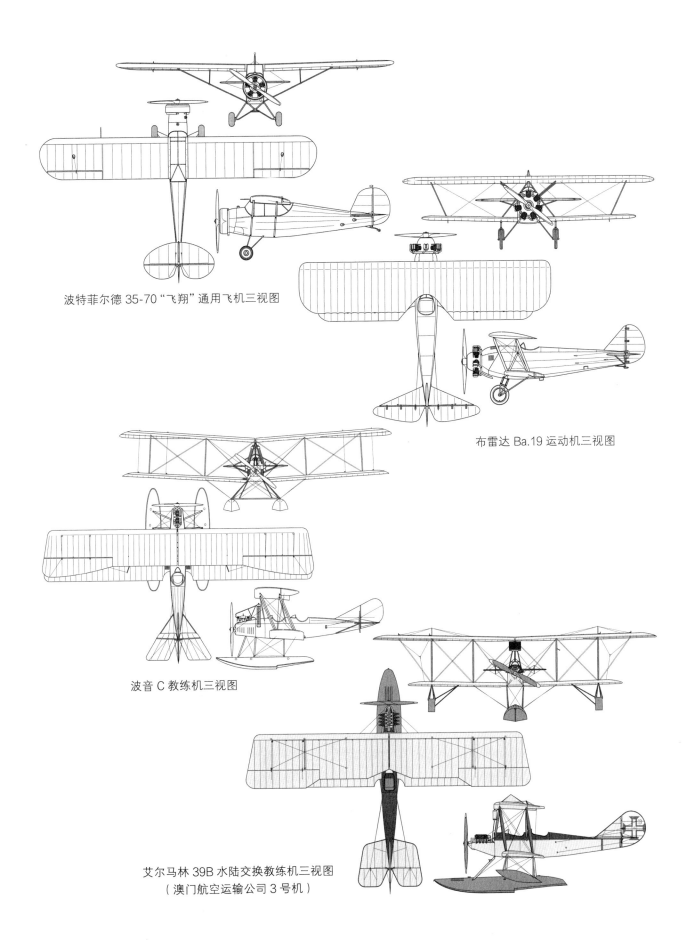

波特菲尔德 35-70 "飞翔" 通用飞机三视图

布雷达 Ba.19 运动机三视图

波音 C 教练机三视图

艾尔马林 39B 水陆交换教练机三视图
（澳门航空运输公司 3 号机）

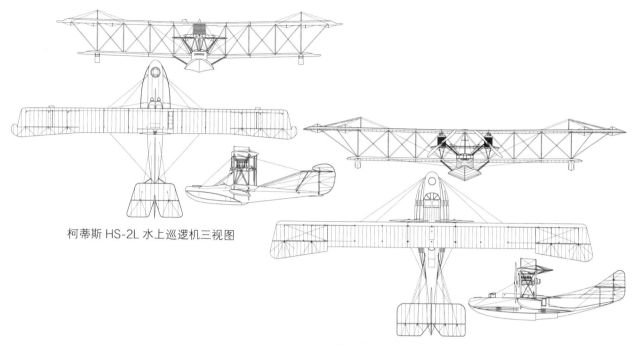

柯蒂斯 HS-2L 水上巡逻机三视图

柯蒂斯 H-16 "大美洲" 水上巡逻机三视图

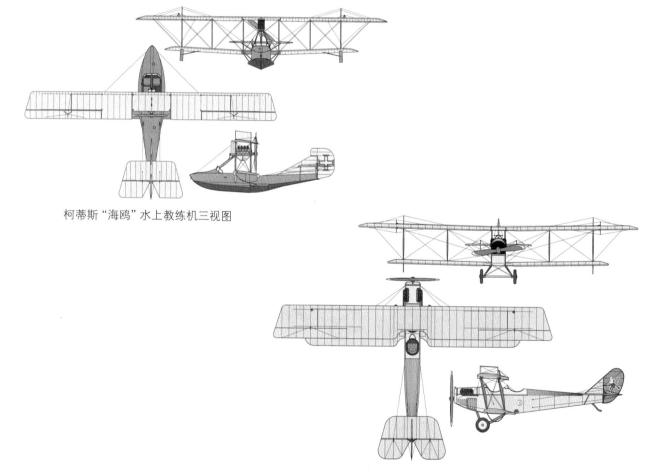

柯蒂斯 "海鸥" 水上教练机三视图

柯蒂斯 JN-4D 教练机三视图（艾伯特航校）

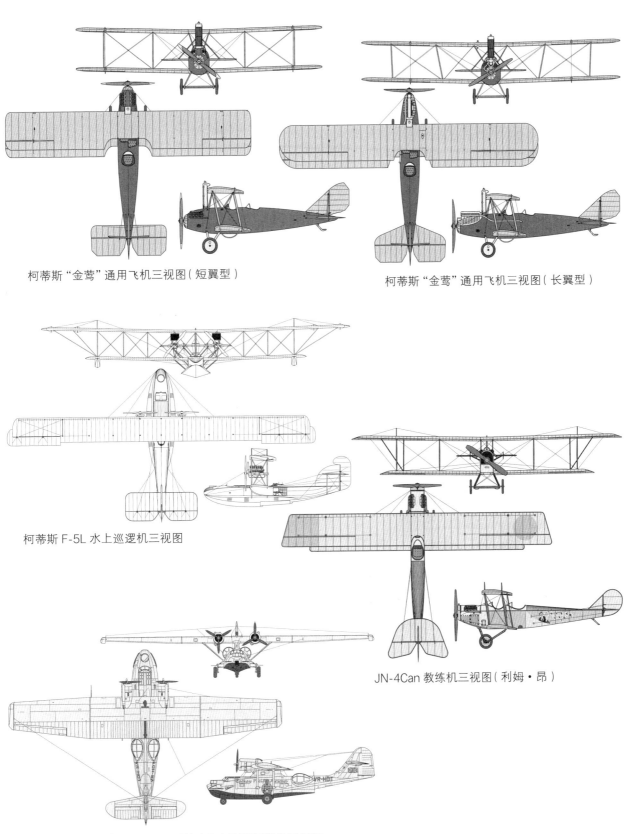

柯蒂斯"金莺"通用飞机三视图（短翼型）

柯蒂斯"金莺"通用飞机三视图（长翼型）

柯蒂斯 F-5L 水上巡逻机三视图

JN-4Can 教练机三视图（利姆·昂）

维克斯 PBV-1A "坎索"水陆两栖客机三视图
（"澳门小姐"号）

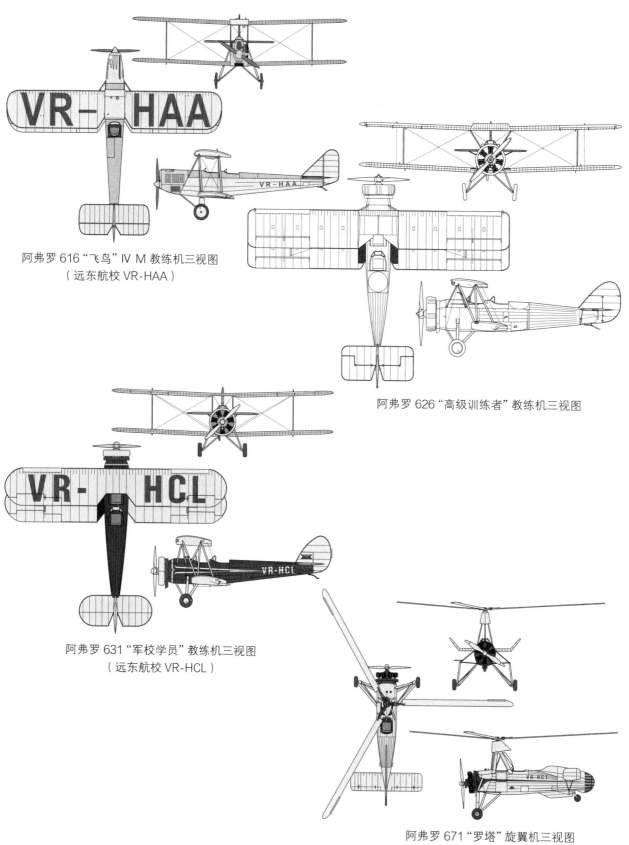

阿弗罗 616 "飞鸟" IV M 教练机三视图
（远东航校 VR-HAA）

阿弗罗 626 "高级训练者" 教练机三视图

阿弗罗 631 "军校学员" 教练机三视图
（远东航校 VR-HCL）

阿弗罗 671 "罗塔" 旋翼机三视图
（远东航校 VR-HCT）

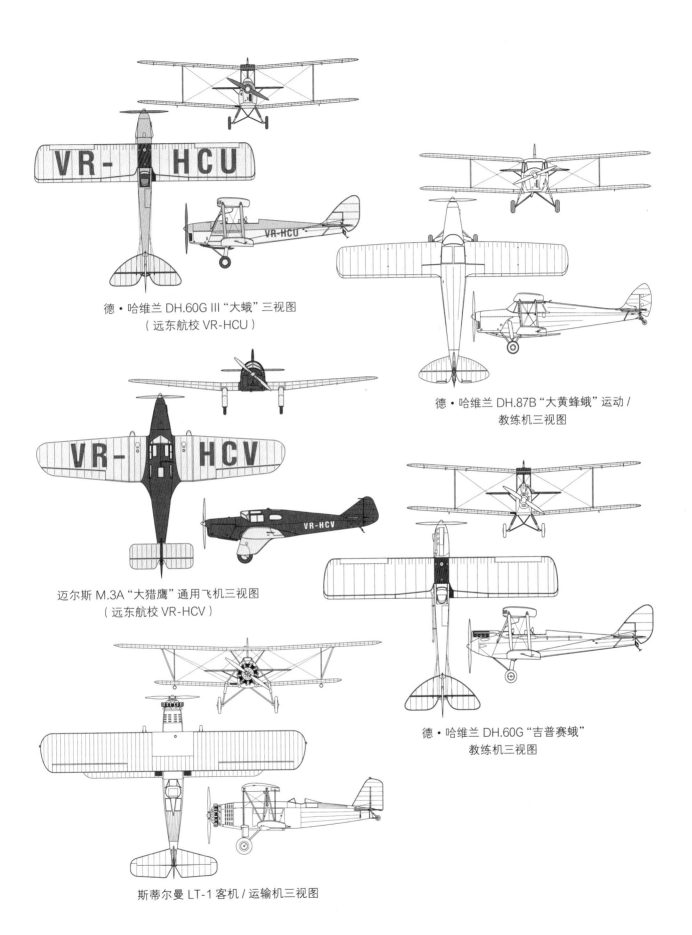

德·哈维兰 DH.60G III "大蛾" 三视图
（远东航校 VR-HCU）

德·哈维兰 DH.87B "大黄蜂蛾" 运动 /
教练机三视图

迈尔斯 M.3A "大猎鹰" 通用飞机三视图
（远东航校 VR-HCV）

德·哈维兰 DH.60G "吉普赛蛾"
教练机三视图

斯蒂尔曼 LT-1 客机 / 运输机三视图

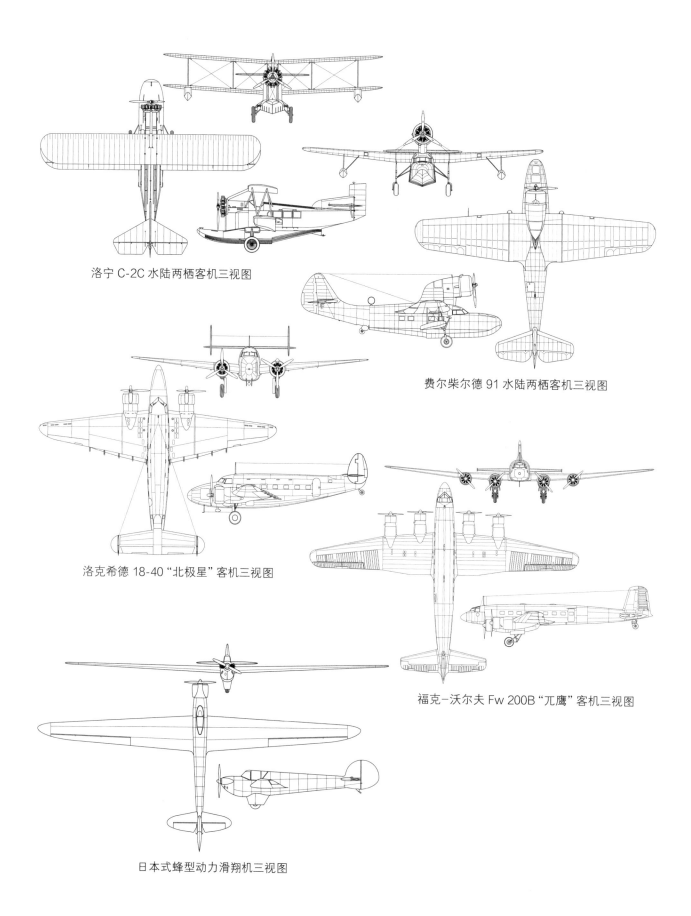

洛宁 C-2C 水陆两栖客机三视图

费尔柴尔德 91 水陆两栖客机三视图

洛克希德 18-40 "北极星" 客机三视图

福克-沃尔夫 Fw 200B "兀鹰" 客机三视图

日本式蜂型动力滑翔机三视图

附录四:

1912-1949 部分经营在华航线的国外航空公司飞机三视图

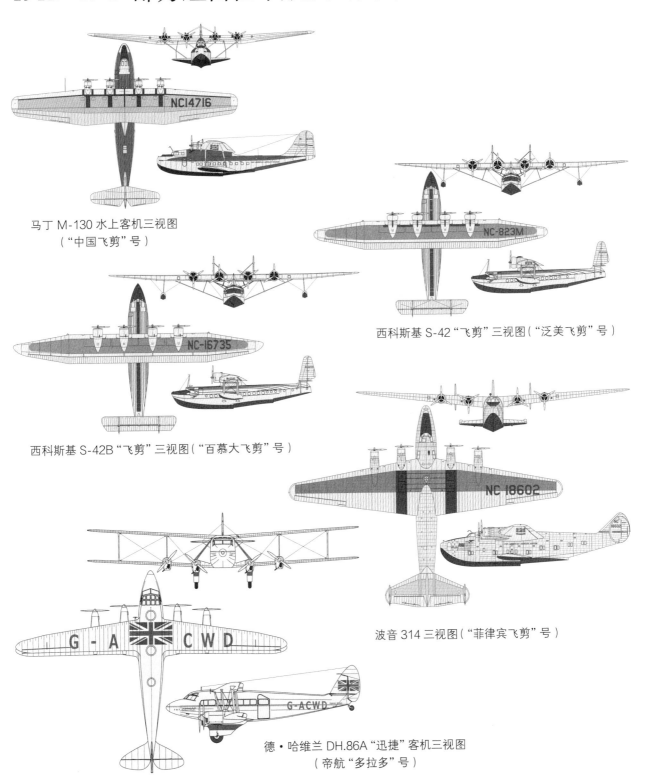

马丁 M-130 水上客机三视图
("中国飞剪"号)

西科斯基 S-42 "飞剪"三视图("泛美飞剪"号)

西科斯基 S-42B "飞剪"三视图("百慕大飞剪"号)

波音 314 三视图("菲律宾飞剪"号)

德·哈维兰 DH.86A "迅捷"客机三视图
(帝航"多拉多"号)

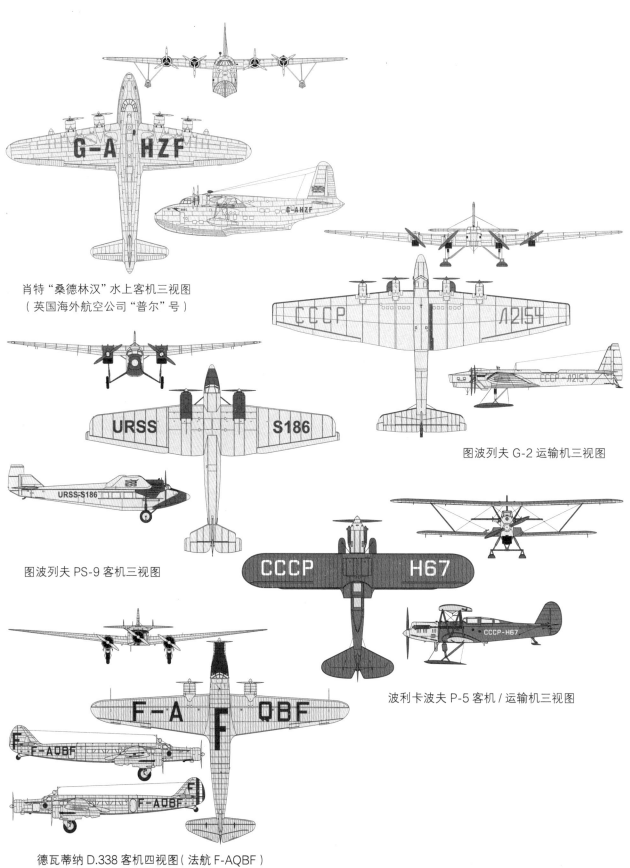

肖特"桑德林汉"水上客机三视图
（英国海外航空公司"普尔"号）

图波列夫 G-2 运输机三视图

图波列夫 PS-9 客机三视图

波利卡波夫 P-5 客机 / 运输机三视图

德瓦蒂纳 D.338 客机四视图（法航 F-AQBF）